Professionelle Ausbildung am Boden …

Alfonso Aguilar

Professionelle Ausbildung am Boden …

… für jedes Alter, für jede Rasse

KOSMOS

Inhaltsverzeichnis

Einleitung 6

Wie Feroz Vertrauen lernte 14

Hauptkapitel 1

Kindergarten- und Grundschulwissen für unser Pferd

1.0 Meine Ausrüstung und wie ich sie gebrauche 20

1.1 Ausbildung eines jungen Pferdes 28

1.2 Die Wichtigkeit von Pausen 56

1.3 Richtig Aufhalftern 60

1.4 Das Pferd überall berühren 66

1.5 Das erste Führen 74

1.6 Dem Seil nachgeben 80

1.7 Pferde richtig anbinden 84

1.8 Anbindeknoten 92

1.9 Huf geben 102

1.10 Das Pferd nach links und rechts schicken 110

1.11 Verladetraining 116

1.12 Die Bindung an die Herde 124

1.13 Fremde Orte für ein Pferd 132

1.14 Roundpens 134

Der Weg zum Erfolg 142

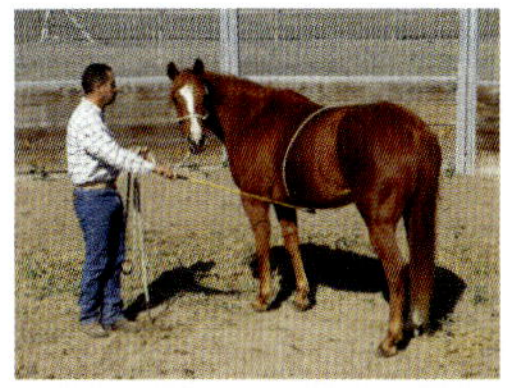

Hauptkapitel 2

Mein Pferd geht aufs Gymnasium

2.0 Den Kopf senken 144
2.1 Biegen 150
2.2 Rückwärtsgehen 160
2.3 Verschiebung der Hinterhand 174
2.4 Verschiebung der Vorhand 184
2.5 Kombination aus Vor- und Hinterhandverschiebung 192
2.6 Longieren 196
2.7 Das Pferd zu sich holen 226
2.8 Führen und Schicken 232
2.9 Seitwärtsbewegungen 240
2.10 Freiarbeit 262
2.11 Doppellonge 300
2.12 Arbeit am langen Zügel 318
2.13 Geschicklichkeitsparcours 326
Roadmap 338
Danksagung 356
Impressum/Bildnachweis 358

Einleitung

Ich bin …

durch meine Frau Karin dazu gekommen, Kurse zu geben. Wir flogen Anfang der 1990er-Jahre von Kalifornien in die Schweiz, wo Karin einen Kurs abhalten wollte. Während der Reise in ihr Heimatland bekam sie eine so starke Erkältung, dass sie nicht mehr sprechen konnte.

Was sollten wir tun? Wir konnten den Kurs ja nicht ausfallen lassen. Also beschlossen wir, dass ich den Kurs übernehme.

Ich war so nervös. Ich war mir so sicher, kein Wort rauszubringen und wollte alles hinschmeißen. Aber nach vielen angsteinflößenden Gedanken riss ich mich zusammen und beschloss, mich der Aufgabe zu stellen.

Meine Frau Karin und unser Andalusier-Lusitano-Mix Casca Nuezes.

◀ *Meine Quarter Horse-Stute Juana und ich.*

An diesem Kurs nahmen ganz viele Miniaturpferde teil, unter anderem ein zweijähriger Hengst, der nur etwa sechzig Zentimeter groß war. In demselben Kurs war auch ein Shire-Horse. Das genaue Gegenteil: ein riesiges Pferd.

Dieser Kurs war so erfüllend für mich. Ich habe es so genossen, Pferden und Menschen mit so unterschiedlichen Persönlichkeiten zu helfen, mit ihnen zu arbeiten, die gleichen Übungen mit dem Shire-Horse und dem Miniponyhengst zu bewältigen. Beide waren Pferde, egal wie groß sie waren.

Spinning around!

Ich habe mit dem Miniaturpferd Bodenarbeit gemacht, und weil es so winzig war, habe ich dabei gekniet.

Der Kleine war ein richtiger Hengst, ein Macho. Er hielt sich für mindestens genauso groß und ebenso stark wie seinen Kursgenossen, das Shire-Horse.

Mein erster Kurstag war so schön, dass ich Karin fragte, ob ich auch den nächsten Tag wieder unterrichten könnte.

Ich hatte meine Passion und meine Bestimmung gefunden, obwohl ich eigentlich als Pferde-Tierarzt arbeiten wollte. Aber das Leben hat ja bekanntlich seine eigenen Pläne!

Für mich ist die Arbeit mit den Pferden wie ein Puzzle. Wenn du es schaffst, die Puzzleteile harmonisch zusammenzusetzen, dann kannst du dich an einem schönen Bild erfreuen. Dieses Puzzle zusammenzusetzen ist eine große Herausforderung für mich.

Wichtig dabei ist, die einzelnen Teile richtig zu analysieren und einen Arbeitsplan zusammenzustellen. Gelingt das und sieht man die ersten Erfolge, dann sind meine zweibeinigen und meine vierbeinigen Kursteilnehmer glücklich.

1991 habe ich begonnen, mehrere Kurse zu geben. Ich bot einen Basis-Kurs und einen Fortgeschrittenen-Kurs an. Beide Kurse waren eine

Liebe, Vertrauen und Geduld sind die wichtigsten Zutaten bei der Arbeit mit Pferden.

Koordination ist alles …

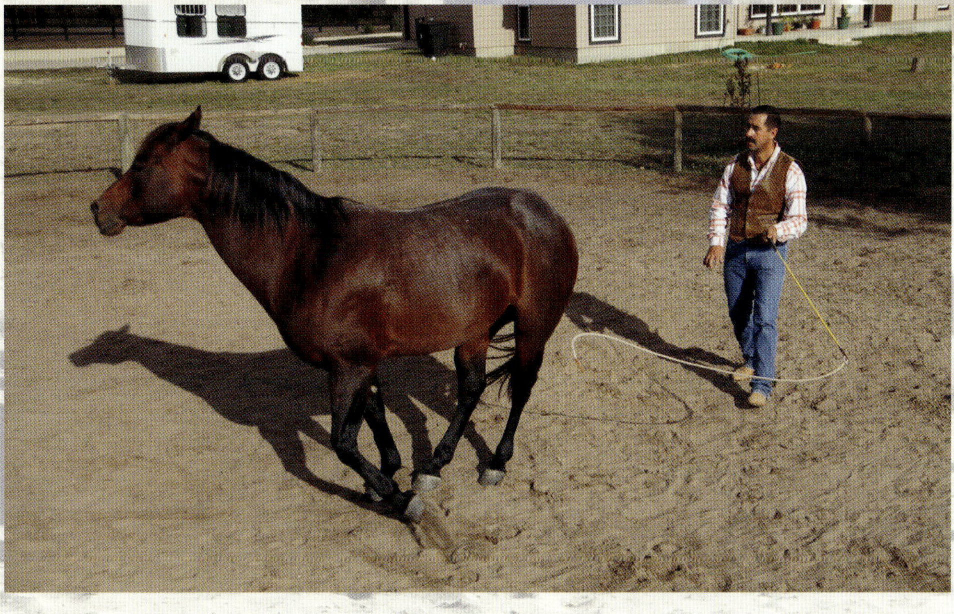

Sich im Einklang bewegen. Wenn kleinste Zeichen ausreichen – das ist keine Magie.

Unser Ausbildungsprogramm für Pferde sollte gut durchdacht sein. Pferde arbeiten gerne, wollen aber nicht überfordert werden.

Kombination aus Bodenarbeit und Reiten. Der Basis-Kurs war sehr detailliert und sehr auf die Bedürfnisse von Anfängern abgestimmt. Im Fortgeschrittenen-Kurs dagegen tobten wir uns aus. Manchmal war es wirklich ziemlich extrem. Leute, die an solchen Kursen teilgenommen haben, erinnern sich heute noch daran!

Die Menschen fragten mich dann, ob ich spezielle Bodenarbeitskurse geben würde, denn sie wollten ihre Reitweise eigentlich nicht ändern, oder hatten ein Pferd, das noch nicht eingeritten war.

Ich unterrichtete in den USA und in Europa und sah bald, dass ich den Kursaufbau ändern oder besser ausbauen musste.

Gemeinsam mit meiner Frau Karin arbeitete ich ein neues Programm aus, denn in unseren Augen war der Sprung vom Basis-Kurs zum Fortgeschrittenen-Kurs zu groß. Wir brauchten mehr Zwischenstufen, die Übungen mussten besser aufeinander aufbauen. Zuerst entwickelten wir daher ein Programm mit fünf Stufen. Da wir merkten, dass bei den fünf Stufen immer noch Lücken waren und unse-

re Kursteilnehmer dies bestätigten, entwickelten wir ein Programm mit acht Stufen, unseren acht Kategorien.

Die Ideen für die zusätzlichen Übungen sind bei den Kursen entstanden. Mir fiel auf, dass Leute Übungen oder Lektionen von ihrem Pferd verlangen, ohne vorbereitende Übungen zu machen.

Häufig fordern Menschen Dinge von ihren Pferden, die sie gar nicht erfüllen können, weil ihnen die Vorübungen dazu fehlen. Das passiert beim Anbinden, beim Führen, beim Verladen oder bei der Doppellongenarbeit.

Wenn Leute zu mir kamen und wissen wollten, wie sie ihrem Pferd eine bestimmte Sache beibringen können, dann versuchten wir vorbereitende Übungen zu finden, die Pferd und Reiter zum Ziel führen.

All diese Erkenntnisse ließen Karin und ich in unsere acht Kategorien einfließen. Wir wollten ein flexibles Konzept für die Pferdeausbildung entwickeln, das sich individuell anwenden lässt.

Unsere sogenannte Roadmap finden Sie am Ende des Buches. Dort erklären wir in unseren acht Kategorien, wann Sie welche der Übungen mit Ihrem Pferd am besten machen. Welche Vorübungen bei-

Nur ein entspanntes, angstfreies Pferd kann uns all sein Potenzial schenken.

spielsweise für einen Walzer in der Freiarbeit nötig sind, oder wie Sie Ihr Pferd am besten auf das Aufhalftern oder das Hufgeben vorbereiten. Sie müssen selbstverständlich nicht strikt unserer Roadmap folgen. Sie können sich auch einfach nur das aussuchen, was Sie gerade interessiert. Wir holen Sie und Ihr Pferd da ab, wo Sie gerade stehen. Die Übungen sind mit Text, Fotos und Zeichnungen detailliert erklärt.

Langsam nähere ich mich dem Mustang Talk Is Cheap. Vertrauen ist schwer zu bekommen und leicht zu verlieren.

Dieses Buch ist für jeden gedacht, der mit Pferden arbeiten möchte. Ich glaube, jeder wird von den Übungen, die wir hier erklären, profitieren.

Es spielt überhaupt keine Rolle, ob Sie Springreiter oder Freizeitreiter sind, Dressur reiten, fahren oder im Westernstil reiten.

An dieser Stelle möchte ich noch etwas zu den Begriffen „Respekt" und „Vertrauen" sagen. Oft werde ich gefragt, ob die Pferde uns respektieren oder uns vertrauen sollen. Beides ist möglich, jedoch darf Respekt nicht mit Angst verwechselt werden.

Respekt, der aus der Angst heraus entsteht, ist kein Respekt, sondern pure Angst. Ganz oft tun Pferde etwas für uns Menschen, aber eher aus Angst als aus Freude. Und wenn ein Pferd aus der Angst heraus agiert, dann können wir nicht sein volles Potenzial ausschöpfen. Ein ängstliches Pferd wird nie entspannt sein und kann deshalb vielleicht nur siebzig Prozent seiner Fähigkeiten ausschöpfen.

Ein Pferd, das entspannt ist und uns vertraut, gibt alles und kann sich auf das Lernen konzentrieren. Vertrauen ist schwer zu bekommen und leicht zu verlieren.

Sie können sehr lange mit Ihrem Pferd gearbeitet haben, wenn Sie einmal wütend werden und das Pferd ungerecht behandeln, dann kann das Vertrauen schon verloren sein.

Wenn Sie die Übungen aus diesem Buch machen, können Sie viel Vertrauen aufbauen. Dadurch, dass das Pferd hier in kleinen Schritten arbeiten kann, weiß es immer, was Sie von ihm wollen. Sie werden zu Partnern, die sich gegenseitig beflügeln, und Ihr Pferd wird Sie beim Üben vergnügt ansehen und fragen: „Okay, was machen wir als nächstes?“

Das ist ein zauberhafter Moment.

Wie Feroz Vertrauen lernte

Ich habe …

mit vielen Pferden und Menschen gearbeitet. Ein Pferd ist mir besonders in Erinnerung geblieben: der Hannoveraner Feroz.

Es muss im Jahr 1996 oder 1997 gewesen sein, als ich dazu eingeladen wurde, einen Kurs in der Nähe von Hamburg zu geben.

Besonders die Stallbesitzerin brauchte meine Hilfe, da sie mit ihrem Hannoveraner nicht mehr weiter wusste.

Feroz war damals vier Jahre alt, dreijährig hatten sie ihn in Beritt gegeben. Dort war er gesattelt worden, longiert worden, aber als sich das erste Mal jemand auf ihn setzen wollte, bockte er ziemlich heftig. Der Reiter verletzte sich am Kopf und musste ins Krankenhaus.

Daraufhin beschlossen die Ausbilder, dass Feroz wohl mehr arbeiten müsse. Sie wollten ihn bis zur Erschöpfung longieren, damit er sich nicht mehr wehrte, wenn anschließend jemand aufsitzen wollte. Aber das funktionierte nicht. Auch der nächste Reiter wurde abgeworfen.

Immer wieder versuchten sie ihn zu reiten, aber es war unmöglich. Nur longieren ließ er sich, und das taten sie stundenlang.

Nachdem ich diese Vorgeschichte erfahren hatte, begann ich mit ihm zu arbeiten.

Das Erste, was wir machten, war, ihn auf seiner linken Körperseite überall zu berühren. Das war okay. Aber als ich das auf der rechten Seite versuchte, ging nichts mehr. Feroz fühlte sich einfach nur unwohl.

Selbst die Besitzerin Regina, die ihn immer fütterte, konnte ihn nicht ohne Problem auf der rechten Seite berühren.

Wir arbeiteten an diesem Problem, habituierten* ihn an die Berührung mit dem Strick, und es wurde besser.

* *In der Verhaltensforschung verwendet man den Begriff Habituation für das Gewöhnen an einen Gegenstand. Im Alltag hört man oft den Begriff* ***„desensibilisieren“****, was aber mehr ein Aussacken oder ein Abstumpfen gegenüber dem Gegenstand ist. Da wir dem Pferd aber beibringen wollen, dass es zum Beispiel keine Angst vor dem Bein des Reiters haben muss, aber auch wollen, dass es auf die Hilfen reagiert, sprechen wir von* ***Habituation****.*

◀ *Der Hannoveraner Feroz.*

Als ich dann Freiarbeit mit Feroz machte, hatte ich das Gefühl, dass er zwar Angst hatte, im Grunde aber ein ziemlich kluges und schlaues Pferd war.

Als der Kurs beendet war – wir hatten viele Dinge gemacht – fragte mich seine Besitzerin, wie sie jetzt weitermachen solle.

„Du musst ihn fordern", sagte ich ihr.

„Aber wie?" antwortete sie, „Muss ich ihn viel arbeiten lassen?"

„Nein", sagte ich, „er will mit dem Kopf arbeiten. Er braucht Aufgaben, bei denen er richtig denken muss."

Sie wollte wissen, was genau sie da machen sollte. Ich konnte es ihr an der Stelle gar nicht sagen, weil ich in solchen Fällen einfach etwas ausprobiere und intuitiv agiere, um herauszufinden, was gut für das jeweilige Pferd ist, und wodurch es vor allem Vertrauen gewinnt.

Feroz springt über den Stuhl.

Wir redeten und redeten, und plötzlich sagte ich zu ihr: „Wenn du bei der Freiarbeit einen Stuhl in die Mitte stellst, dann wird er, wenn er herumläuft, über den Stuhl springen!"

Sie schaute mich ungläubig an.

Zwei Monate später bekam ich eine E-Mail samt Foto. Da stand: „Alfonso, Du glaubst es nicht. Ich habe Freiarbeit mit Feroz gemacht, einen Stuhl in die Mitte gestellt, er kam darauf zu und ist drüber gesprungen!"

Der Stuhl stand mitten im Roundpen. Er hätte links vorbeigehen können, rechts vorbei, aber er wollte drüberspringen.

Das war der Beweis für mich: Dieses Pferd suchte förmlich nach Aufgaben.

Eine Weile später kam ich wieder auf den Hof. Ich machte ein paar Übungen mit Feroz und gab ihm andere Aufgaben, Aufgaben, die ich noch nie vorher gemacht hatte, von denen ich aber wusste, dass sie ihm helfen würden, Vertrauen zu den Menschen zu bekommen. Es funktionierte.

Und dann kam der Tag, an dem seine Besitzerin ihn das erste Mal reiten konnte. Feroz hatte den Zeitpunkt bestimmt, indem er uns zeigte, dass er verschiedene Vorübungen in Ruhe ausführen konnte. Er hat bei seiner Besitzerin nie gebockt. Nur einmal, als sie mit ihm in einen See ritt und ihn sehr wahrscheinlich ein Fisch an den Beinen kitzelte. Da verlor er die Fassung. Das war das einzige Mal.

Sie konnte ihren Hannoveraner ohne Sattel und ohne Trense reiten, nur mit Halfter und Halsring. Sie nahm sogar mit ihm an einer Fuchsjagd teil.

Aber Feroz hatte bei all dem eine Regel aufgestellt: Niemand außer ihr durfte ihn reiten.

Seine Besitzerin hatte eine Tochter, die ihn jeden Tag fütterte. Sie versuchte ihn zu reiten, aber das war unmöglich.

Sogar der Reitlehrer, ein wirklich guter Lehrer, startete einen Versuch, aber Feroz ließ es nicht zu.

Ich selber stieg mit aller Behutsamkeit halb auf, streichelte ihn und stieg dann ab. Er war nicht entspannt genug mit mir, als dass ich es hätte wagen können, ganz aufzusteigen.

Feroz hatte durch all diese Bodenarbeits-Übungen so viel Vertrauen zu seiner Besitzerin gewonnen, dass er sie auf seinem Rücken tragen wollte und konnte.

Ich finde, das ist eine wunderbare Geschichte.

Kindergarten- und Grundschulwissen für unser Pferd

Hauptkapitel 1

Meine Ausrüstung…

… und wie ich sie gebrauche

Ich benutze meine Ausrüstung seit vielen Jahrzehnten. Ich habe sie ausgewählt, weil sie meine Arbeit erleichtert, und ich bin für mich zu dem Schluss gekommen, dass ich das Perfekte für mich gefunden habe. Das bedeutet aber nicht, dass Sie nur mit diesem Halfter oder nur mit jener Gerte Erfolg haben werden. Lesen Sie meine Empfehlungen, aber fühlen Sie sich frei in der Entscheidung, was Sie benutzen möchten. Sie werden auch mit anderen Ausrüstungsgegenständen gute Ergebnisse erzielen.

Ich möchte jetzt gerne noch etwas zu den einzelnen Ausrüstungsgegenständen im Detail sagen:

Das Knotenhalfter

Ich benutze bei der Bodenarbeit am liebsten ein Knotenhalfter, das aus weichem ¼ Inch (1 inch = 2,54 cm, ¼ inch = 0,635 cm) Yachtseil hergestellt ist.

Ich gebrauche dieses Halfter seit gut zwanzig Jahren. Ich mag es, weil es sehr feine Signale vermittelt und keine Metallteile hat. Wenn das Pferd daran zieht, ist es nicht angenehm, aber auch nicht schmerzhaft. Es ist mein „Alltags-Halfter“, ich vergewissere mich aber, dass meine Pferde lernen, Druck nachzugeben (*siehe Kapitel 1.5 „Das erste Führen“*), bevor ich sie damit anbinde.

In den USA ist der Gebrauch eines Knotenhalfters gang und gäbe. Die Menschen lehren ihre Pferde damit das Führen, das Anbinden und das Verladen. Ich habe nie erlebt, dass etwas passiert ist.

Jede Ausrüstung kann missbraucht werden: Es kommt auf die korrekte Anpassung und die korrekte Handhabung an!

Denken Sie daran: Es sind Ihre Hände, die Ihr Pferd ausbilden, nicht Ihre Ausrüstung.

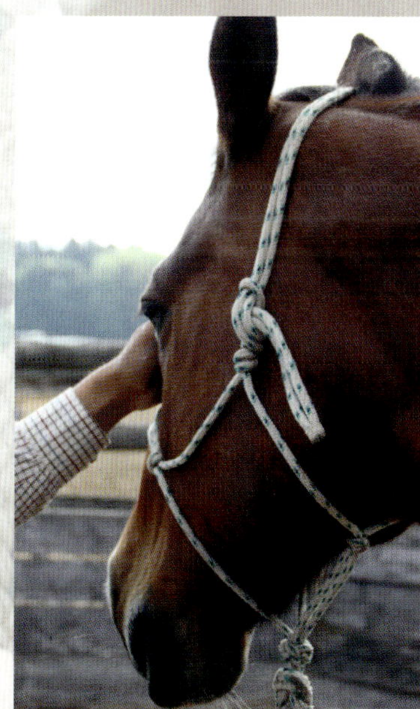

Das korrekte Schließen eines Knotenhalfters.

Ich benutze Knotenhalfter. Unten sieht man den Fiador-Knoten, an dem ich das Führseil befestige.

1.0

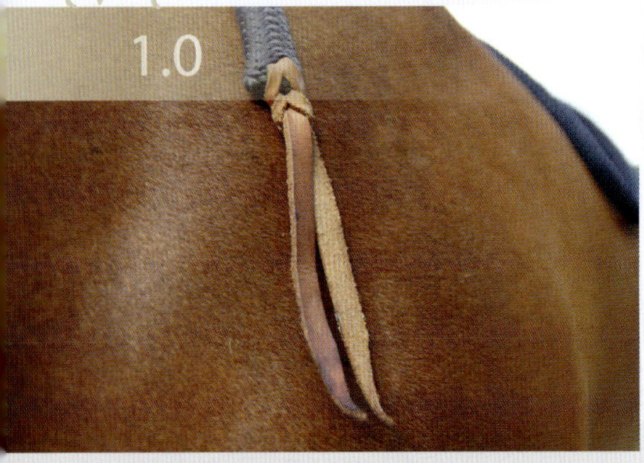

Das Seil sollte unbedingt ein Ende aus Leder haben. Das ist ein so feines Hilfsmittel bei der Arbeit mit Pferden.

Ich verbinde Arbeitsseil und Knotenhalfter mit einem Knoten.

Das Vier-Meter-Seil (Arbeitsseil, Führseil)

Mein Arbeitsseil ist ein vier Meter langes Yachtseil, mit einem Durchmesser von ¾ Inch, einer Schlaufe an einem Ende und einem Lederstück am anderen Ende. Das ist das Seil, das ich für die grundlegende Bodenarbeit benutze. Es liegt angenehm in der Hand und hat die richtige Konsistenz.

Das Lederstück hat den Vorteil, dass es beim Schwingen ein Geräusch erzeugt, welches ich verstärken und somit mehrere Stufen von Druck aufbauen kann, bevor ich das Pferd berühren muss. Ein weiterer Vorteil des Lederstücks ist, dass es beim Berühren sanfter ist als das Seilende.

Die Schlaufe hat den Vorteil, dass ich diese mit dem Halfter verknüpfen kann, und so meine Signale exakt am Seil entlanglaufen. Der normalerweise übliche Metallhaken (z. B. Panik- oder Karabinerhaken) stört die fließende Bewegung.

Das längere Seil (Longe)

Ich gebrauche auch ein sechs bis sieben Meter langes und ⅜ Inch starkes Yachtseil für die Übungen in den höheren Kategorien, die mehr Distanz erfordern. Es ist flach und leicht, da es kein Innenseil hat. Wenn Sie ein junges Pferd haben, das öfter mal am Seil zieht, ist dieses Seil nicht ideal, da man es nicht so gut halten kann. Häufig benutze ich für dieses Arbeitsseil das Synonym „Longe".

Die Gerten

Die Gerte, die ich sehr gerne benutze, ist 1,20 Meter lang, hat einen guten Griff und eine Lederschlaufe am Ende, damit ich ein 2 Meter langes ¼ Inch starkes Yachtseil daran befestigen kann. Dieses Seilchen hat auch eine Schlaufe und ein Lederende. Diese Art von Gerte ist unter dem Namen „Bodenarbeits-Stick" bekannt.

Bei manchen Pferden benutze ich auch Zirkuspeitschen, die etwa 1,80 Meter lang sind, leicht in der Hand liegen, und mit deren Lederende ich präzise treffen kann. Damit kann man trägere Pferde etwas aufwecken.

Bogenpeitschen aus dem Fahrsport können auch ganz hervorragende „verlängerte Arme" sein. Ich verwende sie gerne in den höheren Kategorien und bei der Doppellongenarbeit.

Das ist meine Lieblingsgerte.

Eine Zirkuspeitsche.
Mit ihrem Lederband kann man sehr präzise treffen.

Meine „Uhrzeiten"

Unsere Ausrüstung sollten wir millimetergenau einsetzen und benutzen können. Wir sollten uns sicher damit fühlen und dem Pferd genaue Signale mit Gerte, Seil und unserer Körperhaltung geben können. Egal, ob wir das Seil oder die Gerte einsetzen – wir sollten immer mit dem leichtesten Druck beginnen.

Ich arbeite gerne mit „Uhrzeiten". So verstehen wir besser, wo wir mit der leichtesten Dosis beginnen können. Im Folgenden wird Ihnen oft begegnen, dass ich mit dem Arbeitsseil oder der Gerte auf die „Acht-Uhr-Position" schwinge. Ich möchte Ihnen nun erklären, was damit gemeint ist.

Uhrzeiten-Übung mit dem Seil

Aller Anfang ist schwer. Wir üben die Uhrzeiten mit dem Seil.

Stellen Sie sich vor, in der Mitte des Zifferblattes einer Uhr zu stehen. Ihr Bauchnabel zeigt auf zwölf Uhr. Somit befindet sich die „Drei-Uhr-Position" im 90° Winkel zu Ihrer Rechten, entsprechend die „Neun-Uhr-Position" im rechten Winkel zu Ihrer Linken. „Sechs-Uhr" liegt hinter Ihnen.

Sie können sowohl das Seil als auch die Schnur der Gerte in Richtung der verschiedenen Uhrzeiten schwingen. Außerdem gibt es zwei Arten, das Seil (oder die Schnur der Gerte) zu schwingen. Sie können das Seil einmal nach vorne schwingen, dann sieht das Pferd das Seil auf sich zukommen.

Stellen Sie sich vor, Sie ständen in der Mitte eines Zifferblattes.

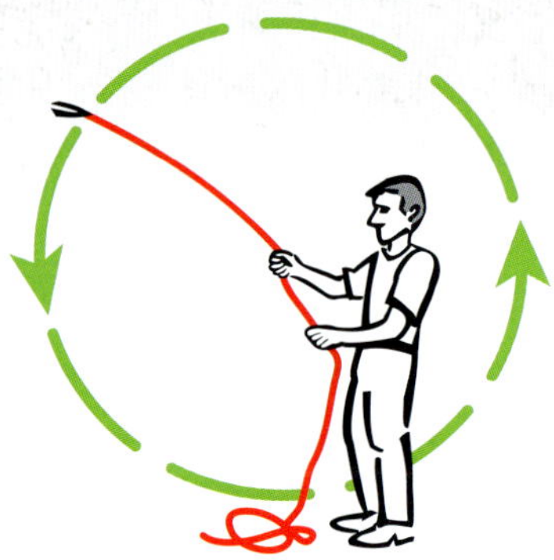

Schwinge ich das Seil nach vorne, sieht das Pferd es auf sich zukommen.

Bei sehr sensiblen Pferden schwinge ich das Seil gerne rückwärts.

Sie können aber auch entgegengesetzt schwingen, dann sieht das Pferd das Seil von sich wegschwingen. Dieses Wegschwingen kann hilfreich sein für sehr sensible Pferde.

Üben Sie das Schwingen erst ohne Ihren vierbeinigen Partner.

Üben Sie, das Seil in unterschiedlichen Geschwindigkeiten zu bewegen. Langsam, mittel, schnell. Diese Dosierungsmöglichkeiten sind bei der Arbeit mit dem Pferd sehr wichtig. Ich nenne dieses Schwingen des Seils gerne „einen Propeller machen“. Je nachdem wie schnell oder langsam Sie das Seil schwingen, desto lauter oder leiser surrt das Seil durch die Luft. Auch das sind Signale, die Sie einsetzen können.

Erkunden Sie alle Möglichkeiten Ihrer Ausrüstungsgegenstände.

Die Helikopter-Bewegung

Ich empfehle folgende Übung, um sicherer zu werden: Schwingen Sie das Seil mit der rechten Hand durch die Uhrzeiten: von „drei-Uhr" nach „zwei-Uhr", von „ein-Uhr" bis „zwölf-Uhr". Vergewissern Sie sich, dass das Lederende des Seiles die jeweilige Uhrzeit berührt. Dann führen Sie das noch immer rotierende Seil über Ihren Kopf, und lassen es dort schwingen. Das ist die „Helikopter-Bewegung". Ich benutze dieses Schwingen in sanfter Weise bei Pferden, die mir zu nahe kommen, oder die Schwierigkeiten haben, rückwärtszugehen. Von dort führen Sie es wieder auf Ihre rechte Seite.

Dann nehmen Sie das Seil in die linke Hand, gehen von „neun-Uhr" zu „zehn-Uhr", von „elf-Uhr" nach „zwölf-Uhr" und zurück an die Neun-Uhr-Position. Dann machen Sie wieder „den Helikopter". Lassen Sie das Seil in unterschiedlichen Geschwindigkeiten kreisen.

Sie können auch versuchen, das Seil mal kürzer, mal länger zu fassen. Gehen Sie mit den unterschiedlichen Längen wieder alle Uhrzeiten und Tempi durch. Üben Sie immer mit beiden Händen.

Befindet sich unser Pferd auf der linken Hand, dann ist die Drei-Uhr-Position die sanfteste Anfrage, es vorwärtszuschicken. In der Zwölf-Uhr-Position berühren wir das Pferd an der Hinterhand. Dosieren Sie immer behutsam. Lesen Sie Ihr Pferd, und stimmen Sie Ihre Anfragen auf das Temperament des Pferdes ab.

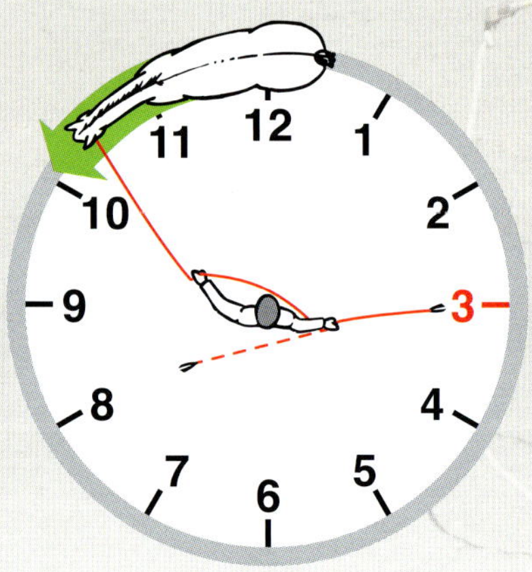

Auf der linken Hand ist die Drei-Uhr-Position die sanfteste Anfrage, um mein Pferd vorwärtszuschicken.

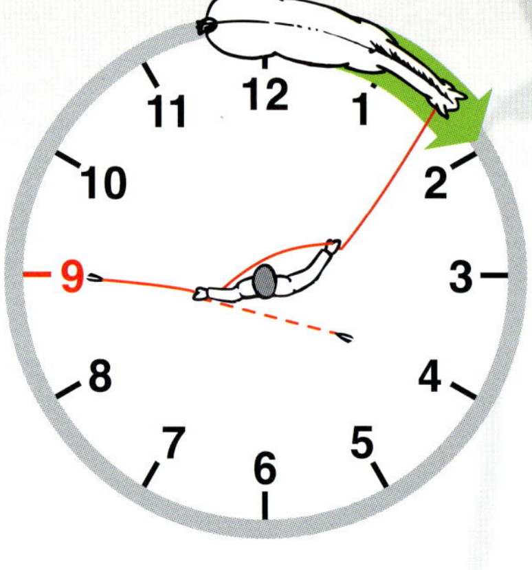

So schwinge ich die Neun-Uhr-Position mit dem Seil. Reagiert mein Pferd nicht, schwinge ich als nächstes auf „zehn-Uhr". Dann auf „elf-Uhr". Erhalte ich immer noch keine Reaktion, berühre ich bei „zwölf-Uhr" die Hinterhand mit dem Lederende des Seils.

Uhrzeiten-Übung mit der Gerte

Was wir mit dem Seil geübt haben, wollen wir nun mit der Gerte üben. Hierbei müssen wir etwas anders vorgehen, um die präzise Uhrzeit zu treffen. Wir halten die Gerte zuerst in unserer linken Hand. Wir müssen die Gerte quasi hinter uns schwingen, um die Neun-Uhr-Position zu treffen. Machen Sie die Bewegung mit dem ganzen Arm, und halten die Gerte locker in der Hand. Berühren Sie den Boden sanft mit dem Gertenseil. So gehen Sie von „neun-Uhr", zu „zehn-Uhr", von „elf-Uhr" bis „zwölf-Uhr". Berühren Sie alle Ziffern der Uhr mit dem Gertenseil, das ist eine gute Übung. Wenn Sie auf der Zwölf-Uhr-Position sind, dann können Sie den Arm nach hinten auf die Sechs-Uhr-Position schwingen. Wir können die Gerte auch vor unserem Körper kreuzen, und so die anderen Positionen auf dem Zifferblatt treffen.

Bitten Sie jemanden, Ihnen Uhrzeiten zuzurufen, während Sie sie schwingen.

Ebenso wichtig wie das exakte Schwingen ist die Einnahme einer neutralen Position für Pausen. Aus dem Schwingen heraus üben wir einen fließenden Übergang in die neutrale Position. Hierzu lassen wir die Gerte durch unsere Hand gleiten, sodass der Griff am Boden steht und wir die Gerte am anderen Ende senkrecht vor uns halten. Nun haben wir eine neutrale Position eingenommen.

Die Ausrüstung für die Doppellonge und die Arbeit am langen Zügel wird in den jeweiligen Kapiteln beschrieben.

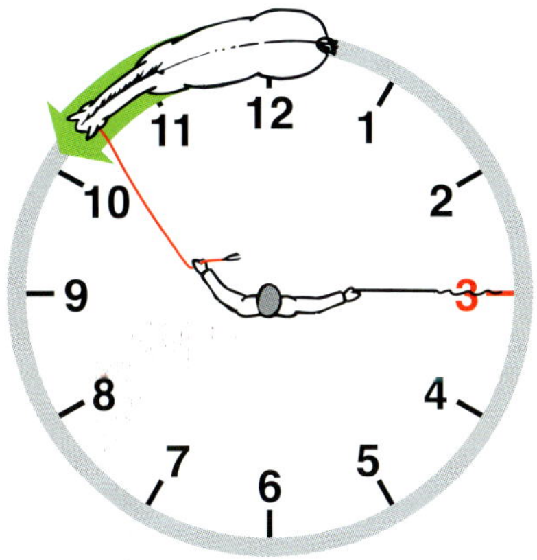

So schwinge ich die Drei-Uhr-Position mit der Gerte. Reagiert mein Pferd nicht, schwinge ich als nächstes auf „zwei-Uhr". Dann auf „ein-Uhr". Erhalte ich immer noch keine Reaktion, berühre ich bei „zwölf-Uhr" die Hinterhand mit dem Gertenseil.

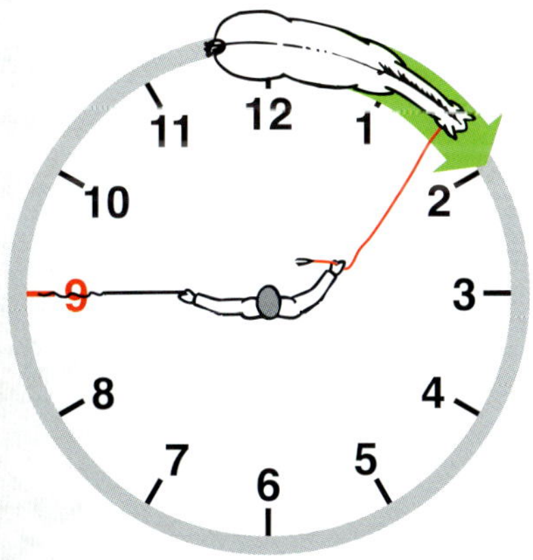

So schwinge ich die Neun-Uhr-Position mit der Gerte. Es ist die sanfteste Anfrage, um mein Pferd auf der rechten Hand vorwärtszuschicken.

Das ist die neutrale Gertenposition.

Ausbildung eines jungen Pferdes …

Es gibt eine bestimmte Zeit, in der das Pferd bestimmte Dinge lernen sollte. Manche Pferdebesitzer erzählen mir stolz: Ich bin doch so gut zu meinem Pferd, weil ich die Arbeit mit ihm erst begonnen habe, als es vier Jahre alt war. Ich widerspreche dann.

Mit Chapel Hill Magic übe ich das „Kopfsenken". Ich baue leichten Druck auf. Sobald der Hengst nachgibt, gebe ich auch sofort nach. So arbeite ich gegen den angeborenen Oppositionsreflex, der bewirkt, dass Pferde immer dagegenziehen, sobald wir ziehen. Ein junges Pferd lernt schnell, dem Druck nachzugeben.

An dieser Stelle möchte ich einmal den Vergleich wagen zwischen einem Jungpferd und einem Kind. Nehmen wir mal an, Sie bringen einem Kind nichts bei, bis es etwa zwölf Jahre alt ist. Und dann soll es innerhalb weniger Tage alles lernen, das gesamte Wissen vom Kindergarten bis zur Grundschule.

Sein Gehirn ist so beschaffen, dass es sogar in der Lage wäre, das zu meistern. Aber das so schnell Erlernte wird nicht in seinem Gedächtnis bleiben. Es fehlt das solide Fundament, das das Gelernte hätte, wenn man diesem jungen Menschen Grundlegendes vom Kindergarten an, Schritt für Schritt aufeinander aufbauend, beigebracht hätte.

Ich habe vor langer Zeit das Buch „Alles, was ich wirklich wissen musste, lernte ich im Kindergarten!" von Robert Fulghum gelesen. Es ist mir bei der Arbeit an diesem Buch wieder in den Sinn gekommen. Robert Fulghum beschreibt in seinem Text, dass man höflich sein soll, dass man seine Hände vor dem Essen wäscht, um Erlaubnis fragt und so weiter. Ich denke bei Pferden ist das genauso.

Wie gesagt, es gibt eine bestimmte Zeit, in der das Pferd bestimmte Dinge lernen sollte. So schafft man eine solide Grundlage, und es ist dann später viel leichter, darauf aufzubauen.

◀ *Nach einem zehnminütigen Block höre ich auf, mit Chapel Hill Magic zu arbeiten. Wir dürfen Pferde nie überfordern.*

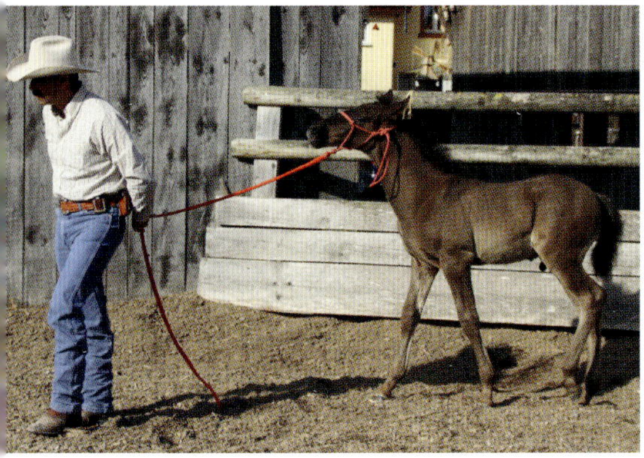

Erste Führübungen mit einem Fohlen. Manchmal hilft es, wenn man dem Pferd nicht in die Augen schaut.

Es ist, wenn Sie so wollen, wie bei einem Gebäude: Je höher man es bauen will, desto besser muss das Fundament sein. Wenn das Fundament schwach ist, kannst du zwar auch tolle Sachen machen, aber das Gebäude wird immer wacklig sein.

Ich beobachte das sehr oft bei den Turnierreitern. Sie investieren so viel in das Training ihrer Pferde. Sie beginnen mit ihnen zu arbeiten, wenn sie drei oder vier Jahre alt sind. Diese Menschen denken dabei die ganze Zeit an das Endergebnis, aber sie investieren nichts in das Fundament.

Und deshalb gibt es so viele Pferde, die nicht in der Lage sind, ihr volles Potenzial auszuschöpfen, weil sie permanent physisch und psychisch überfordert sind. Du hast vielleicht von tausend Pferden zwei, die richtig gut sind, die die Spitze erreichen, aber was ist mit den anderen? Die scheitern am System, weil sie keine ordentliche Grundlage bekommen haben.

1 | *So kann man ein junges Pferd auf einen Longier- oder Sattelgurt vorbereiten.*

2 | *Der russische Araber Christopher fasst die Übung als Massage auf und entspannt sich. Christopher ist ein sehr selbstbewusstes Pferd. Mit solchen Charakteren sollte man früh zu üben beginnen.*

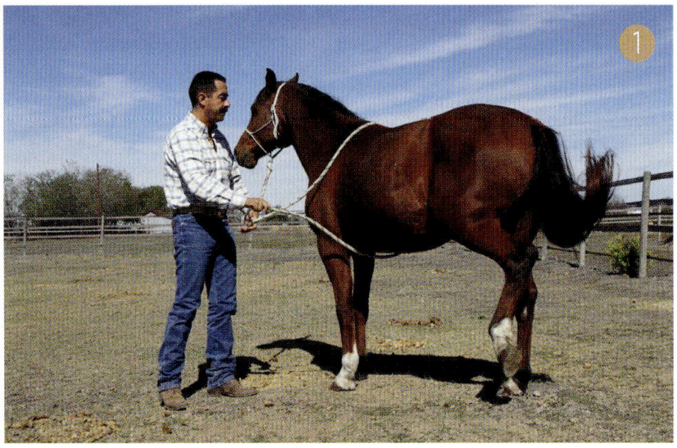

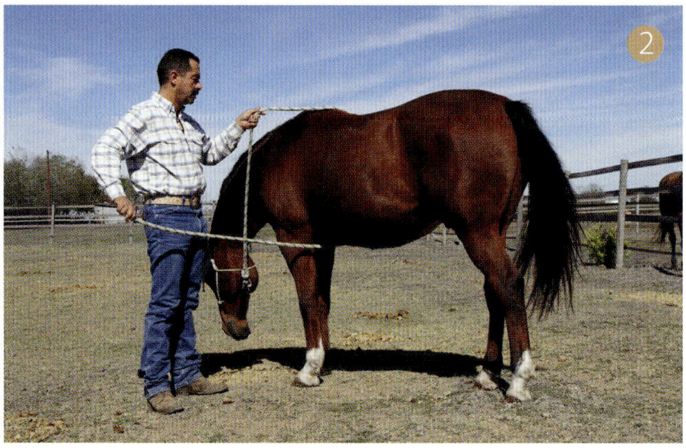

Imprint-Training mit Fohlen

Es wird viel darüber diskutiert, was man mit einem Jungpferd wann am besten tut, um ein solch solides Fundament zu bauen. Ein Weg kann das Imprint-Training mit neugeborenen Fohlen sein. Wenn das neugeborene Fohlen und seine Mutter genug Zeit hatten, sich aufeinander zu prägen, kann mit dem Imprinting begonnen werden.

Entschließen wir uns, unter diesen Vorrausetzungen das Imprinting zu machen, dann müssen wir uns sehr bewusst darüber sein, dass die Zeitspanne, in der wir etwas machen können, nur eine sehr kurze ist. Nach dem Imprinting sollten wir das Fohlen auch wieder in Ruhe lassen.

Was man ferner wissen muss, ist, dass bereits ein wenige Stunden altes Fohlen in der Lage ist zu lernen. Und hier liegt die Krux: Wenn man etwas Falsches macht, dann lernt es das mit derselben Intensität wie das Richtige. Was Sie machen, müssen Sie gut machen! Wie wir Menschen, haben auch die Pferde unterschiedliche Temperamente und ererbte Charaktereigenschaften. Hat das Fohlen dominante und temperamentvolle Eltern, würde ich rechtzeitig mit dem Training beginnen.

Chapel Hill Magic genießt mit mir die Pause.

Ich hatte einmal ein neugeborenes Fohlen, dessen Mutter nur ungern und mit Widerwillen ihr rechtes Hinterbein gab. Als das Fohlen zwei Stunden alt war, begann ich, seine Beine anzufassen und anzuheben. Es war unglaublich: An allen drei Beinen ließ es das geschehen, aber es trat nach mir, als ich das rechte Hinterbein anfassen wollte. Und das Fohlen war gerade mal zwei Stunden alt!

Das genetische Erbe kann eine erstaunliche Sache sein!

Seien Sie deshalb wachsam: Wenn Sie ein junges Pferd haben, das sehr empfindlich im Gurt- und Rückenbereich ist, oder an den Ohren – dann sollten Sie handeln.

Wartet man, bis es drei oder vier Jahre alt ist, dann hat man sein ganzes Leben lang ein Pferd mit einem sehr starken Temperament und lästigen Unarten. Das soll nicht heißen, dass wir das Temperament unseres Pferdes ändern wollen, aber wir können ein junges Pferd eher dazu bringen zu sagen: „Okay, ich probiere das für dich."

Außerdem lehren Sie Ihr Pferd, Sie zu respektieren.

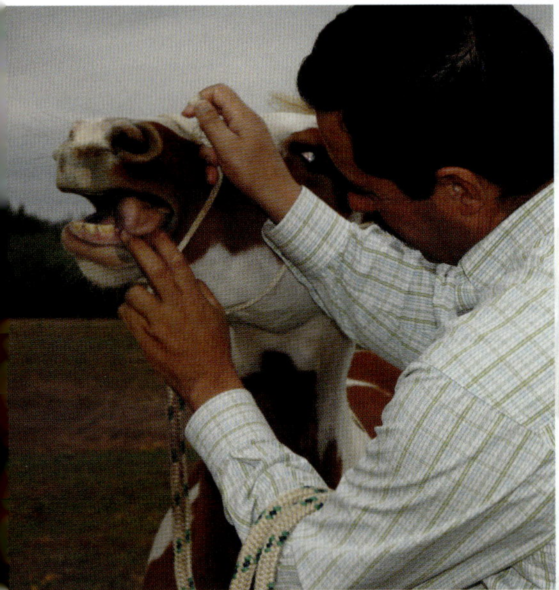

Das Maul sollte keine Tabuzone sein. Das Paintfohlen lernt, die zuerst noch ungewohnten Berührungen am Maul zu akzeptieren.

Viele spielen mit ihren kleinen Fohlen, aber dabei lernen die Fohlen kein respektvolles Verhalten. Man sollte vorsichtig damit sein, was man in diesem Alter mit ihnen macht, denn später sind es große Tiere, und wenn sie bemerken, dass sie viel stärker sind als wir, dann wird es schwierig.

Wenn Sie sagen, nein, mit einem Fohlen arbeite ich noch nicht, dann sollten Sie es wenigstens solide auf das Impfen vorbereiten.

Meine Frau Karin und ich haben Erfahrungen mit dem Imprinting gemacht, und wir haben herausgefunden, dass es funktioniert, wenn man es wirklich richtig macht.

Um noch einmal auf den Vergleich mit einem Kind zu kommen – ich finde es schade, dass die Kindergärtnerinnen weniger verdienen als Universitäts-Professoren. Dabei legen die Kindergarten-Erzieherinnen doch den Grundstein für die Menschen, die später in Reihen der Bestverdiener aufsteigen.

Die Kindergärtnerinnen sollten die am besten ausgebildeten Pädagogen sein, denn sie schaffen in den Kindern die Bereitschaft, gerne lernen zu wollen.

Beim Imprint-Training ist es das Gleiche: Das sollte nur jemand machen, der sich wirklich sehr gut mit Pferden auskennt. Ein solcher Kenner kann dem Fohlen ausgezeichnete Dinge beibringen. Er wird es habituieren, anstatt es zu desensibilisieren.

Sie wollen dem Fohlen beibringen, dass es Ihnen sein Bein gibt, Sie wollen seinen Hals biegen, seine Vor- und Hinterhand verschieben, ihm beibringen, rückwärtszugehen, es an Plastik oder an eine Sprühflasche gewöhnen. All das muss man individuell auf das Fohlen abstimmen können und in Betracht ziehen, dass die Konzentration des Neugeborenen sehr kurz ist. Das Imprinting sollte nur von Menschen gemacht werden, die sich dessen absolut bewusst sind, was sie da tun, und die mit dieser Art von Training sehr große Erfahrung haben.

Alle anderen sollten ehrlich zu sich selbst sein und das Imprinting schlicht überspringen.

Wie lange und wie oft übe ich mit einem Fohlen oder einem jungen Pferd?

Immer wieder fragen mich Menschen, wie intensiv ich mit einem Fohlen oder Jungpferd arbeite. Meiner Erfahrung nach sollten wir auf keinen Fall länger als fünfzehn Minuten pro Einheit mit ihnen „arbeiten".

Außerdem „arbeite" ich blockweise: Acht bis zehn Tage lang mache ich täglich eine kurze Einheit. Dann haben sie wieder ein paar Monate Pause.

Es ist immer wieder erstaunlich: In diesen wenigen Tagen werden Sie merken, wie schnell die Pferde lernen.

Nach zehn Tagen „Blockseminar" weiß man oft nicht mehr, was man ihnen noch beibringen könnte.

Nach diesem intensiven Lernen lassen wir unser Pferd wieder in Ruhe, lassen es aufwachsen mit den anderen Pferden.

Der kleine Painthengst ist geschafft. So viele neue Eindrücke. Nichts davon wird er vergessen. Pferde haben ein hervorragendes Gedächtnis.

Die Arbeit mit so jungen Pferden wie dem sieben Monate alten Araberfohlen ist etwas ganz Besonderes. Die jungen Pferde lernen so schnell, dass uns bald die Ideen ausgehen.

1.1

Kleine Übungen für das sieben bis zwölf Tage alte Fohlen

Ein wichtiger Abschnitt im Leben eines Pferdes beginnt meiner Erfahrung nach zwischen dem siebten und dem zehnten oder zwölften Tag.

Mit dem sieben Monate alten Paintfohlen Chapel Hill Magic übe ich das Halsbiegen. Auf meinen leichten Druck hin soll der Hengst den Hals biegen.

Man sollte sich – ganz unabhängig davon, ob man jetzt Fohlen-Prägung macht oder nicht – ein Programm für die nächsten vier Jahre zurechtlegen: Wann lehre ich es, den Hals zu biegen, dass es die Hufe gibt, dass es rückwärtsgeht, dass ich seine Vor- und seine Hinterhand verschieben kann? Wann gewöhne ich es an den Gurt, an ein wenig Gewicht auf seinem Rücken? Wann lehre ich es, zu den Menschen zu kommen oder bringe ihm bei, dass es sich führen lässt?

Beim Üben des Führens müssen wir sehr vorsichtig sein, da der Oppositionsreflex schon sehr gut ausgebildet ist: Das heißt, Druck erzeugt Gegendruck, und wenn Sie beim Führen ziehen, dann zieht das junge Pferd zurück. Deshalb müssen sie ihm zuerst beibringen, auf Druck nachzugeben. Alle Übungen, die ich mit Pferden mache, sollten aufeinander aufgebaut sein und wie Zahnräder ineinander greifen.

Bringe ich dem Fohlen bei, es aufzuhalftern, dann nehme ich mir sehr viel Zeit dafür. Manchmal fünf Minuten, nur um das Halfter langsam anzulegen *(siehe Kapitel 1.3 „Richtiges Aufhalftern")*.

Ich nehme mir diese Zeit, weil ich das junge Pferd nicht mit Kraft überwältigen will.

Viele Menschen machen das, weil die Fohlen so klein sind, nach dem Motto: Wenn es das Halfter aufhat, hat es es auf!

Ein ständig aufgehalftertes Fohlen ist in ihren Augen eben einfacher zu handhaben, und sie müssen sich nicht jeden Tag mit einem immer stärker werdenden Jungpferd auseinandersetzen.

Vorsichtig fordere ich Chapel Hill Magic auf, auf leichten Druck am Halfter hin, rückwärtszutreten.

Ich verschiebe die Hinterhand von Chapel Hill Magic. Er soll auf den Druck meiner Finger hin seine Hinterhand verschieben.

So hebe ich das Hinterbein eines Pferdes an, ohne in Gefahr zu geraten. Achten Sie darauf, dass Ihr Pferd bei dieser Übung gut und sicher auf allen drei anderen Beinen steht.

Neugierig schaut er nach, was da auf seinem Rücken liegt. Das sind bereits erste Übungen, um das Pferd auf einen Longier- oder Sattelgurt oder eine Decke oder Satteldecke vorzubereiten.

Mit diesem wunderschönen, noch namenlosen Araberfohlen mache ich erste Führübungen.

Ein Erfolgserlebnis: Das Araberfohlen folgt mir. Ausführlich erkläre ich das erste Führen in Kapitel 1.5 „Das erste Führen".

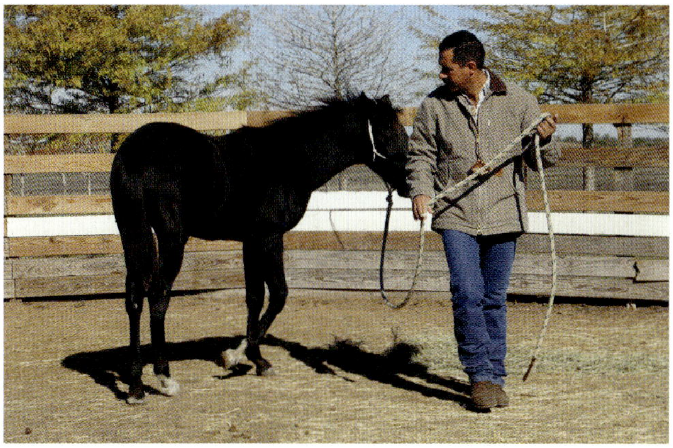

Ich finde, da sollten wir besonders vorsichtig sein, denn unsere Pferde lernen ja in dieser Phase auch. Wir wollen ihnen beibringen, sich vertrauensvoll, ohne Druck und Stress von uns aufhalftern zu lassen. Und wenn das Fohlen dies gelernt hat, dann lassen wir es wieder in Ruhe, bis zum nächsten Trainingsblock in einem halben Jahr.

Bereits Fohlen sollte man an ein Halfter gewöhnen. Ausführlich erkläre ich das in Kapitel 1.3 „Richtig Aufhalftern".

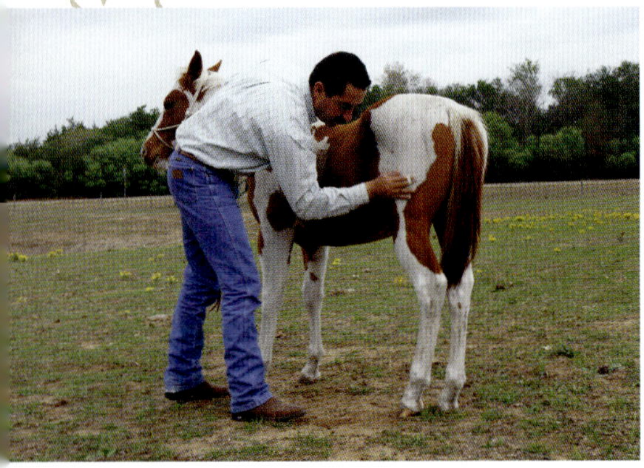

Ein junges Pferd sollte früh genug lernen, sich überall berühren zu lassen. Chapel Hill Magic passt genau auf, was ich da an seinen Hinterbeinen so mache.

Ich berühre den schwarzen kleinen Araber mit dem Seil am ganzen Körper.

Chapel Hill Chexx ist ein zweieinhalbjähriger Paintwallach. Ich streiche ihn mit der Gerte ab. Er soll wissen, dass er keine Angst davor haben muss.

Übungen für das sechs Monate alte Fohlen

Wenn das Fohlen sechs Monate alt ist, können wir weitermachen. In diesem Alter kann man sehr, sehr viele kleine Übungen mit ihm machen. Ich rede nicht davon, mit einem so jungen Tier zu arbeiten, sondern davon, ihm viele gute Dinge beizubringen.

In dieser Zeit würde ich meinem Fohlen beibringen, mir die Beine zu geben (*siehe Kapitel 1.9 „Huf geben"*), es lehren, sich überall berühren zu lassen (*siehe Kapitel 1.4 „Das Pferd überall berühren"*), seine Vorhand und Hinterhand zu verschieben (*siehe Kapitel 2.3 „Verschiebung der Hinterhand", 2.4 „Verschiebung der Vorhand", 2.5 „Kombination aus Vor- und Hinterhandverschiebung"*), rückwärtszugehen (*siehe Kapitel 2.2 „Rückwärtsgehen"*). Ich würde ihm beibringen, dem Seil nachzugeben (*siehe Kapitel 1.6 „Dem Seil nachgeben"*), oder es mit dem Seil zu führen.

Sie können mit Ihrem Fohlen dabei auf einen Zirkel gehen. Ich spreche auf keinen Fall davon, ein Fohlen zu longieren.

Ich vermeide das Longieren junger Pferde, da es nicht das Lernen fördert, sondern nur eine langweilige Wiederholung ist von Zirkeln, Zirkeln, Zirkeln.

Die jungen Pferde bekommen dem Longieren gegenüber sehr leicht eine Abneigung, statt Spaß daran zu haben. Außerdem ist das Longieren eine viel zu große Belastung für ihre Gelenke und Sehnen. Meiner Meinung nach macht man mit zu früher Longenarbeit mehr kaputt, als einem lieb ist.

Wenn Sie wollen, dass ihr junges Pferd Muskeln aufbaut und stärker wird, dann stellen Sie es in eine große Herde, wo es rennen und sich mit gleichaltrigen Kumpels nach Herzenslust messen kann.

Natürlich kommt es beim Toben auch mal zu engen Wendungen und abrupten Stopps, aber sie machen beim Spielen vielleicht ein oder zwei enge Drehungen, und laufen nicht minutenlang auf einer Zirkellinie.

Statt es zu longieren, lehren sie es lieber, dem Seil nachzugeben oder für kurze Zeit um sie herumzugehen. Sie können Ihrem jungen Pferd auch beibringen, über ein paar Geschicklichkeits-Hindernisse zu gehen. Über Plastik, durch enge Gassen oder durch einen Flattervorhang. In vielen Ställen hängen Lamellenvorhänge. Das Pferd sollte keine Angst haben, durch sie hindurchzugehen.

Ich fordere den jungen Araber auf, auf meinen Druck hin seine Hinterhand zu bewegen.

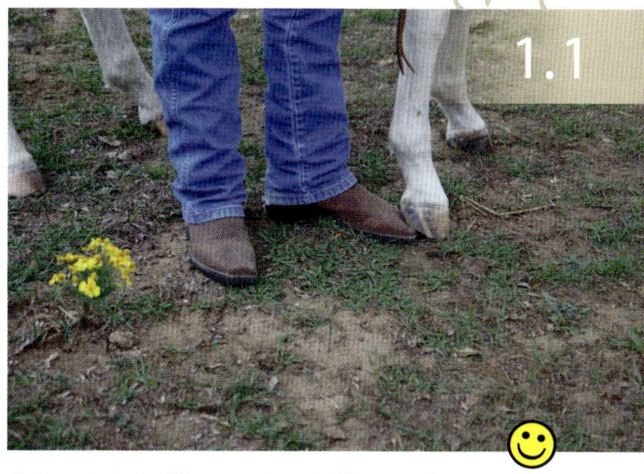

Es ist wie beim Tanzen: Am Anfang steht man sich auch mal gegenseitig auf den Füßen.

Die Arbeit mit dem Seil ist Gold wert: Der kleine Hengst lernt, überall damit berührt zu werden. Eine hervorragende Vorbereitung für viele spätere Aufgaben.

Im Kapitel 2.13 *„Geschicklichkeitsparcours"* finden Sie hierzu viele Ideen. Suchen Sie sich die einfachsten heraus, drei oder vier Übungen, an denen Sie arbeiten wollen. Wenn das Pferd gelernt hat, vorwärtszugehen und ein paar Hindernisse zu überwinden, dann schließen Sie diesen Lernblock wieder ab, und entlassen es auf die Weide, wo es ganz Pferd sein darf und Zeit hat, über das Gelernte nachzudenken. So fördert man die Lernbereitschaft.

Christopher soll dem Druck des Seiles nachgeben. Eine vorbereitende Übung für das Hufgeben.

Den Mustang Talk Is Cheap führe ich mit dem Seil. Der 6-Jährige hat mehr als fünf Jahre wild in Nevada gelebt.

Jedes Pferd freut sich über Lob und über eine wohlverdiente Pause.

1.1

Das Absetzen vorbereiten und leichter machen

Mit sechs bis acht Monaten löst man das Fohlen langsam von der Mutter, denn die Stuten sind nach dem vielen Säugen häufig sehr ausgelaugt.

Die Trennung von der Mutter ist ein einschneidendes Erlebnis im Leben eines Pferdes. Wir können ihnen diese Erfahrung erleichtern, indem wir sie darauf vorbereiten, während sie noch mit ihren Müttern zusammen sind, und das Absetzen in kleinen Schritten einleiten.

Am ersten Tag des Trainings nehme ich das Fohlen, führe es einige Meter von der Mutter weg und „arbeite" ein bisschen mit ihm. Es sollte währenddessen seine Mutter immer sehen können.

Am ersten und zweiten Tag bleiben Sie mit dem Fohlen noch nah bei der Mutter, bevor Sie dann beginnen, die Distanz zwischen ihm und der Stute nach und nach zu vergrößern, auf zehn Meter, auf fünfzehn Meter. In Sichtweite zur Mutter machen Sie kleine Übungen mit dem Fohlen. Wenn es dabei ruhig ist, bringen Sie es zurück.

Am siebten oder achten Tag würde ich das Fohlen noch ein bisschen weiter wegbringen, vor allem, wenn die endgültige Trennung wirklich bald ansteht.

Ich nehme mir zehn bis zwölf Tage Zeit, Mutter und Fohlen so schrittweise zu trennen. Ist der Tag der endgültigen Trennung gekommen, darf das Fohlen auf keinen Fall allein sein. Es muss in eine Gruppe mit Pferden gebracht werden.

Es wird dann nach seiner Mutter rufen, aber bald mit seinen Freunden spielen, und die Trennung so besser verarbeiten. Trennt man Stute und Fohlen zu abrupt, kann daraus leicht ein Trauma entstehen. Nach dem Absetzen lasse ich das kleine Pferd in Ruhe.

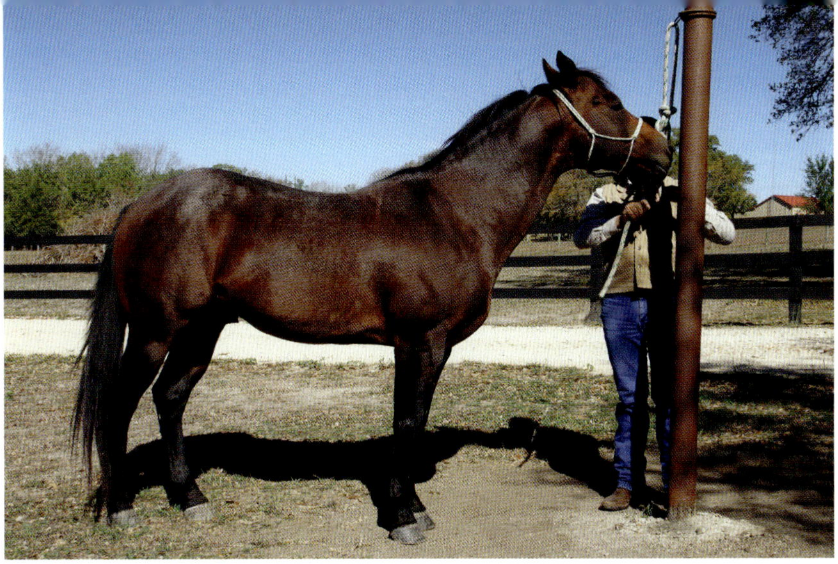

Ruhig angebunden stehen, gehört zum ABC.

Übungen für das acht bis zwölf Monate alte Fohlen

Beim nächsten Block, wenn das Pferd wieder ein paar Monate älter ist, machen wir bereits etwas mehr. Dann können wir unser junges Pferd darauf vorbereiten, angebunden zu sein.

Ich bereite das Jungpferd darauf vor, indem ich es mit einem Seil überall an den Beinen berühre. Ich lege das Seil über seinen Rücken und schwinge es über seinen Kopf. Dann gerät mein Pferd auch nicht so leicht in Panik, wenn es sich mal den Anbindestrick versehentlich über den Kopf zieht. So ein Erlebnis kann sonst zum Verhängnis werden.

Deshalb finde ich es sehr wichtig, diese Dinge an einem sicheren Ort, etwa einem Roundpen, zu üben und es zu habituieren. Dann bekommt unser Pferd in ruhiger Atmosphäre eine Vorstellung davon, wie sich das Seil anfühlt. Bereiten Sie Ihr Pferd auf bestimmte Situationen vor, dann lernt es, seine Furcht zu überwinden.

Bevor wir mit dem Verladetraining beginnen, sollte unser Pferd gelernt haben, sich anbinden zu lassen (*siehe Kapitel 1.7 „Pferde richtig anbinden“*).

Hat man die Vorübungen für das sichere Anbinden nicht gemacht, dann kann es zu Unfällen auf dem Hänger kommen.

Ich bringe meinen Pferden mit sechs bis acht Monaten das Verladen bei.

Verladetraining mit dem jungen Pferd

Anschließend empfehle ich, ihm das Verladen beizubringen. Das können wir bereits tun, wenn unser Jungpferd sechs bis acht Monate alt ist. Das wäre meiner Meinung nach ein idealer Zeitpunkt. Einige andere Leute sehen das etwas skeptisch. Sie beginnen mit dem Hängertraining erst, wenn das Pferd mindestens eineinhalb Jahre alt ist.

Verladen sollte zum Allgemeinwissen eines Pferdes gehören und jederzeit problemlos möglich sein.

Ich bringe meinen Pferden das Verladen früher bei, weil ich die Erfahrung gemacht habe, dass das Leben voller Überraschungen ist. Wir wissen nicht, in welche Situationen wir geraten, und wann wir ein Pferd verladen **müssen**.

Es kann passieren, dass wir mit dem Pferd umziehen, zu einem Seminar fahren wollen oder in eine Klinik müssen.

Und dieser Verladetag – sofern man das Pferd nicht vorbereitet hat – ist Stress, verbunden vielleicht, wenn das Pferd verletzt oder krank ist, mit Schmerzen oder anderen negativen Gefühlen. Die Pferde wissen nicht, was sie dann beim Verladen tun müssen, weil sie es nie gelernt haben. Und wenn sie unter Zeitdruck und mit Gewalt und hinterhältigen Tricks verladen werden, dann wird aus dem Verladen eine schlechte Erfahrung. Das brennt sich so stark in ihren Hirnen ein, dass sie, wenn sie beim nächsten Mal einen Hänger sehen, sagen: „Nein, danke!"

Deshalb finde ich es besser, ihnen eine gute Basis zu geben. Und das Pferd Verladen lehren heißt nicht etwa, es mit einem Eimer Kraftfutter hineinzulocken. Es wird vielleicht reingehen, aber es hat dann nicht **gelernt**, es zu tun. Lernen ist ein Prozess mithilfe von Übungen, ein Konditionieren. Das Pferd sollte es beim Lernen versuchen dürfen, wenn es sich widersetzt, bauen wir ein bisschen Druck auf, das heißt aber nicht, dass man immer mit Druck arbeiten muss.

Einige Pferde machen es von Anfang an bereits gut. Ich würde das Verladen aber trotzdem ein paar Tage hintereinander üben, Schritt

Meine Frau Karin und unsere Stute Juana. Juana fühlt sich sichtlich wohl auf dem Hänger. In Kapitel 1.11 „Verladetraining" spreche ich ausführlich über das Verladen von Pferden.

für Schritt. Wir bauen so eine Komunikation mit unserem Pferd auf und können ihm besser helfen, wenn es eines Tages, vielleicht bei einem anderen Hänger, nicht einsteigen will.

Hat das Pferd gelernt, in den Hänger zu gehen und ruhig zu bleiben, können wir ihm zur Belohnung auch Kraftfutter oder Heu geben. Wir müssen den Pferden helfen, Lösungen zu finden, damit sie in kniffligen Situationen souverän reagieren können.

Man kann zum Beispiel einem Fohlen beibringen, mit der Mutter in den Anhänger zu steigen. Lernen sie es später, etwa mit anderthalb Jahren, dann würde ich es ihm gemeinsam mit einem anderen erfahrenen Pferd beibringen. Dieser Trainingspartner sollte dann aber nicht dominant sein. Das würde das lernende Pferd verunsichern.

Steht das Pferd ruhig auf dem Hänger, dann schließe ich vorsichtig die Klappe und binde es dann an. Das tue ich erst, wenn ich ganz sicher bin, dass das Pferd sich wohlfühlt. Tut es das, dann fahre ich eine Viertelstunde mit ihm herum.

Wer ein Pferd hat, das sehr an der Herde klebt, der bekommt dabei Probleme. Auch das sich Entfernen von der Herde muss vorher geübt werden (*siehe Kapitel 1.12 „Die Bindung an die Herde"*).

Wir sollten dafür sorgen, dass der Hänger nichts Furchterregendes, sondern etwas Angenehmes für die Pferde ist, und dass wir nach einer kleinen Übungsfahrt immer wieder nach Hause kommen.

Mit den besten Kumpels Seite an Seite im Hänger kann einen nichts erschüttern.

Ich gewöhne Christopher an das Arbeitsseil mit den unruhigen Farben.

Übungen für das ein- bis zweijährige Pferd

Den nächsten Block beginne ich, wenn mein Pferd ein oder zwei Jahre alt ist.

Wir können unser Pferd an unterschiedliche Führstricke (Farben) gewöhnen.

Wir können die Berührung einer Decke mit ihm üben oder Dinge vorsichtig auf seinen Rücken legen, aber immer in einer lehrenden Art, nicht auf heimtückische Weise, indem wir es austricksen, so nach dem Motto: „Ganz ruhig, dir passiert nichts", und dann werfen wir die für das Pferd bedrohliche Decke schnell drüber.

Vielmehr sollten wir dem Pferd die Zeit geben, sich mit diesem fremden Gegenstand auseinanderzusetzen. Ich lasse das Pferd in aller Ruhe daran riechen, dann berühre ich es ganz vorsichtig mit der Decke und ziehe mich zurück, warte ein wenig, und beginne von vorn. Ich lasse es schnuppern, berühre es mit der Decke und lege sie ganz sachte über seinen Rücken, nehme sie nach einigen Augenblicken genauso sachte wieder herunter und lobe das Pferd.

Erst wenn mein Pferd die Decke auf diese Weise wirklich akzeptiert, können wir einen Schritt weitergehen und ihm eine kleine Satteldecke auf seinen Rücken legen.

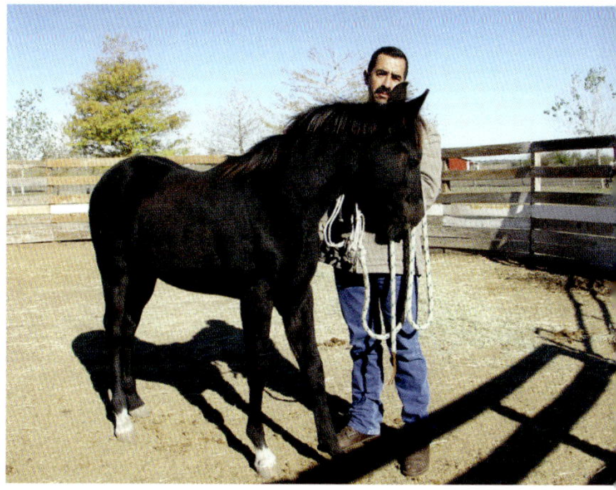

Neugierig beschnuppert es mich und das Seil. Wir sollten den jungen Pferden Zeit geben, sich mit Dingen in Ruhe vertraut machen zu können.

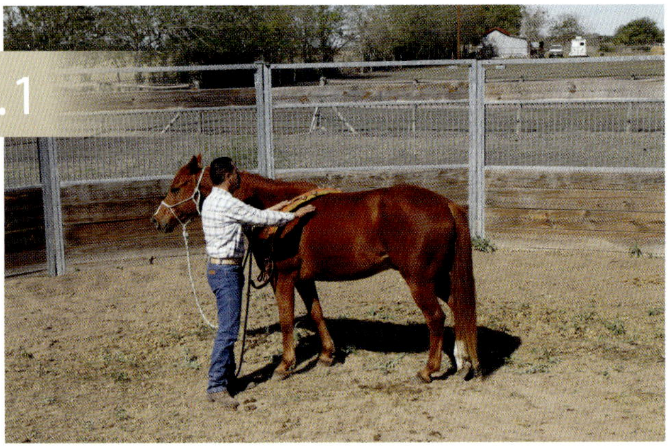

Vorsichtig lege ich den Gurt auf Wheels Rücken. Es ist für den 5-Jährigen das erste Mal in seinem Leben.

Wheels probiert das erste Mal aus, wie es ist, sich mit einem Gurt zu bewegen. Gar nicht so schlimm!

Ich lehre den jungen Wallach, welche Bedeutungen die beiden Zügel haben. Für die Wendungen brauchen wir noch eine deutliche Körpersprache.

Ich erkläre Wheels so die Bedeutung beider Zügel.

Übungen für das zweieinhalb- bis dreijährige Pferd

Die nächste Lernphase starte ich, wenn das Pferd zweieinhalb bis drei Jahre alt ist. In diesem Alter können wir viel mit ihnen üben. Die Pferde sind dann noch unbefangen und haben keine Angst, da sie noch keine vorgefasste Meinung den Dingen gegenüber haben.

Sie sind so offen für Neues, und diese Einstellung ist eine großartige Voraussetzung, sie etwas zu lehren.

Wir können sie in dieser Lebensphase an den Gurt gewöhnen, ihnen mit der Doppellonge die Bedeutung des inneren und des äußeren Zügels erklären. Ich würde auch am Halsbiegen arbeiten, sie mit einem Arbeitsseil schicken und ihnen vorsichtig einen Sattel auflegen.

Und – hierbei protestieren jetzt vielleicht einige unter Ihnen – warum setzen wir uns nicht auch einmal kurz auf das Pferd?

Vorsichtig aufsitzen, wieder absteigen, so, dass das Pferd Sie sehen kann.

Dieser sehr bedeutende Schritt hängt aber stark von der Entwicklung des jeweiligen Pferdes ab, von seinem Körperbau und seiner mentalen Reife.

Manche Pferde sind in diesem Alter schon recht erwachsen und selbstbewusst, manche immer noch wie kleine Babys. Sowohl kör perlich als auch geistig.

Sie müssen sehr ehrlich einschätzen, ob Ihr Pferd diese Übung gut bewältigen kann.

Ich rede nicht davon, sich draufzusetzen, es zu reiten und zu trainieren. Ich rede davon, mich kurz auf es zu setzen und für fünf bis zehn Minuten mit ihm geradeaus zu gehen.

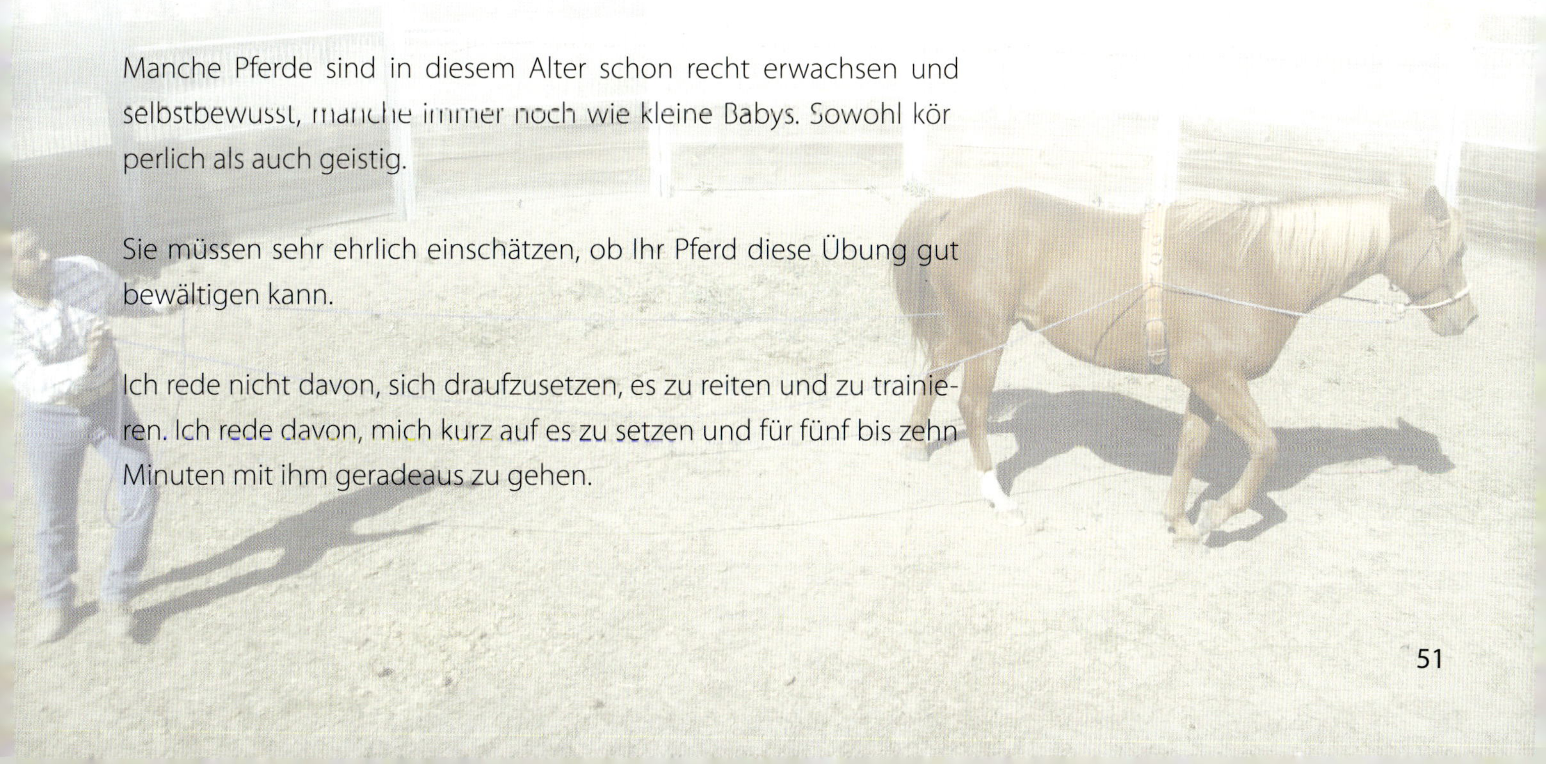

So lange, bis mein Pferd sich mit meinem Gewicht wohlfühlt. Das wiederhole ich ein paar Tage hintereinander, dann lasse ich mein Pferd wieder in Ruhe. Meiner Meinung nach nimmt der Körper des Pferdes dadurch keinen Schaden. Sie können damit eher eine wichtige Vorarbeit leisten.

Pferde vergessen nichts, und wenn man das Aufsitzen nach einer Zeit wiederholt, dann ist es so, als wäre Ihr Pferd heimlich von jemandem trainiert worden. Das habe ich selber erlebt. Wir haben damals ein paar Tage mit jungen Pferden gearbeitet, sind mit ihnen nur vorwärts durch ein hügeliges Gelände geritten, zehn, fünfzehn Minuten lang, eine halbe Stunde höchstens. Wenn das Pferd das gut macht, dann sagst du, gut, okay, ich gebe ihm eine Pause bis zum nächsten Jahr, bis es dreieinhalb oder vier ist und wir andere Dinge unter dem Sattel tun können.

„Was“, sagen dann viele, „aber sie vergessen doch danach wieder alles?!“ Nichts vergessen sie, gar nichts.

Wenn man dann im nächsten Jahr weiter macht, ist es: Wow!

Aber – und das möchte ich noch mal deutlich betonen –, es kommt immer auf das Pferd an. Schätzen Sie Ihr Pferd richtig ein.

Üben mit dem viereinhalbjährigen Pferd

Wenn das Pferd dann älter ist, beginne ich mit der Doppellongenarbeit. Aber nicht auf Zirkeln, sondern im Viereck (*siehe Kapitel 2.11 „Doppellonge“*). Ich kann dem Pferd Schenkelweichen und Seitengänge wie Schulterherein und Travers vom Boden aus beibringen. Das heißt, ich lehre dem Pferd die Stellungen und halte sie für wenige Schritte; vermeide aber das Trainieren dieser Übungen über längere Strecken.

In diesem Alter kann ich auch gut die Übungen C1 und C2 von Kapitel 2: „Mein Pferd geht aufs Gymnasium“, mit ihm machen.

Die wirklich ernsthafte Arbeit beginne ich mit einem Pferd, wenn es sieben oder acht Jahre alt ist.

Viele Menschen machen mit dem jungen Pferd erst einmal gar nichts, und wenn sie dann anfangen, reiten sie viel zu viele Zirkel, exzessiv Lektionen wie Schulterherein und Traversalen und wundern sich dann, wenn das Pferd mit sieben Jahren körperliche Probleme hat. Völlig verwundert sagen diese Leute dann: „Aber ich habe doch extra so spät mit dem Reiten angefangen!"

Die Gelenke und Sehnen eines jüngeren Pferdes sind noch nicht so stark entwickelt. Und was wir noch beachten müssen, ist Folgendes: Reiten wir ein junges Pferd, dann braucht die Muskelelastizität sieben bis acht Monate, um sich zu entwickeln.

Wenn man sich so umschaut, dann sieht man viele junge Pferde, die ein perfektes Schulterherein zeigen, obwohl sie körperlich noch gar nicht weit genug entwickelt sind für solche Lektionen.

Die Elastizität der Muskeln und der Sehnen ist noch nicht so weit ausgebildet, dass die Pferde ihren Körper gut tragen können.

Mein Rat: Gehen Sie raus ins Gelände! Vier, fünf Monate nehme ich mir Zeit, mein junges Pferd im Wald auf geraden Strecken zu reiten und beginne damit, an ihrer mentalen Stärke und an der Muskelelastizität zu arbeiten. Wenn ich dann irgendwann Schulterherein und Traversalen anfrage, haben sie schon eine gewisse Muskelelastizität, und sie können diese Lektion körperlich besser bewältigen.

Unsere Quarter Horse-Stute Juana ist ein Kraftpaket und bewegt sich trotzdem geschmeidig wie eine Raubkatze bei der Freiarbeit. Hier macht sie einen Walzer im Galopp.

Meine Quarter Horse-Stute Juana kann, trotz eines Unfalls, den sie als Zweijährige hatte, immer noch gearbeitet werden. Sie ist jetzt eine 22-jährige Lady. Bevor wir sie wieder trainiert haben, sind wir mit ihr raus ins Gelände gegangen, um ihren Körper wieder fit zu machen.

Auch Quarter Horses haben ein Recht auf ein Fundament

Die Quarter Horses gelten als frühreif und sind bereits in jungen Jahren Muskelpakete. In der Zucht dieser Rasse ist viel Selektion betrieben worden, aber die Wahrheit ist, dass viele Pferde das Training nicht schaffen, und als gebrochene Pferde innerlich aufgeben, wenn sie gerade mal sieben oder acht Jahre alt sind.

Was mich so stört und vor allem beschämt, ist, dass die Wettkampfszene so stark auf junge Pferde ausgerichtet ist, und viele Leute mit diesen jungen Tieren viel Geld machen.

Meiner Meinung nach müsste das geändert werden. Man dürfte erst mit älteren, reiferen Pferden das große Geld verdienen. Dann würden die Leute ihre Meinung und die Herangehensweise an das Training ändern. Das Training ist so sehr auf das wettbewerbliche Präsentieren der jungen Pferde ausgerichtet, weil Züchter und Trainer mit guten Platzierungen das meiste Geld machen können.

Einige wenige denken im Sinne des Pferdes, aber die meisten denken an ihr Geld und ihren guten Lebensstil.

Für mich bedeutet dieses System das Vernichten der Pferde. Ein Talent wird bei *Futuritys** so verheizt, weil es das Potenzial hat, das Beste zu werden, und dann möglichst schnell viel Geld in die Kasse zu spülen hat. In der Dressur- und Springsportszene sieht es nicht anders aus.

Es darf nicht nur um Geld gehen. Pferde sind fühlende Wesen, keine Maschinen. Sie wollen immer ihr Bestes geben, und wir müssen darauf achten, dass wir behutsam mit ihren Fähigkeiten und Befindlichkeiten umgehen.

* *Futuritys sind Wettbewerbe für junge Quarter Horse-Pferde bis zu vier Jahren, wo enorme Preisgelder zu gewinnen sind.*

Die Wichtigkeit von Pausen …

Arien und Casca Nuezes genießen ihre gemeinsame Pause während der Freiarbeit.

Ich habe in verschiedenen Büchern gelesen, dass sich ganz junge Pferde höchstens fünf bis zehn Minuten konzentrieren könnten.

Jährlinge zwischen zehn und fünfzehn Minuten, Zweijährige hätten eine Konzentrationsspanne von fünfzehn bis zwanzig Minuten, und erwachsene Pferde könnten zwischen fünfundvierzig Minuten und einer Stunde konzentriert arbeiten.

Ich glaube nicht, dass das stimmt.

Meiner Meinung nach kann sich ein erwachsenes Pferd für fünfzehn bis zwanzig Minuten konzentrieren. Dann braucht es eine Pause.

Nur so kann es uns die volle Konzentration ein zweites Mal schenken.

Ich habe mit ein paar Leuten darüber gesprochen. Ein Mann aus Luxemburg, der seine Pferde klassisch in der Dressur ausbildet, empfiehlt noch eine ganz andere Einteilung: Er arbeitet zwei- dreimal am Tag lieber jeweils fünfzehn Minuten mit einem Pferd, statt fünfundvierzig Minuten am Stück. Durch diese Aufteilung der Arbeit in Einheiten von dreimal fünfzehn Minuten pro Tag hat er mit seinen Pferden bereits in einem Monat so viel erreicht wie früher in drei bis vier Monaten.

Was wir verstehen müssen ist. Sechzig Minuten lang Konzentration von unserem Pferd zu verlangen, ist unmöglich, egal, welcher Disziplin wir anhängen, ob wir reiten oder Bodenarbeit machen.

Die wirklich guten Lehrer fragen das Pferd etwas, und wenn das Pferd diese Aufgabe ordentlich ausführt, dann machen sie sofort eine Pause, geben dem Pferd die Zügel, lassen es ein bisschen umhergehen, damit es auf andere Gedanken kommt, dann nehmen sie die Zügel wieder auf, und weiter geht's.

Sie arbeiten auch eine Stunde mit dem Pferd, bauen aber sechs, sieben Unterbrechungen ein. Das sind die wirklich guten Lehrer.

Mein Sohn Arien und ich plaudern, Casca Nuezes nutzt die Pause.

Casca Nuezes hängt seinen eigenen Gedanken während der Pause nach.

Die schlechten machen in der ganzen Stunde nicht eine einzige Pause. Davon gibt es leider genug. Nach solchen Stunden ist das Pferd klatschnass, der Reiter ist verschwitzt und völlig fertig, und der Reitlehrer ist frustriert, weil nichts funktioniert hat.

Solche Reitstunden laufen nach dem immer gleichen Muster ab: Erst war es fünfzehn, zwanzig Minuten okay, dann wurde es schlechter, weil das Pferd zu kämpfen beginnt, bis eine solche Reitstunde schließlich katastrophal endet, weil das Pferd sagt: „Okay, wenn ihr meint, Spaß habe ich dabei aber nicht!"

Alfonso und Chapel Hill Chexx chillen gemeinsam während des Übens im Roundpen.

Mit dieser Einstellung lernt unser Pferd nichts, und man kann beim nächsten Mal wieder von vorne beginnen.

Auf Westernturnieren erlebt man es leider sehr häufig, dass Reiter ihre Pferde ein oder zwei Stunden lang „warm"-reiten. Die Wirklichkeit sieht doch so aus: Das Pferd gibt irgendwann auf, ist gefügig und denkt sich: „Lass es bald vorbei sein."

Ich kenne glücklicherweise auch andere Turnierreiter, die sagen: „Ich wärme mein Pferd zwanzig Minuten auf dem Abreiteplatz auf und gehe dann in die Prüfung. Entweder es klappt dann oder auch nicht."

„Die Stille zwischen den Noten macht die Musik", pflege ich zu sagen, wenn es um die Pausen für das Pferd geht. Manche Pferde mögen Rock'n Roll und wieder andere Pferde bevorzugen klassische Musik. Die Pausen sollten auf die Persönlichkeit Ihres Pferdes abgestimmt sein. Es gibt Pferde, die sind arbeitssüchtig. Sie brauchen Pausen, denn sonst arbeiten sie bis zum Umfallen und sagen dann: „Vergiss es. Ich mag nicht mehr spielen."

Bei solchen „arbeitswütigen" Pferden empfehle ich Pausen, die eine halbe bis eine Minute lang sind. Und dann sind sie wieder bereit für Neues.

Pausen sind so wichtig. Gerade wenn Dinge gut klappen, vergessen wir sie und überfordern unser Pferd dann leicht.

Meine Stute Juana und ich plaudern während einer Pause auf der schattigen Veranda mit Arien.

Wenn das Fluchttier Pferd den Kopf senkt, fühlt es sich sicher und entspannt. Chapel Hill Magic denkt über das Gelernte nach.

Pferde werden gerne gelobt.

Fressen nach der Arbeit ist auch eine Belohnung und mindestens genauso schön wie eine Pause während der Arbeit.

Cadete nutzt die Pause, um Alfonso zum Lachen zu bringen.

Kapitel 1.3

Richtig Aufhalftern …

Aufgehalftert werden ist das tägliche Geschäft eines Pferdes. Wir sollten es ihm mit Ruhe, Geduld und in gut verständlichen Schritten beibringen.

Oft ist es unser Ziel, das Halfter so schnell wie möglich anzulegen, um mit dem jungen Pferd die Arbeit beginnen zu können.

Wir realisieren dabei nicht, dass ja bereits das Aufhalftern eine zu lernende Lektion für das junge Pferd ist! Es lohnt sich, etwas Zeit zu investieren, und dem Pferd das Aufhalftern ruhig und sicher beizubringen – ist es doch eine Aufgabe, die wir täglich von ihm verlangen.

Ich berühre Chapel Hill Magic vorsichtig mit Halfter und Strick. Er soll nicht das Gefühl haben, überrumpelt zu werden. Aufmerksam hört er mir zu.

Wenn Sie das erste Mal das Aufhalftern üben – egal wie alt das Pferd ist, auch wenn es ein kleines Fohlen ist – tun Sie dies niemals mit Kraft, sondern bauen Sie die einzelnen Schritte des Aufhalfterns ruhig und besonnen auf.

Zuerst muss das Pferd die Berührung durch das Halfter akzeptieren. Üben Sie das, indem Sie mit dem Halfter an seinem Hals und am Widerrist entlangstreichen. Lassen Sie das Pferd an diesem neuen Gegenstand schnuppern, damit es sicher sein kann, dass davon nichts Bedrohliches ausgeht.

Ich lasse das Araberfohlen an Halfter und Führleine schnuppern, damit es merkt, dass davon nichts Bedrohliches ausgeht.

Akzeptiert unser Pferd diese Berührungen, können Sie zum nächsten Schritt übergehen: Sie legen das Halfter vorsichtig um seinen Hals und schauen dann, ob das Pferd es Ihnen erlaubt, das Halfter auch über seine Nase zu streifen.

„Das geht mir zu schnell", sagt der Schwarze.

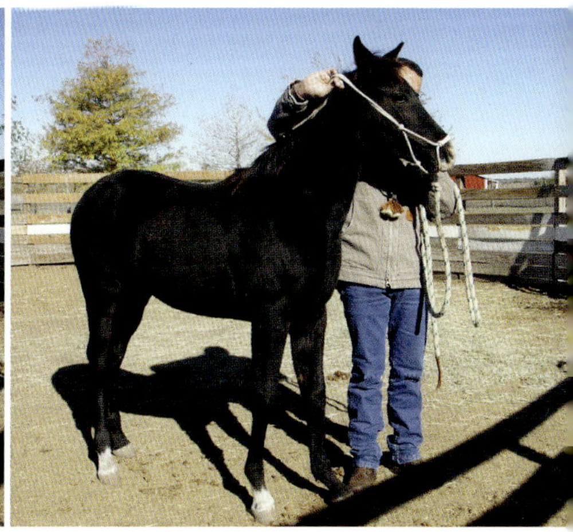

Für die Pferde ist es erst mal ungewohnt, etwas auf der Nase liegen zu haben.

1.3

Ich fordere Chapel Hill Magic auf, seinen Kopf in meine Richtung zu biegen. So lernt er, dass Druck auf der Nase nichts Schlimmes ist und sofort verschwindet, wenn er nachgibt.

Sehr oft mache ich diese ersten Schritte nicht mit einem Halfter, sondern mit einem kleinen Seil, das etwas variabler zu handhaben ist als ein Knotenhalfter oder ein normales Stallhalfter.

Ich lege dem Pferd das Seil auf die Nase und biege seinen Kopf zu mir hin (*siehe Kapitel 2.1 „Biegen"*).

Ich bringe dem Pferd bei, dass es nicht schlimm ist, wenn etwas seinen Kopf berührt (*siehe Kapitel 1.4 „Das Pferd überall berühren"*). Wenn ich seine Nase mit dem Seil umfasse, und das Pferd seinen Kopf weg-

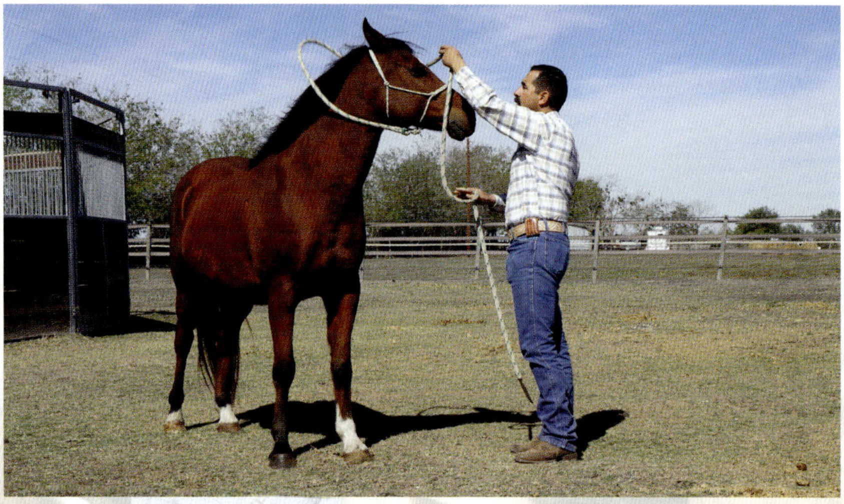

Ich zeige Christopher, dass ihm nichts passiert, wenn die Führleine mal um seine Ohren saust. Ein Pferd sollte sich überall am Körper von uns berühren lassen. Das ist die Grundvoraussetzung für viele Übungen.

dreht, dann übe ich mit dem Seil leichten Druck auf seine Nase aus, indem ich seinen Kopf zu mir biege. Wenn es nachgibt, dann nehme ich das Seil vorsichtig weg, damit das Pferd versteht, dass das keine Falle ist, sondern dass es immer belohnt wird, wenn es auf Druck hin nachgibt.

Wenn das Pferd diese Vorübung mit dem Seil gut macht (ich mache es so zwei-, dreimal, bei skeptischeren Pferden öfter), dann nehme ich das Halfter zur Hand. Ich biege seinen Kopf zu mir und lasse das Halfter vorsichtig über seine Nase gleiten. Auch wenn Sie das Halfter jetzt drauflassen könnten, nehmen Sie es ab, und loben Sie das Pferd. Am nächsten Tag können Sie das Halfter überstreifen, es schließen

Diese Kopfhaltung möchte ich später beim Aufhalftern haben.

und dann ein paar Augenblicke drauflassen, bevor Sie es wieder abnehmen.

Wollen Sie diese Halsbiegung erst einmal ohne Halfter üben, dann legen Sie Ihre Hand über den Hals und bauen leichten Druck an den Kinnbacken des Pferdes auf, bis das Pferd Ihnen Hals und Kopf zuwendet.

Gute Vorbereitung ist beim Aufhalftern wichtig. Sortieren Sie erst Ihre Ausrüstung und überprüfen Sie Ihren Standpunkt.

Meine korrekte Position beim Aufhalftern sieht so aus:

Ich halte das geöffnete Knotenhalfter (bei einem Stallhalfter ist es von Vorteil, wenn sich das Genickstück öffnen lässt) in der linken Hand. Das Führseil habe ich zur Hälfte gefaltet über meinem linken Unterarm liegen. Jetzt führe ich das Halfter unter dem Hals des Pferdes durch. Mit meiner rechten Hand über den Hals fassend, ergreife ich das Halfterende. Dann biege ich seinen Kopf zu mir, indem ich mit dem Halfter oder mit der rechten Hand leichten Druck an den Kinnbacken aufbaue.

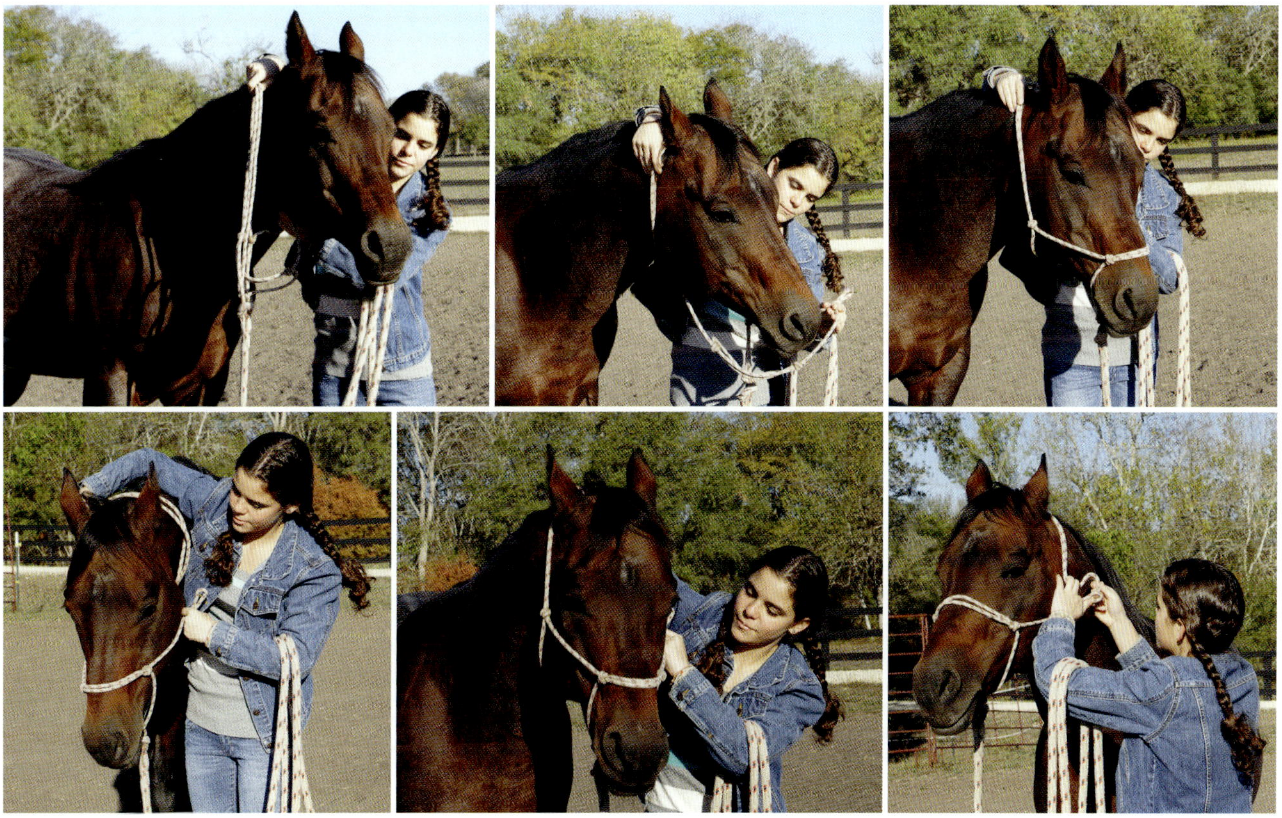

Meine Tochter Valentina und unser Quarter Horse-Hengst Cadete zeigen, wie richtiges Aufhalftern aussieht.

Ein paar Mal hintereinander halftere ich Chapel Hill Magic auf. Macht er das gut, lobe ich ihn und mache eine Pause.

Kann mein Pferd auf Anfrage hin den Kopf senken, habe ich Vorteile beim Aufhalftern.

Niemals sollte man einem Fohlen das Halfter mit Kraft und Gewalt überziehen. Sie sollen ***lernen****, aufgehalftert zu werden.*

Anschließend ziehe ich vorsichtig das Nasenteil über und schließe das Halfter.

Das mache ich ein paar Mal hintereinander: Ich ziehe es auf, mache es zu, nehme es ab, ziehe es wieder auf, mache es zu, nehme es ab und so weiter. Macht das Pferd gut mit, lobe ich es und mache eine Pause.

Menschen mit großen Pferden fragen mich oft: „Wie mache ich das mit einem Pferd, das groß ist und den Kopf nach oben streckt?"

Bei großen Pferden stelle ich mich auf Höhe des Widerristes.

Ich halte das geöffnete Knotenhalfter in der linken Hand. Das Führseil habe ich zur Hälfte gefaltet über meinem linken Unterarm liegen. Jetzt führe ich das Halfter unter dem Hals des Pferdes durch. Mit meiner rechten Hand über seinen Widerrist fassend, ergreife ich das Halfterende. Nun fahre ich mit dem Halfter am Hals entlang bis zu seinem Kopf und veranlasse es, den Kopf zu senken (*siehe Kapitel 2.0 „Den Kopf senken"*). Dann biege ich seinen Kopf zu mir, indem ich mit dem Halfter oder der rechten Hand leichten Druck an den Kinnbacken aufbaue. Anschließend ziehe ich vorsichtig das Nasenteil über und schließe das Halfter.

Ich habe das Aufhalftern mit erst wenigen Stunden alten Fohlen geübt. Es steckt einfach im Pferd drin: Wenn man mit etwas Neuem an ihren Kopf will, drehen sie den Kopf weg. Das Verzwickte bei den Fohlen ist, dass man ihnen mit Kraft das Halfter anlegen könnte, aber lernen sie etwas dabei? Wohl kaum. Auch vermeide ich es, das Fohlen in die Enge zu treiben, um es einzufangen.

Ich übe das Aufhalftern so lange, bis ich das Gefühl habe, das Pferd hat es verstanden und akzeptiert.

Egal, wie alt das Pferd ist, wenn ich mit dem Üben des Aufhalfterns fertig bin, nehme ich das Halfter wieder ab und lasse das Pferd in Ruhe.

Am nächsten Tag wiederhole ich die Übungen. Dann sollte es nur halb so lange dauern wie am ersten Tag, um das gleiche Ergebnis zu erreichen.

Ich lasse das Halfter nicht an, wenn mein Pferd frei ist, damit es nicht aus Versehen irgendwo hängen bleibt und sich verletzt. Auch lasse ich es nicht mit Halfter und einem daran hängenden Strick auf der Weide oder im Paddock herumlaufen, nur um es leichter einfangen zu können. Viele Leute sind sogar der Meinung, dass das Pferd sich so besser an den Druck gewöhnt, der entsteht, wenn es auf den Strick tritt.

Ich finde, das ist keine gute Vorgehensweise. Das Pferd tritt auf den Strick und spürt plötzlich einen Zug. Der Zug ist ohne Sinn, weil es keine Belohnungsreaktion gibt. Dadurch stumpft das Pferd vor allem dem Druck gegenüber ab und hat nichts gelernt.

Wir sollten uns lieber darauf konzentrieren, dem Pferd beizubringen, das Anlegen und Abnehmen des Halfters zu akzeptieren. Denn egal, nach welcher Philosophie und Reitweise Sie Ihr Pferd ausbilden – Sie brauchen ein Halfter.

Für das Üben des richtigen Aufhalfterns nehme ich mir fünf bis sechs Tage Zeit.

Aufhalftern gehört zum Allgemeinwissen eines Pferdes. Jedes Pferd sollte das sicher und angstfrei können.

Das Pferd überall berühren …

Die Pferde sollten unsere Berührungen genießen und keine Angst haben.

Beim Aufhalftern hat unser Pferd bereits gelernt, sich stellenweise an Kopf und Hals berühren zu lassen. Nun steht der nächste wichtige Schritt an: Wir lehren unser Pferd, sich am ganzen Körper von uns berühren zu lassen. Auch das sollten wir mit viel Ruhe, Geduld und Verständnis für die Befindlichkeiten des Pferdes tun, damit es lernt, dass Berührungen nichts Schlimmes sind, und sogar sehr angenehm sein können!

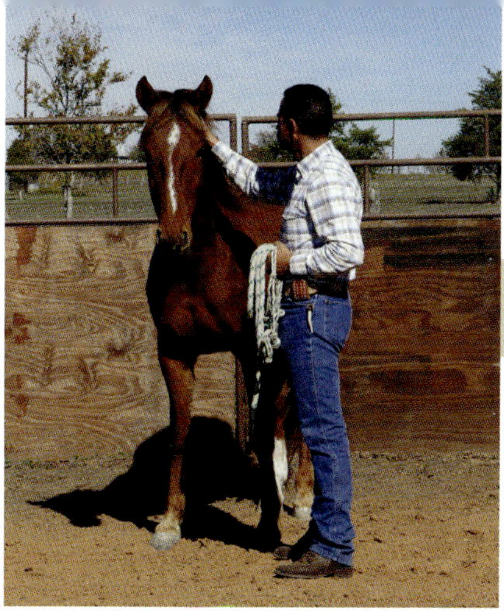

Jede Faser seines Körpers ist gespannt: Der Mustang Talk Is Cheap wird mir zeigen, wie weit ich gehen darf.

Viele Pferde lassen sich nicht gerne am Kopf, an den Ohren, am Maul oder an den Beinen unterhalb des Vorderfußwurzelgelenks oder des Sprunggelenks anfassen. Ich habe das sogar mit Fohlen erlebt, die erst wenige Stunden alt waren. Die Aversion gegenüber Berührungen ist also nicht immer etwas Angelerntes, sondern eher ein Instinkt, der sie daran erinnert, vorsichtig zu sein.

Manche Pferde lassen sich ungern über den Rücken streichen. Das habe ich bei der Arbeit mit Wildpferden beobachtet. Das könnte auch ein Instinkt sein, so, als müssten sie sich vor unseren Händen schützen, die sich vielleicht in Raubtierkrallen verwandeln könnten.

Gerade wild aufgewachsene Pferde, wie der Mustang Talk Is Cheap, mögen es oft nicht, am Rücken berührt zu werden. Der 6-Jährige bleibt ganz ruhig.

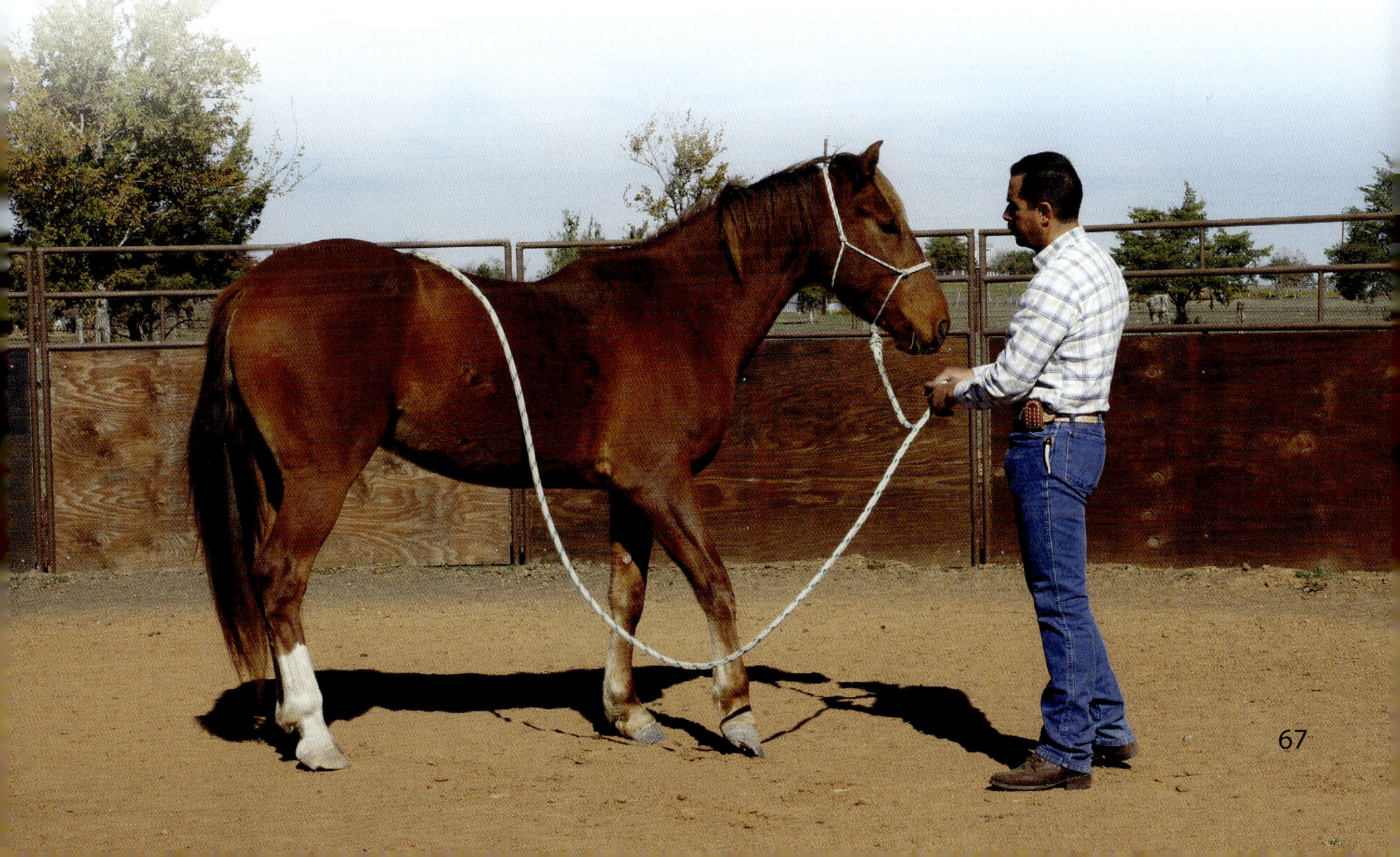

Zu Beginn der Übung ist der Araber-Appaloosa-Mix Wheels völlig verkrampft. Seine Sorgen, das Seil betreffend, sollten wir ihm nehmen, damit er gerne mit uns arbeitet.

Aber auch in Europa habe ich „domestizierte" Pferde getroffen, die man auf einer Körperseite ohne Probleme anfassen konnte, auf der anderen überhaupt nicht. Die berührungsempfindlichere Seite ist meist die rechte Körperhälfte.

Gerade an den Flanken sind Pferde empfindlich, vor allem rossige Stuten. Sie können sehr deutlich und ungemütlich werden, wenn man zu weit geht und ihre Warnungen überhört.

Wieder andere Pferde lassen sich gerne berühren, alles ist in Ordnung, bis wir dann ihren Schweif anfassen.

Ich gewöhne den 3-jährigen Altivo auch daran, sich am Schweif und an der Schweifwurzel berühren zu lassen. Das ist wichtig, denn wenn wir oder der Tierarzt Fieber messen müssen, sollte unser Pferd mit dieser Berührung vertraut sein.

Unser erstes Ziel ist es deshalb, unser Pferd überall mit unseren Händen berühren zu können. Und ich meine wirklich überall, auch im Maul, denn es kann ja sein, dass der Tierarzt eines Tages kommt und sich die Zunge ansehen will. Es ist auch keine schlechte Idee, unser Pferd daran zu gewöhnen, sich unterhalb der Schweifwurzel berühren zu lassen. Denn wenn wir oder der Tierarzt beispielsweise Fieber messen müssen, dann ist es hilfreich, dass unser Pferd diese Berührung kennt. Wenn Pferde dabei um sich treten, kann es sehr gefährlich werden. Außerdem hat ein Tierarzt nie viel Zeit, und es ist auch nicht seine Aufgabe, sich in Erziehungsfragen mit unserem Pferd auseinanderzusetzen. Wir sollten unser Pferd auf alle Eventualitäten vorbereiten, damit sich beispielsweise ein Tierarztbesuch nicht negativ in ihm festsetzt. Wir wollen ihm das Fundament geben, damit es jede Situation gut meistern kann und angstfrei durchs Leben geht.

Wichtig! Wenn ich mit meinem Pferd übe, es zu berühren, binde ich es nicht an. Ich falte das Führseil in der Hälfte und lege es entweder über den Widerrist oder über meinen Arm. So habe ich beide Hände frei, und laufe nicht Gefahr, mich im Seil zu verheddern und kann, wenn nötig, mein Pferd festhalten.

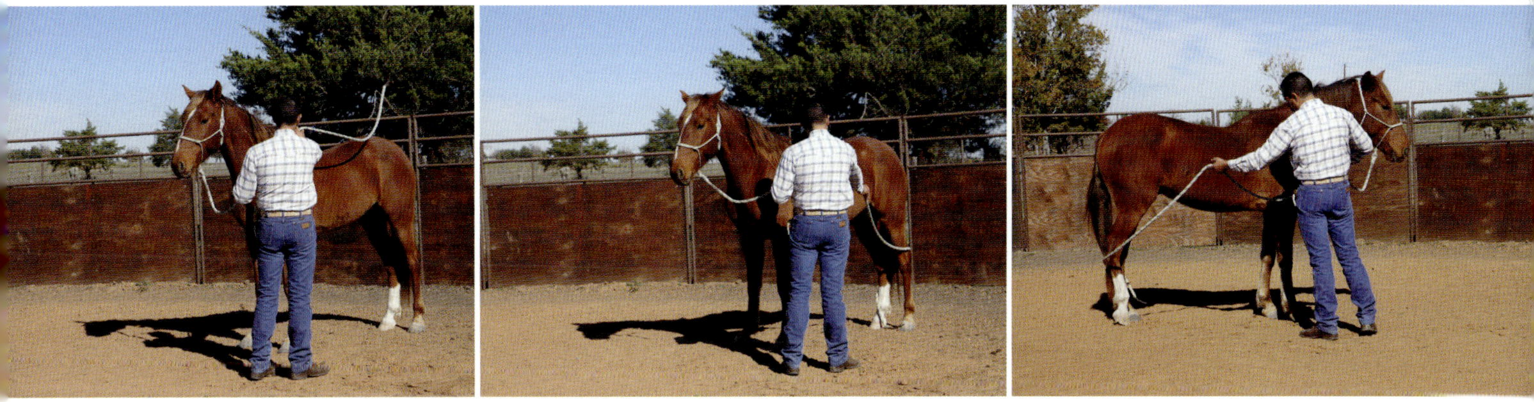

Dass sich unser Pferd überall berühren lässt, ist Grundvoraussetzung für seine weitere Ausbildung.

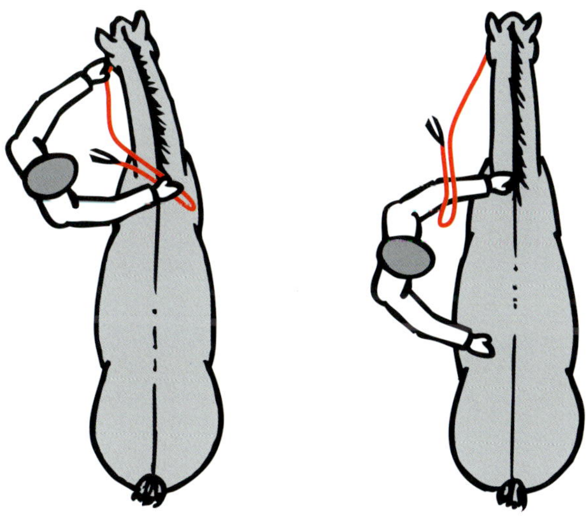

Berühre ich mein Pferd mit einer Hand am Kopf, dann lege ich den Führstrick gefaltet über seinen Widerrist. Möchte ich das Pferd weiter hinten berühren oder beide Hände frei haben, lege ich den Strick in der Hälfte gefaltet über meinen Arm. So erreiche ich die größtmögliche Sicherheit für Mensch und Pferd.

1.4

Annähern und Zurückziehen

Um Körperstellen zu berühren, an denen das Pferd nicht so gerne angefasst werden möchte, habe ich zwei Vorgehensweisen: Die erste nenne ich „Annähern und Zurückziehen". Das mache ich so: Ich berühre das Pferd so lange, bis es sagt: „Weiter bitte nicht!" – Dann nehme ich sofort den Druck weg und ziehe mich zurück. Beim nächsten Mal versuche ich dann ganz behutsam, über diesen kritischen Punkt hinwegzukommen und ein Stückchen mehr seines Körpers berühren zu dürfen. So arbeiten wir uns mit dem Einverständnis unseres Pferdes zentimeterweise vor, ohne dass es sich überrumpelt fühlt.

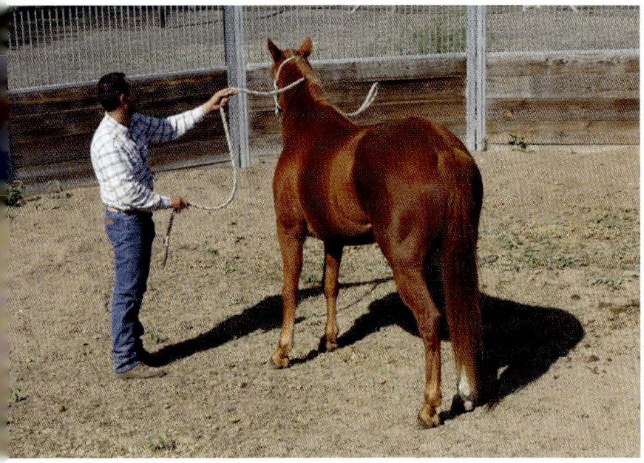

Am Ende der Übungseinheit mit Wheels darf ich ihm sogar schon das Seil über seinen Kopf schwingen. Er hat gelernt, dass das gar nicht schlimm ist.

Hand an unangenehmen Stellen liegen lassen

Die zweite Herangehensweise, die ich empfehle, eignet sich sehr gut bei dominanteren Pferden: Ich berühre das Pferd, indem ich meine Hände fließend über seinen Körper gleiten lasse, bis ich merke, okay, weiter geht es gerade nicht, aber – und das ist der Unterschied – ich nehme den „Druck" dann nicht weg, sondern lasse meine Hand an der Stelle liegen, an der das Pferd gesagt hat: „Ab da bitte nicht mehr."

Bei dominanteren Pferden finde ich diese Methode besser, denn bei der Variante „Annähern und Zurückziehen", spielen diese Pferde sehr leicht mit uns, sie lassen sich den einen Tag an der Stelle berühren und den anderen wieder nicht.

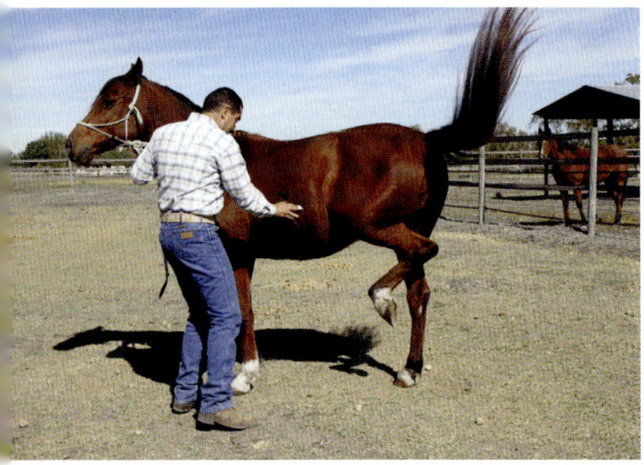

Der russische Araber Christopher ist ein selbstbewusstes und dominantes Pferd. Beim ihm arbeite ich nach Methode zwei: Findet er eine Berührung unangenehm, lasse ich meine Hand oder das Seil so lange dort, bis er sich entspannt.

Zuerst probiere ich es immer mit der ersten Methode, „Annähern und Zurückziehen".

Wenn ich merke, dass ich damit nicht weiterkomme, probiere ich es mit Methode zwei. Bei Pferden, die sich gar nicht mit den Händen an den Beinen berühren lassen wollen, bevorzuge ich eine Gerte, um diese Stellen „anzufassen". Wenn sie danach treten, werde ich nicht verletzt.

Unser Pferd mit der Ausrüstung berühren

Dürfen wir unser Pferd überall berühren, am Bauch, am Kopf, an den Ohren, zwischen den Beinen, dann gewöhne ich mein Pferd an die Berührung mit der Ausrüstung, die ich benutze: Ich gewöhne es am ganzen Körper an Berührungen mit dem Führseil, mit der Longe und mit Gerten und Peitschen. Unser Pferd sollte niemals Angst vor Gerten oder Peitschen haben, sondern sie als unseren verlängerten Arm begreifen, als Hilfsmittel und nicht als Prügelstock. Bevor ich das erste Mal mit einer Gerte arbeite, lehre ich mein Pferd, sich am ganzen Körper mit dieser abstreichen zu lassen. Viele Pferde entspannen mit der Zeit richtig dabei. Das Pferd sollte mit einer Gerte oder Peitsche immer auch etwas Positives verbinden, und nicht nur „Druck" oder eine Forderung von unserer Seite mit einer Gerte assoziieren.

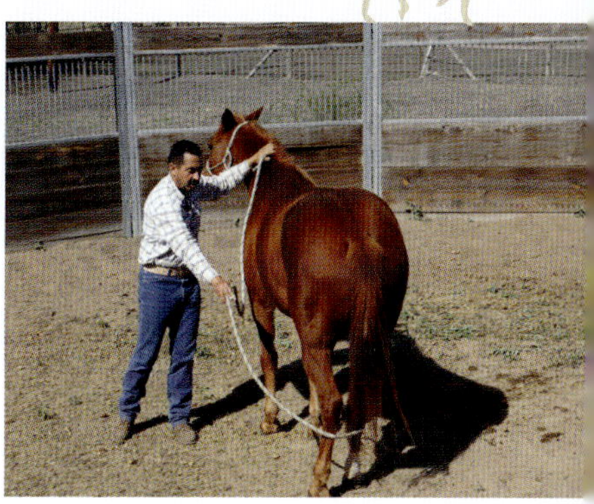

Dadurch, dass eine Hand auf dem Körper des Pferdes liegt, spüre ich sofort, wenn es sich verkrampft oder sich im nächsten Moment bewegen wird.

Chapel Hill Chexx lernt, dass der Kontakt mit einer Gerte nichts Unangenehmes ist, und dass nicht immer nur etwas von ihm gefordert wird, wenn die Gerte im Spiel ist.

Kein Pferd sollte Angst vor einer Gerte oder einer Peitsche haben, sondern es als unser gemeinsames Hilfsmittel ansehen, als einen verlängerten Arm.

Oft ist es auch so, dass man ein Pferd zuerst mit der Gerte überall berühren kann, bevor man es mit den Händen tun darf. Ich fasse die Gerte dann nach und nach immer kürzer. Erst habe ich 1,20 Meter Abstand zum Pferd, später nur noch wenige Zentimeter, bevor ich dann vorsichtig meine Hand ins Spiel bringe. So lernt es, mich immer näher an sich heranzulassen.

Ich empfehle auch, unser Pferd mit bunten Longen oder Führstricken vertraut zu machen. Es sollte nicht jedes Mal in Panik geraten, wenn sich eine wildgemusterte Longe seinem Körper nähert.

Das Pferd sollte vor unserer Ausrüstung **niemals** Angst haben.

Tritt ein Pferd bei diesen Übungen, dann haben wir wahrscheinlich Warnungen seinerseits übersehen, sind zu schnell, zu forsch vorgegangen, oder haben dem Pferd nicht genug eigenen Raum gelassen, in den es sich zurückziehen kann.

Anders ist es mit einem Pferd, das keinen Respekt gegenüber den Menschen hat, das gelernt hat, dass alle Leute schnell wegspringen, wenn es tritt. Bei solchen Pferden nähere ich mich mit der Gerte oder dem Seil, um es an die Berührungen zu gewöhnen. So habe ich erst einmal mehr Abstand zu den Beinen und kann dem Pferd verdeutlichen, dass ich nicht gleich wegspringe, wenn es mal kickt, sondern unbeeindruckt und ruhig weitermache.

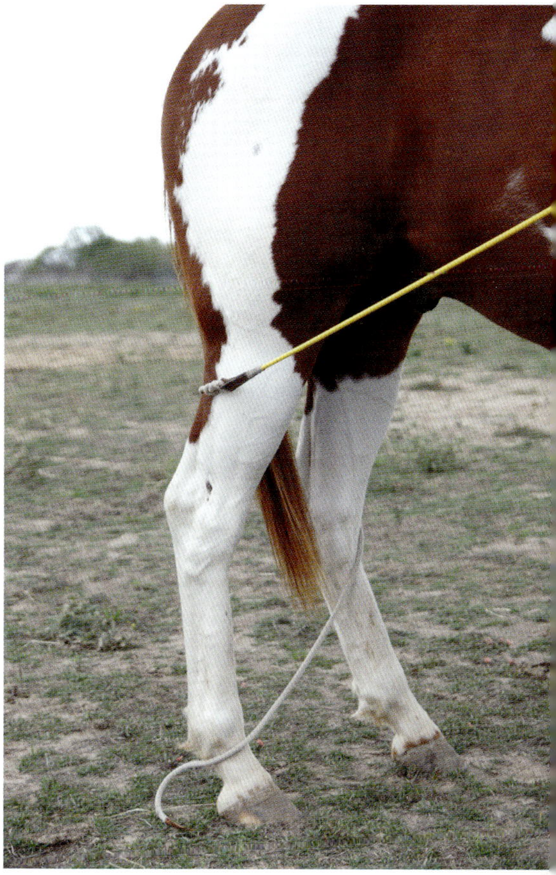

Bei Pferden, die schnell mal austreten, empfehle ich, zuerst mit einer Gerte das Sich-Berühren-Lassen zu üben.

Überhaupt sollten wir immer beobachten, was für unser Pferd das Beste ist: Manche Pferde lassen sich gleich mit den Händen berühren, andere möchten erst einmal nur durch die Gerte, mit mehr Distanz, zu uns angefasst werden. Wir sollten niemals einen starren Plan haben, an den wir uns akribisch halten, denn es ist immer das Pferd, das den nächsten Schritt bestimmt, und nicht wir. Es gibt Pferde, die schnell lernen, andere brauchen eben länger. Bei uns Menschen ist es doch genauso.

Das erste Führen …

Zuerst gehe ich einen Schritt zurück, um das Araberfohlen mit meiner Körpersprache einzuladen, zu mir zu kommen. Durch Druck am Seil verstärke ich meine Aufforderung, bis es sein Gewicht von einem auf das andere Vorderbein verlagert.

Lässt sich mein Pferd gut aufhalftern und ohne Probleme überall am Körper von mir berühren, kann ich mit der nächsten Übung weitermachen, dem ersten Führen mit Halfter.

Um sich führen zu lassen, muss unser Pferd gelernt haben, auf Zug am Halfter hin nachzugeben. Aus diesem 90°Winkel lade ich Chapel Hill Magic ein, zu mir zu kommen.

Mein Pferd muss dabei lernen, dass es auf Zug am Halfter hin nachgeben muss. Das fällt Pferden anfangs schwer, weil bei ihnen der angeborene Oppositionsreflex sehr stark ausgebildet ist. Das heißt: Wenn ich mit meinem Pferd geradeaus gehen will und am Halfter ziehe, zieht es zurück.

Um das Pferd in die Bewegung zu bringen, aus der heraus es mir folgen soll, positioniere ich mich in einem 90° Winkel zu seinem Körper, mit einem Abstand von circa eineinhalb bis zwei Metern. Dann gehe ich zuerst einen Schritt rückwärts und baue anschließend etwas Druck auf dem Führseil auf. In dem Moment, in dem das Pferd sein Gewicht von einem Vorderbein auf das andere verlagert und sich mir zuwendet, habe ich mein erstes Ziel erreicht und gebe sofort nach.

Ich gehe zu ihm hin, streichle es und mache eine Pause. Genau diese Reaktion wollte ich haben. Mehr erst einmal nicht.

Im nächsten Lernschritt probiere ich das Gleiche auf der anderen Seite aus. Auch wieder mit einem Abstand von mindestens eineinhalb bis zwei Metern zum Pferd. Manche Pferde brauchen sogar noch etwas mehr Platz zwischen sich und dem Menschen. Sie fühlen sich nicht wohl, wenn wir ihrem Empfinden nach zu dicht an ihnen dranstehen, und neigen dann dazu, gegen den Zug am Halfter anzukämpfen.

Geben wir ihnen aber genügend Raum, dann kann uns das Pferd viel entspannter folgen. Nach ein paar Versuchen sollten wir einen Schritt in unsere Richtung erhalten.

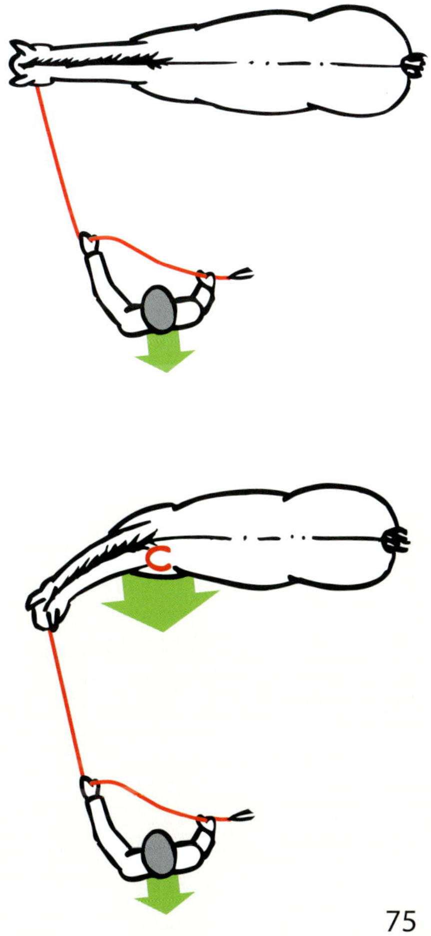

So positioniere ich mich für die ersten Führversuche. Ich gehe gerade rückwärts und belohne das Pferd, sobald es sein Gewicht in Richtung zu mir verlagert, indem ich den Druck am Seil sofort nachlasse.

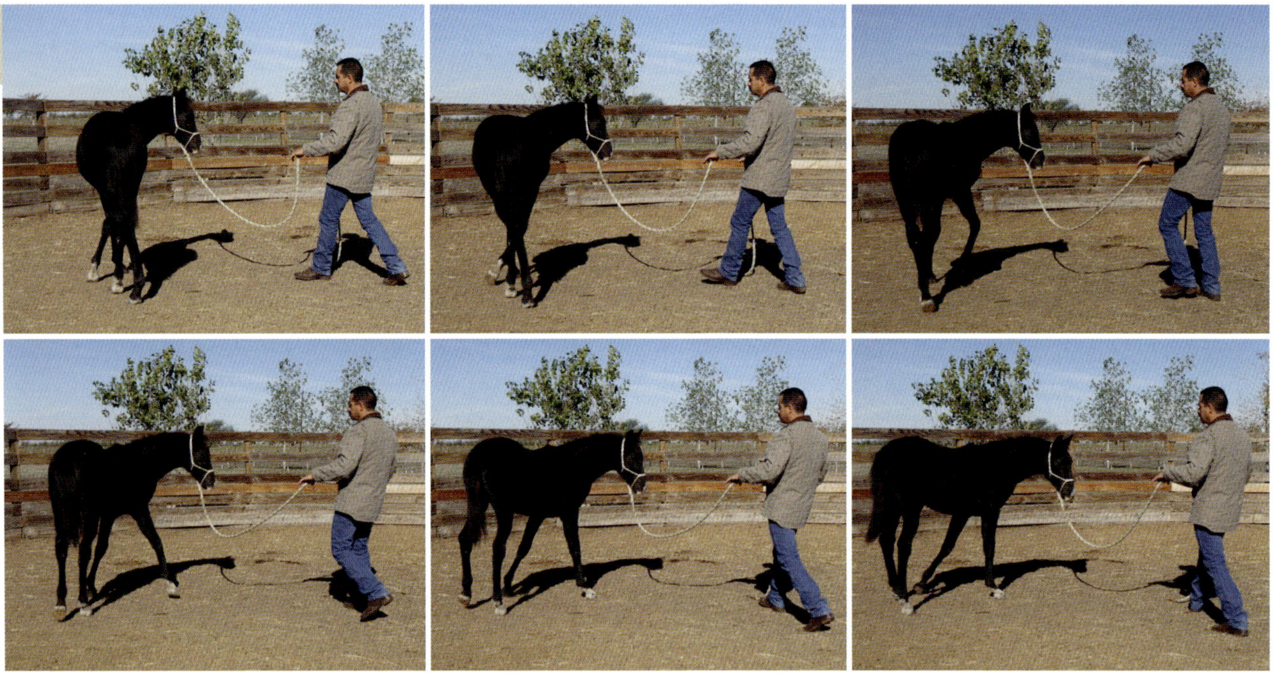

In dem Moment, in dem es einen Schritt macht, beginne ich, mich auf einem Halbkreis rückwärtszubewegen .

Als Nächstes frage ich, ob es zwei Schritte auf mich zu machen möchte. Wieder positioniere ich mich in einem 90° Winkel zu ihm. In dem Moment, in dem es einen Schritt macht, beginne ich, mich auf einem Halbkreis rückwärtszubewegen. Meine Hand umfasst dabei locker das Seil.

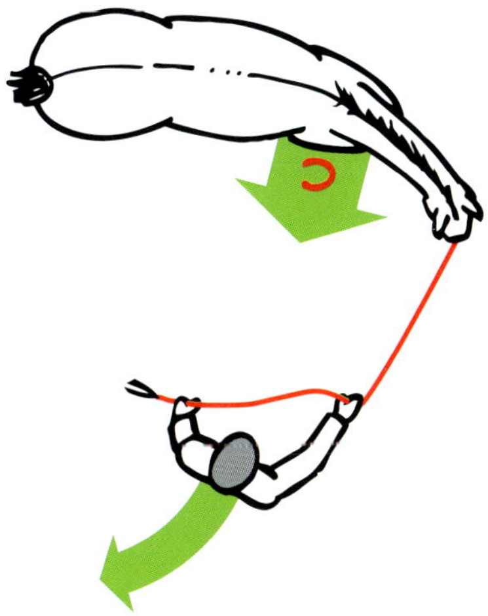

Ist mein Pferd soweit, dass ich es nach zwei Schritten in meine Richtung fragen kann, gehe ich hierzu in einem Halbkreis rückwärts.

Wenn das Pferd mir auf dem Halbkreis gut nachläuft, fordere ich es auf, ein paar Schritte gerade auf mich zuzukommen, indem ich gerade zurücklaufe.

Klappt das noch nicht, gehe ich sofort wieder einen Lernschritt zurück und übe das Führen auf dem Halbkreis erneut, bis mein Pferd diese Übung wirklich gut verstanden hat.

Loben Sie kleinste Bemühungen Ihres Pferdes!

Viele Menschen fragen mich, ob ich mein Pferd bei dieser Übung direkt anschaue. Ich sehe dem Pferd nicht direkt ins Gesicht, sondern habe seinen gesamten Körper im Blick, um sofort eine Reaktion meines Tieres in die richtige Richtung zu belohnen.

Sehe ich woanders hin, entgeht es mir, wenn das Pferd sein Ohr ein wenig dreht, sein Blick sanfter wird, seine Lippen sich entspannen oder sein gesamter Gesichtsausdruck sich verändert. Vielleicht überreagiert das Pferd, wenn ich kleinste Anzeichen in seinem Bemühen oder in seinem Befinden übersehen habe. Nach dem Motto: „Ich arbeite mit all meiner Aufmerksamkeit mit, aber du siehst es ja gar nicht!"

Ich arbeite jedoch immer individuell mit dem Pferd: Ich stimme die Art, wie ich es ansehe, immer auf sein Wesen ab. Manche Pferde werden nicht gerne angesehen. Dann ist es besser, nur auf ihre Hufe zu schauen. Habe ich strikte, unumstößliche Prinzipien, dann bin ich nicht mehr frei darin, mich auf unterschiedliche Pferdecharaktere einzustellen.

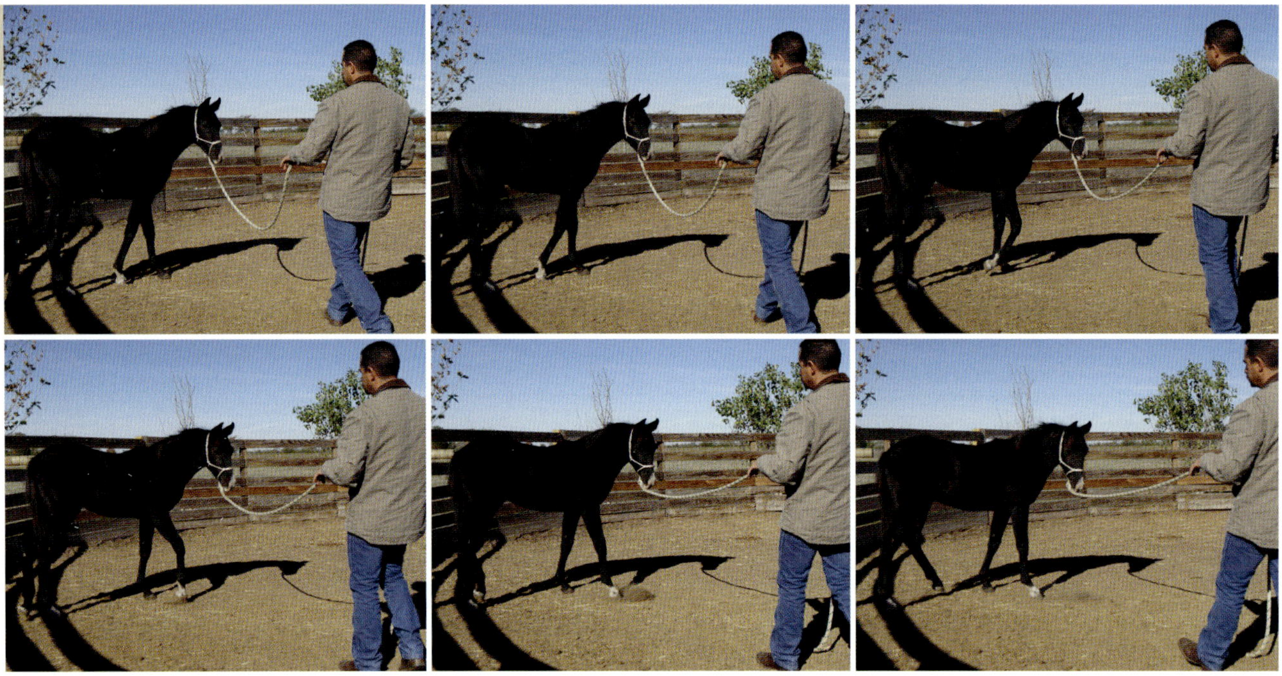

Wenn das Pferd mir auf dem Halbkreis gut nachläuft, fordere ich es auf, ein paar Schritte gerade auf mich zuzukommen, indem ich gerade zurücklaufe.

99 % der Pferde in Europa haben keine Angst vor dem Menschen. Vorsichtiger muss man da mit Mustangs sein. Wenn man sie zu direkt ansieht und sie das Gefühl haben, in die Enge getrieben zu werden, dann greifen sie möglicherweise an.

Bei diesen ersten Führübungen gibt es, wie so oft, eine gute Seite und eine Seite, auf der es nur okay ist. Darum ist es wichtig, diese Lektionen auf beiden Seiten zu trainieren.

Es kann bei diesen Übungen passieren, dass das Pferd erst einmal zieht und Panik bekommt. Dann müssen wir sehr schnell und fein reagieren, indem wir den Zug am Halfter sofort wegnehmen. Denn sonst kann es sich nach hinten überschlagen. Manche Leute schützen sich davor, indem sie dem Pferd ein Seil um seine Hinterhand legen. Ich finde das nicht gut, denn das sind für das Pferd zu viele Informationen auf einmal.

Ich nehme mir lieber Zeit, meinem Pferd das Geführtwerden auf die eben beschriebene Art und Weise beizubringen.

Manche Pferde begreifen das in einer Viertelstunde, andere möchten ausführlicher üben, vielleicht zwei oder drei Tage lang. Ich arbeite dann an jedem dieser Tage jeweils fünfzehn Minuten.

Das Aufhalftern und das Führen sind wichtige Ausbildungsgrundlagen im Leben eines Pferdes. Es lohnt sich, hierfür Zeit und Geduld zu investieren.

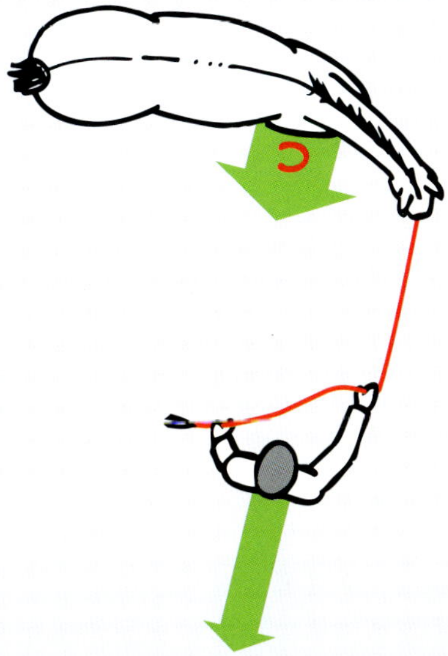

Wenn das Pferd dazu bereit ist, dann gehe ich gerade rückwärts und fordere das Pferd auf, gerade auf mich zuzukommen.

Dem Seil nachgeben …

Die Arbeit mit dem Seil ist eine sehr wichtige Übung für unser Pferd, weil es dabei lernt, mit Druck oder (Zug) umzugehen. Bei der Arbeit mit dem Seil sind Ihrer Phantasie keine Grenzen gesetzt. Sie können das Seil um viele Körperstellen wickeln und das Pferd dann auffordern, dem Zug des Seils nachzugeben und sich so zu befreien. Die Sicherheit für Mensch und Tier sollte aber bei aller Experimentierfreude immer im Vordergrund stehen.

Hier möchte ich einige Übungen vorstellen, die einem jungen Pferd helfen, das Seil überall zu akzeptieren:

Sie können das Seil über den Kopf des Pferdes schwingen und anschließend, mit genug Abstand, das Seil weiter um seine Hinterhand legen, um es so aufzufordern, sich durch Drehungen abzuwickeln (*siehe Kapitel 2.1 „Biegen"*).

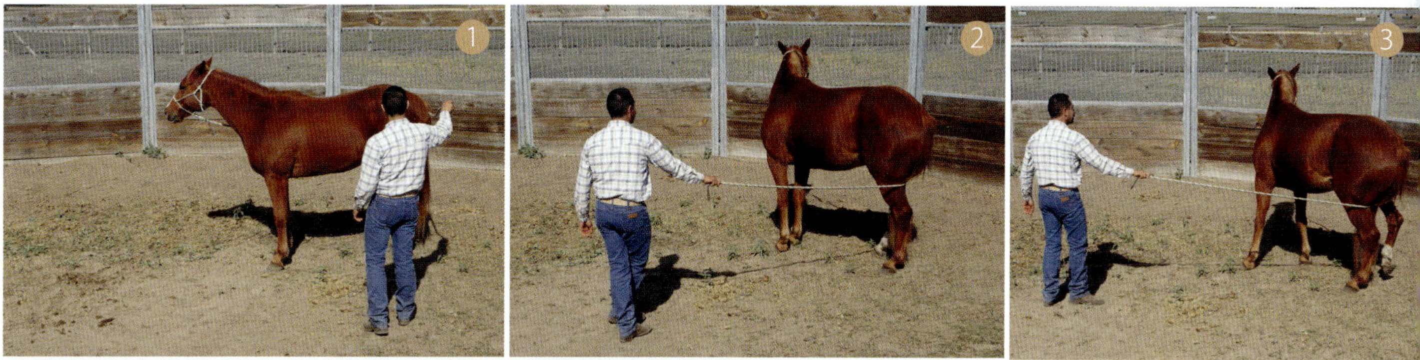

Ich möchte bei dieser Übung sehen, dass das „eingewickelte" Pferd zuerst den Kopf wendet, den Hals biegt, dann die Hinterbeine bewegt und schließlich zu mir kommt.

So lernt es, nicht in Panik zu geraten, wenn sich ein Führseil mit Zug um seinen Körper spannt. Es gewöhnt sich auch daran, mich erst mit dem einen, und dann mit dem anderen Auge zu sehen. Dies ist eine gute Vorbereitung für die Doppellonge.

Übungen mit dem Seil bereiten unser Pferd auf viele noch kommende Übungen vor.

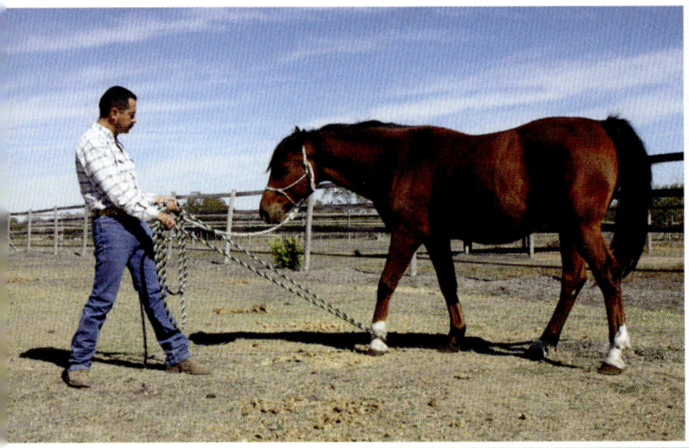

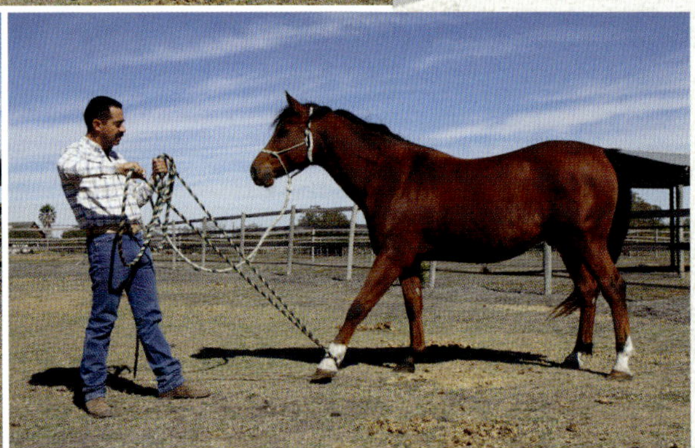

Ich fordere den russischen Araber Christopher auf, dem Zug des Seils nachzugeben und setze seinen Fuß dann wieder vorsichtig ab. Das ist eine wunderbare Vorbereitung auf das Hufgeben.

Wenn Sie das Pferd mit dem Seil an den Beinen berühren können, dann können Sie das Seil um seine Füße legen und es an diese Berührung gewöhnen. Geht das gut, können Sie versuchen, so das Bein zu heben. Das ist eine gute Vorbereitung für das Hufegeben.

Ich lege das Seil gerne um den Bauch meines Pferdes, als Vorbereitung auf den Gurt. Ich baue dann mit dem Seil leichten Druck auf oder bewege es auf Höhe der Sattellage und der Gurtlage von oben nach unten. Manche Pferde genießen diese Übung sogar als willkommene Massage.

Wer sein Pferd durch die Arbeit mit dem Seil schon früh an Druck (Zug), sowie Sicht- und Richtungswechsel gewöhnt, der hat dem Pferd ein gutes Fundament für viele Lebenslagen und spätere Übungen an die Hand gegeben.

So bereite ich Pferde auf einen Sattelgurt oder einen Longiergurt vor.

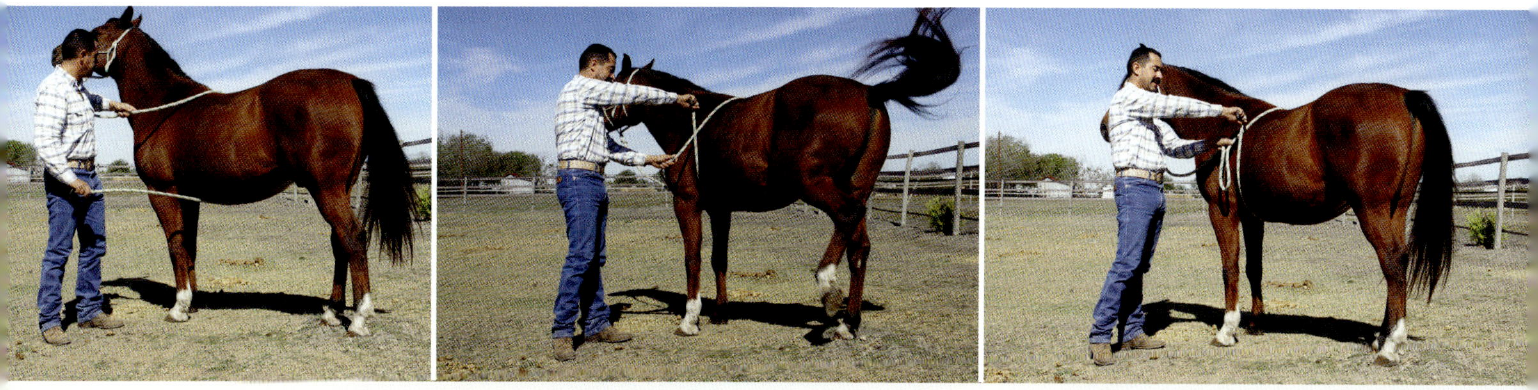

Pferde richtig anbinden …

So binde ich meine Pferde an.

Auch mal länger angebunden stehen zu bleiben, sollte für ein Pferd kein Problem sein. Es sollte lernen, sich dabei zu entspannen.

Wir können unser Pferd das Angebundensein lehren, wenn es nachfolgende Übungen bereits sicher kann und sich dabei wohlfühlt: Ich kann es überall berühren, ich kann es führen, es folgt mir überall hin, und wenn es beim Führen einmal stehen bleibt, muss ich es nicht mehr aus dem 90° Winkel heraus auffordern, mir wieder zu folgen, sondern ich übe leichten Druck am Halfter aus, damit mein Pferd wieder vorwärtsgeht. Ich lehre mein Pferd jetzt also, mir auf Druck (Zug am Halfter) hin zu folgen.

Das geht so: Ich bringe Zug auf das Halfter und baue so langsam Druck auf. Das kann ich entweder mit der Stimme machen (zum Beispiel durch Schnalzen), oder ich mache einen kleinen Propeller mit dem Seil, oder aber ich bewege eine Gerte, an der eine Plastiktüte hängt.

Wenn das Pferd auf den Druck am Halfter nicht mehr mit Gegendruck reagiert, sondern nach vorne geht, dann ist der Zeitpunkt gekommen, das Pferd an das Anbinden heranzuführen.

Reagiert das Pferd auf Druck am Halfter nicht mehr mit Gegendruck, sondern geht nach vorne, dann ist es bereit für das Anbinden.

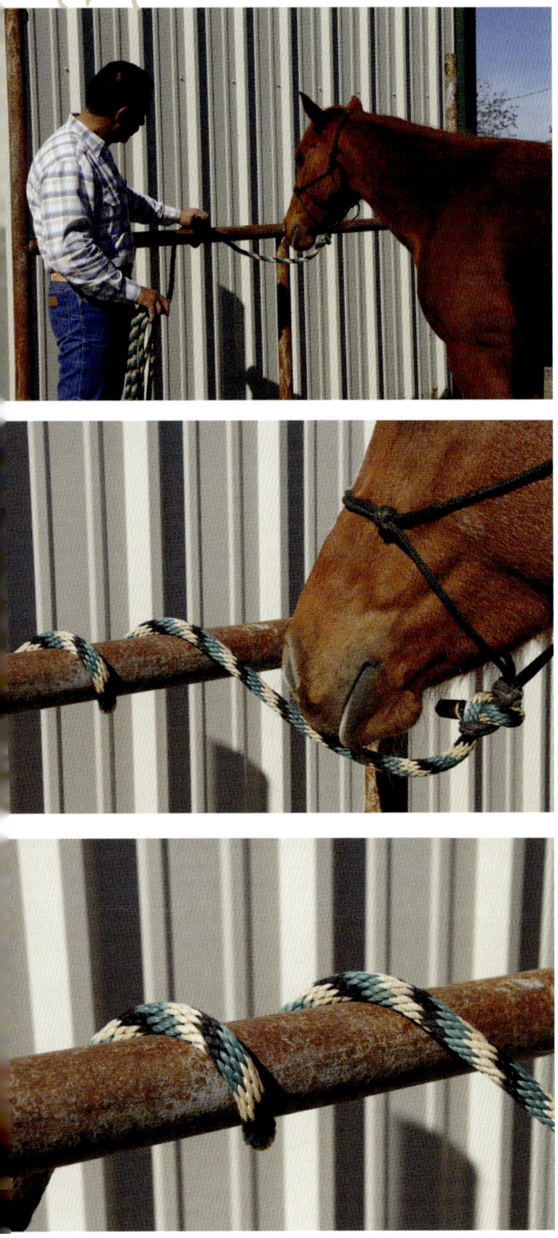

Vorbereitungen für das erste Anbinden.

Meiner Meinung nach denken viele Leute, dass, wenn uns das Pferd am Führseil nachläuft, es auch verstanden hat, Druck nachzugeben.

Die Wahrheit sieht jedoch so aus: Das Pferd folgt irgendwie, aber wenn man es dann anbindet, zieht es zurück.

Extrem dehnbare und reißfeste Stricke vermeiden hier das Zurückreißen auch nicht. Das Pferd zieht und zieht, weil es einfach nicht gelernt hat, Druck am Halfter nachzugeben. Das Anbinden wird so zu einer regelrechten Zerreißprobe für die Nerven Ihres Pferdes.

Es gibt Pferde, die ziehen einmal kurz, beruhigen sich dann wieder, und es passiert nicht wirklich etwas.

Andere Pferde ziehen so heftig, dass sie hinfallen, Halfter und Strick zerreißen, und sie zudem mit solchen Aktionen noch lernen, dass es ja wirklich funktioniert, sich loszureißen. Passiert so etwas, dann haben wir ein Pferd, das man nicht mehr anbinden kann.

Für mich sind solche Methoden traumatisch für das Pferd. Außerdem kann es sich bei so einer heftigen und ungewohnten Bewegung wie dem Ziehen, Muskeln verletzen. Diese Verletzungen können sich später beim Reiten bemerkbar machen und das Pferd in seinen Bewegungen einschränken.

Das Pferd sollte auch an diese wichtige„Lebenslektion“ wieder Schritt für Schritt herangeführt werden. Es soll lernen, dass das Anbinden nichts Schlimmes ist und es die Situation meistern kann, statt unentwegt ans Fliehen zu denken.

Wenn ich die beschriebenen Vorübungen gemacht habe und das Pferd alles gut verstanden hat, dann gehe ich zum nächsten Schritt über: Ich lege ein **langes Seil** um eine Anbindestange. Wenn diese Stange glatt und rutschig ist, dann wickle ich das Seil zweimal herum.

Dann fordere ich das Pferd auf, seine Vorhand und seine Hinterhand ein wenig zu bewegen. Ich baue mit meiner Hand oder dem Seilpropeller ein bisschen Druck auf, und wenn das Pferd dabei unruhig wird, lasse ich es so weit zurückgehen, bis es mir signalisiert, dass es die Gefahr nicht mehr spürt.

Viele Pferde ziehen so lange, bis das Ende des Seils erreicht ist, und wenn da nichts mehr ist, was nachgibt, geraten sie in Panik. Haben wir aber ein langes Seil, das gibt und gibt, bis das Pferd aus der gewonnenen Distanz heraus entscheidet, okay, jetzt fürchte ich mich nicht mehr, dann wird es nach dem fluchtartigen Rückwärtsgehen anschließend nach vorne gehen.

Dieser Moment ist entscheidend! Im Pferd hat ein Umdenken stattgefunden. Es hat nach einer Lösung gesucht und sie gefunden, indem es dem Druck (Zug am Halfter) nach vorne nachgegeben hat.

Im Laufe weiterer Übungseinheiten wird es sich immer weniger dem Druck entgegenstellen, bis es eines Tages zieht, kurz zurückgeht, das Ende des Seils erreicht und dann nach vorne kommt.

Wenn ich das Gefühl habe, dass das Pferd das alles gut gelernt und verstanden hat, dann gehe ich wieder einen Schritt weiter.

Ich binde mein Pferd an einem wirklich sicheren Ort an, wo nichts kaputt gehen kann und das Pferd nicht ausrutschen kann.

Binde ich mein Pferd das erste Mal an, verwende ich gerne ein Halfter und einen Strick, die beide nicht zerreißen können. Ich empfehle, das Pferd hoch anzubinden, der Anbindering sollte über seinem Genick befestigt sein.

Wenn wir ein Pferd tief anbinden, hat es beim Ziehen mehr Kraft, und wenn es zieht, kann es sich sein Genick brechen. Einmal habe ich

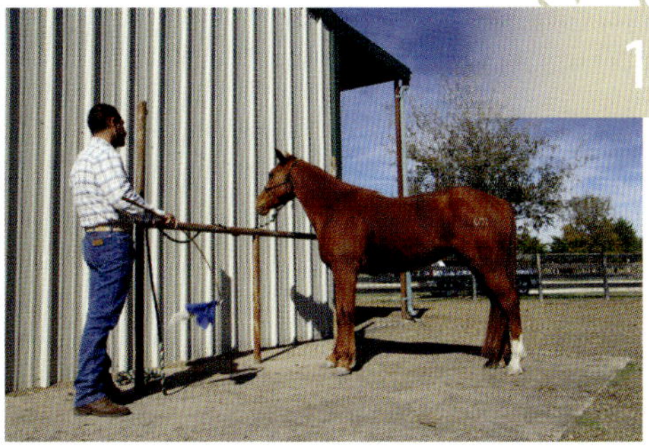

Das Seil sollte lang genug sein, damit Quarter Horse-Stute Smartie Pants so weit zurückgehen kann, bis sie die Gefahr nicht mehr spürt.

Das Seil sollte etwas durch unsere Hand gleiten, bis das Pferd nach vorne kommt.

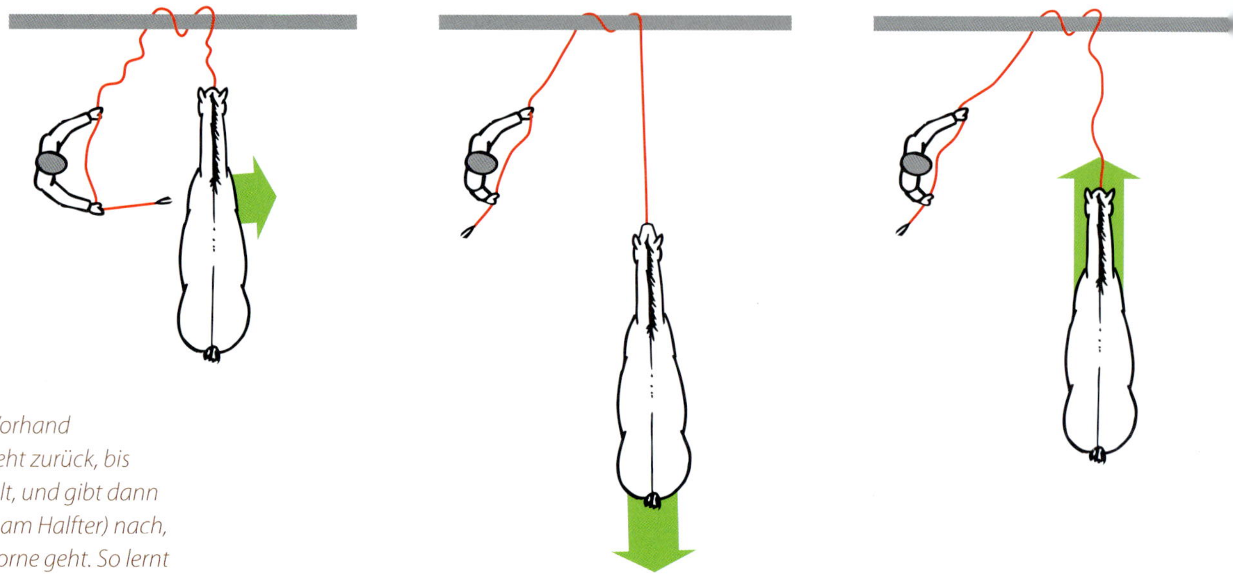

Ich bewege die Vorhand des Pferdes. Es zieht zurück, bis es sich sicher fühlt, und gibt dann dem Druck (Zug am Halfter) nach, indem es nach vorne geht. So lernt das Pferd, dass im Vorwärtsgehen die Lösung liegt.

ein solches Drama selber mitansehen müssen. Am allerbesten ist es, wenn der Anbindering oder die Anbindestange sich über den Ohren des Pferdes befindet.

Wenn wir unser Pferd das erste Mal anbinden, brauchen wir ein Seil, das lang genug ist. Binden wir das Pferd zu kurz an, bekommt es Platzangst. Es ist wichtig, dass es ein bis zwei Schritte zurückgehen kann.

Zu lang sollten wir unser Pferd aber auch nicht anbinden, sonst kann es den Kopf tief nehmen und sich mit einem Bein im Seil verhängen.

Wenn man diese Übung das erste Mal macht, sollte man das an einem Ort tun, den das Pferd kennt und wo es sich sicher fühlt. Es sollte auch kein großer Trubel auf dem Hof herrschen, wenn wir das gemeinsam mit unserem Pferd üben.

Die ersten drei oder vier Male würde ich mein angebundenes Pferd nicht allein lassen. Ich gehe höchstens ein paar Meter von ihm weg und beobachte es.

Diese ersten Male des Anbindens sind Feuertaufen. Hier zeigt sich, ob all Ihre vorbereitenden Übungen tatsächlich ausreichend waren. Wenn das Pferd Panik bekommt und zieht, dann aber selber eine Lösung findet, dann waren Ihre Vorbereitungen richtig.

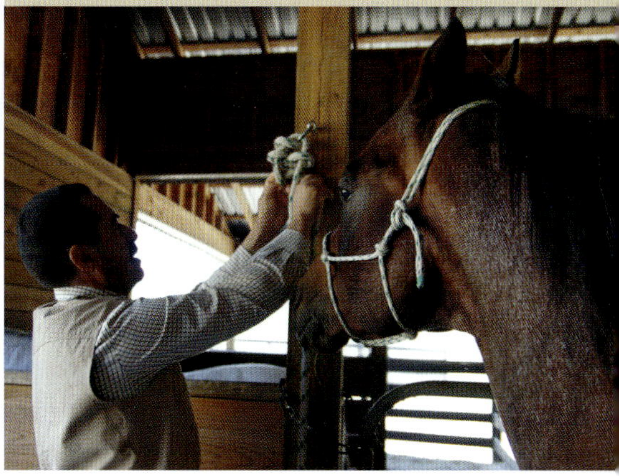

Ich binde meine Pferde hoch an. Der Anbindering sollte sich über den Ohren des Pferdes befinden.

Aber wenn das Pferd zieht und zieht und zieht und erst irgendwann nach vorne geht, bedeutet das, dass die Vorbereitungen, die Sie gemacht haben, nicht ganz so gut waren. Gehen Sie einen Lernschritt zurück, und erklären Sie es Ihrem Pferd erneut.

Durch das Anbinden kann ich mein Pferd lehren, Geduld zu haben. Es kommt immer auf das Pferd an, aber es muss irgendwann gelernt haben, für eine Stunde oder sogar zwei angebunden zu sein. Denn wenn Sie in einer Klinik oder auf einem Turnier warten müssen, dann muss das Pferd lange an einem Ort stehen können.

Bereiten Sie Ihr Pferd auf solche Situationen vor.

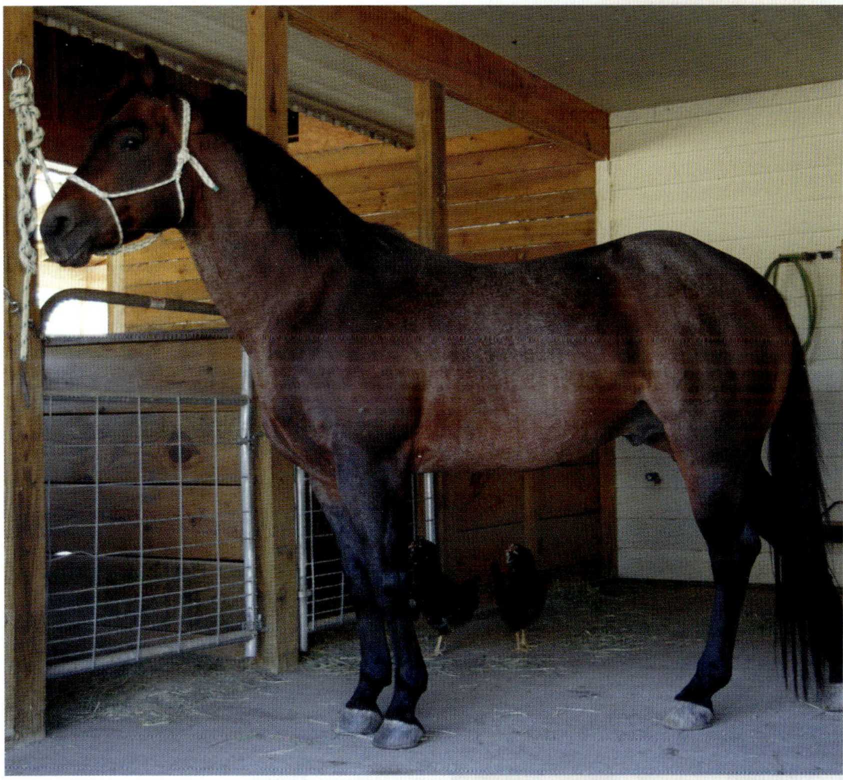

Cadete ist diese Umgebung gewohnt. Es wäre kein sicherer Platz, um einem Pferd das Angebundensein beizubringen.

1.7

So befestige ich meine Anbindestricke am Baum. Ein Seil schlinge ich um einen stabilen Ast, den Führstrick befestige ich am Verbindungsstück.

Ich glaube nicht, dass es dramatisch für ein Pferd ist, mal länger angebunden zu sein, aber wir sollten es vorbereiten. Und ich glaube, wenn wir das zu Hause in aller Ruhe üben, dann lernt es das besser, als wenn wir unserem Pferd langes Stehen das erste Mal an einem fremden Ort zumuten müssen.

Bäume eignen sich gut zum Anbinden.

Es gibt große Diskussionen darüber, in welchem Alter man dem Pferd das Angebundensein beibringt.

Manche Leute finden, dass das Pferd für diese Übung mindestens zwei Jahre alt sein muss, weil ein Pferd vorher noch zu zart und empfindlich ist.

Aber ich finde, ein zweijähriges Pferd ist auch noch zart und empfindlich. Wenn diese jungen Pferde ziehen, dann können sie ein Muskel- oder Gelenktrauma bekommen. Meiner Meinung nach sollte ein Pferd an das Angebundensein herangeführt werden, wenn es sechs oder acht Monate alt ist. Vielleicht bindet man es noch nicht an, aber man bereitet es wenigstens darauf vor.

Wir müssen immer mit den unvorhergesehenen Dingen rechnen.

Und je besser wir dann vorbereitet sind, desto unkomplizierter ist die Situation.

Wie bereits in Kapitel 1.1 „Ausbildung eines jungen Pferdes" erwähnt, arbeite ich gerne in Blöcken. Erst binde ich mein junges Pferd zehn bis fünfzehn Minuten an. Im nächsten Trainingsblock, eine Zeit später, für länger.

Das Angebundensein gehört zum Allgemeinwissen des Pferdes. Zum ABC.

Anbindeknoten …

Hoch anbinden verringert die Verletzungsgefahr.

Ich widme den Knoten ein eigenes kleines Kapitel in diesem Buch, weil ich auf meinen Reisen und Kursen häufig Knotenvarianten sehe, die verrutschen oder sich festziehen und unmöglich zu öffnen sind, wenn das Pferd in Panik gerät und wir es schnell befreien müssen.

Es gibt viele brenzlige Situationen, in denen die Unversehrtheit des Pferdes vom richtigen Knoten abhängen kann. Etwa wenn das Pferd im Hänger über die Trennwand springt oder wenn es am Putzplatz in Panik gerät und zurückzieht.

Kurzum, wir müssen in der Lage sein, mit **einem** Griff den Knoten zu öffnen.

Ich glaube, es gibt hundert gute Arten, einen Knoten zu machen. Ich persönlich mag die folgenden drei Knoten am liebsten. Sie sind effektiv und vor allem einfach zu erlernen.

Der „Bowline"-Knoten

Manchmal haben wir Menschen ja selber einen Knoten im Kopf, wenn es darum geht zu lernen, einen Knoten zu knoten. Und weil ich viele Menschen lehre, Knoten zu machen, gebrauche ich für den „Bowline"-Knoten folgendes Bild, denn mit Bildern und Merksprüchen lernt es sich ja bekanntlich viel besser: *Es war einmal ein Loch, daneben saß ein Kaninchen. Das Kaninchen ging durch das Loch, um den Baum herum, und wieder zurück durch das Loch.* Und fertig ist der „Bowline"-Knoten.

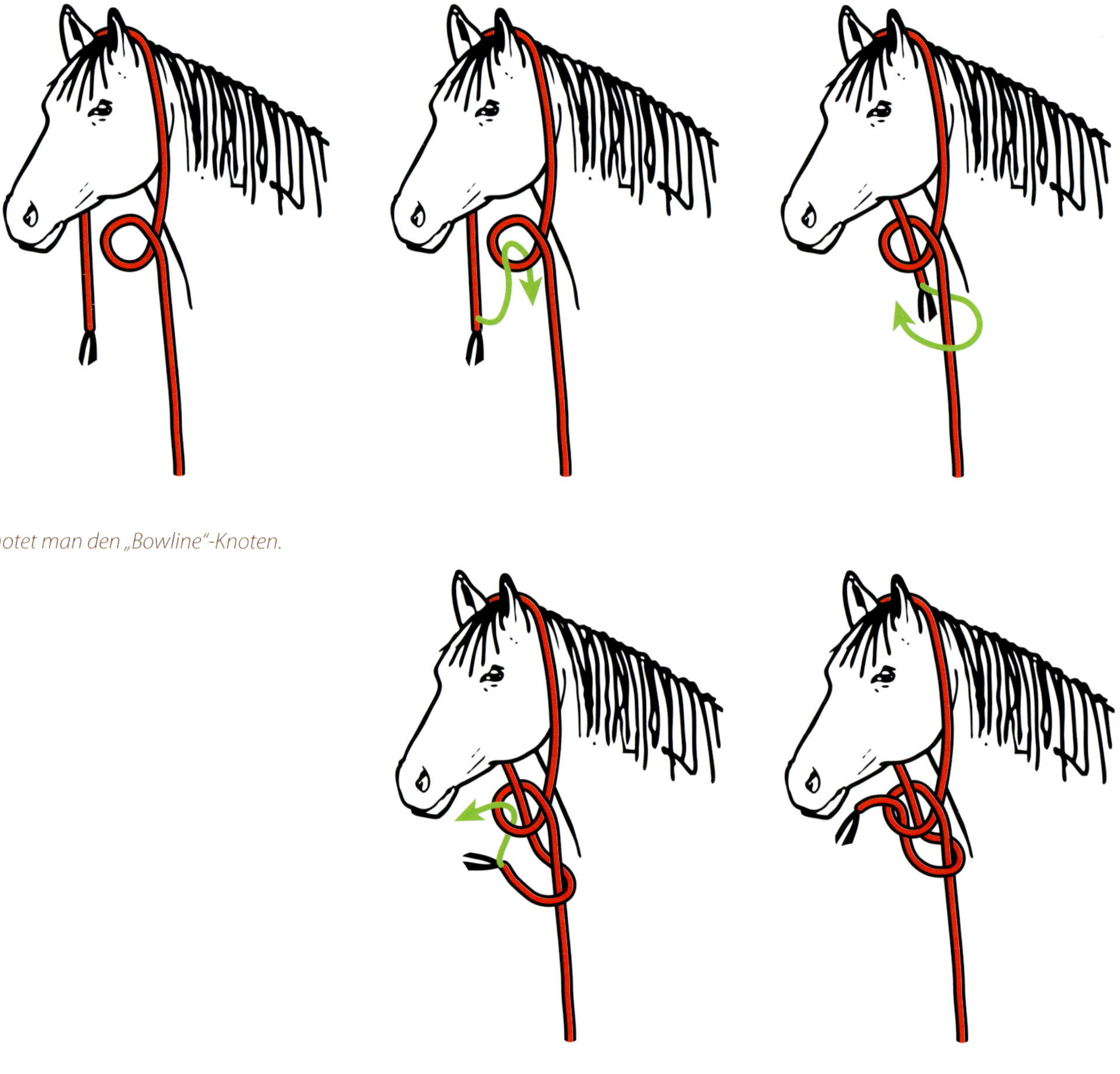

So knotet man den „Bowline"-Knoten.

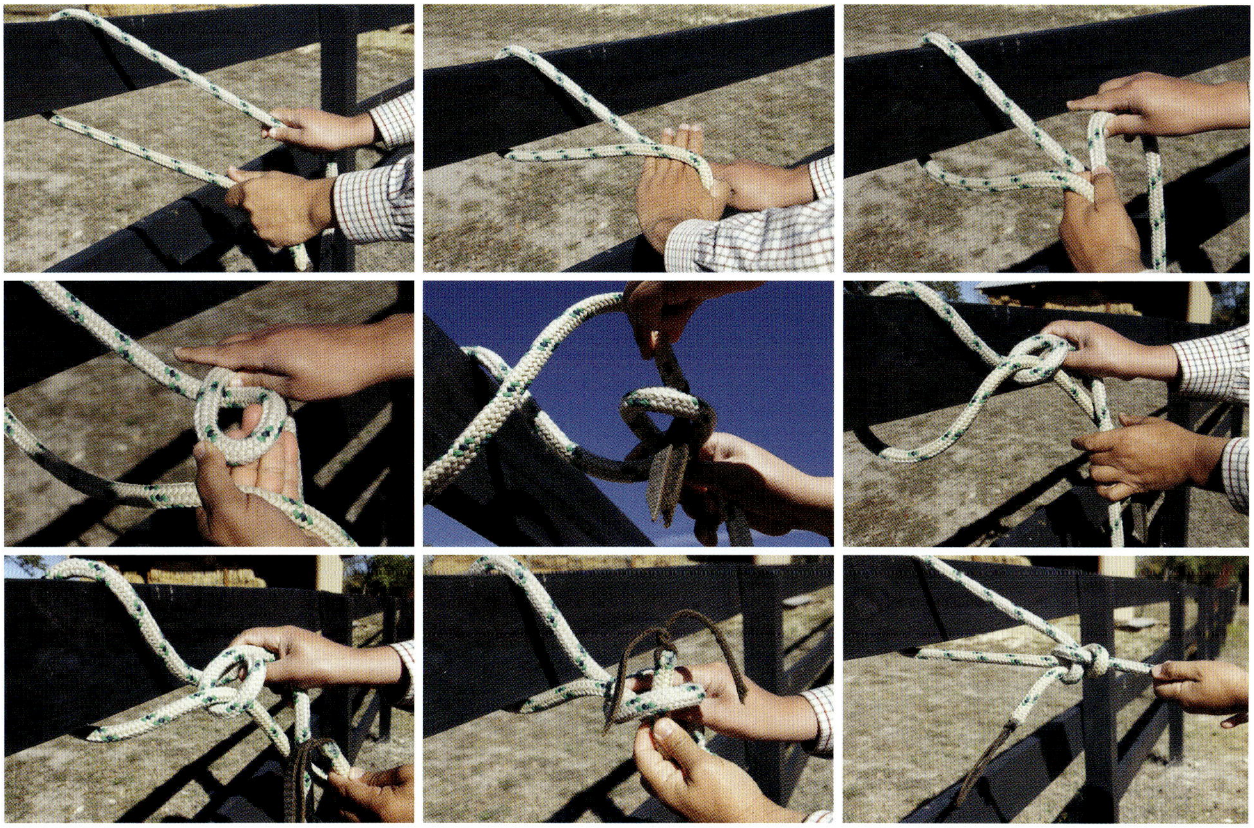

Der „Bowline-Knoten"

Der„Bowline"-Knoten verrutscht nicht und eignet sich hervorragend, um schnell und unkompliziert ein provisorisches Halfter zu konstruieren. Das geht so: Sie legen das Seil um den Pferdehals direkt hinter die Ohren und machen nun den„Bowline"-Knoten . Dann greifen Sie durch die Schlinge nach dem Strick, ziehen ihn heraus und legen den Strick um die Nase des Pferdes. Und schon haben Sie ein Halfter, mit dem Sie das Pferd führen können.

Ein Halfter auf die Schnelle – das „Bowline"-Halfter.

Binden Sie es mit diesem provisorischen Halfter an, dann formen Sie aus dem Strick eine Schlinge, legen Sie diese Schlinge auf die Nase des Pferdes, wo ja bereits der andere Nasenriemen liegt, ziehen den Strick unter dem ersten Nasenriemen durch, dann wieder über die Nase, und befestigen ihn unter dem Kinn – und schon haben Sie ein solides provisorisches Halfter, um das Pferd anzubinden.

Wenn Sie ein wenig Phantasie haben, und den „Bowline"-Knoten beherrschen, können Sie sich in vielen Situationen schnell selber helfen.

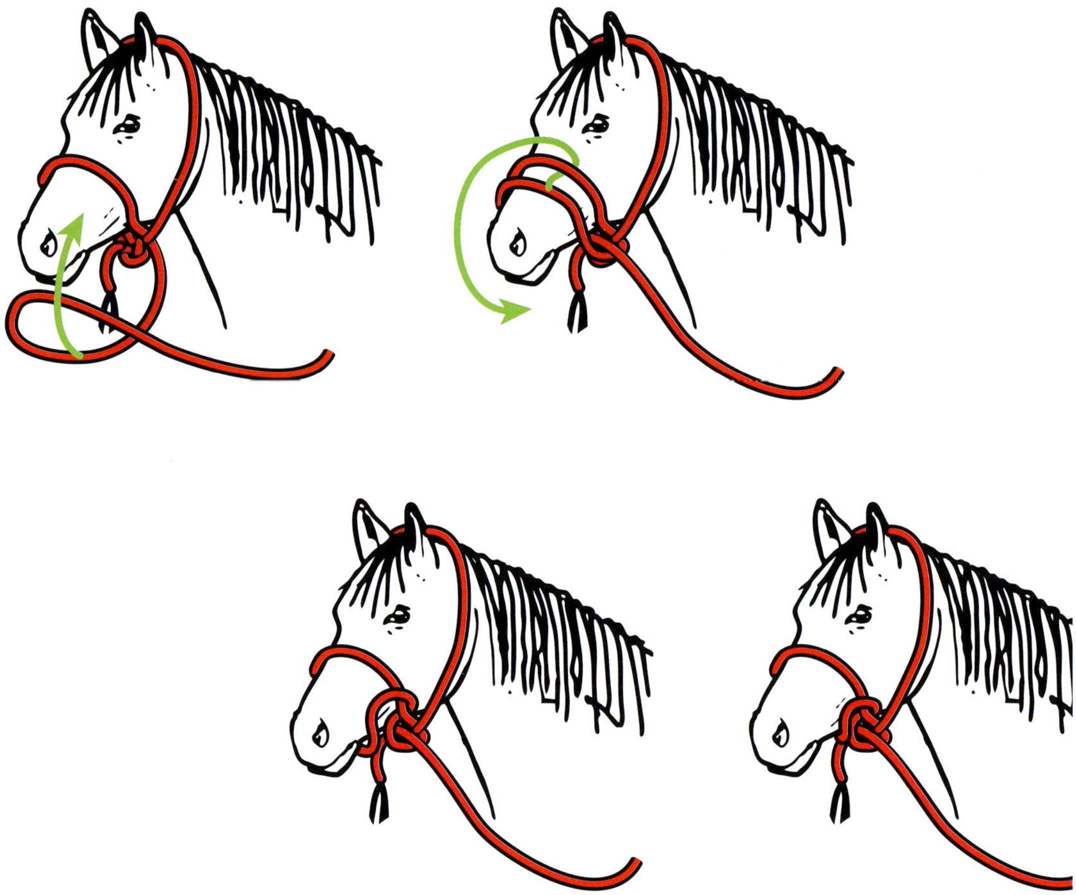

So können Sie Ihr Pferd mit dem „Bowline"-Halfter auch anbinden.

"Not a slip"
Der Knoten, der nicht hochrutscht

Dieser Knoten eignet sich hervorragend, wenn wir ein Pferd hoch anbinden möchten. Etwa an einem hoch hängenden Ring oder an einem Baum. Dieser Knoten hat den Vorteil, dass er nicht nach oben rutscht.

"Not a slip"

Der „Not a slip" - Knoten eignet sich gut, um Pferde auf dieser Art von Hänger anzubinden.

Und so wird er gemacht: Wir legen das Seil um den Ast (oder den Ring) und formen eine Schlaufe. Das Seil zwischen Ast (Ring) und Pferd führen wir im Uhrzeigersinn, für eine Umdrehung, um diese Schlaufe. Dann nehmen wir das Ende des Seils, bilden eine Schlaufe und führen sie hinter dem zum Pferd gehenden Seil durch die zuvor entstandene Schlaufe. Mit dem Seilende bilden wir erneut eine Schlaufe und führen sie durch die letzte Schlaufe. Diesen Vorgang wiederholen wir zwei- bis dreimal. Zum Schluss führen wir das Seilende durch die letzte Schlaufe.

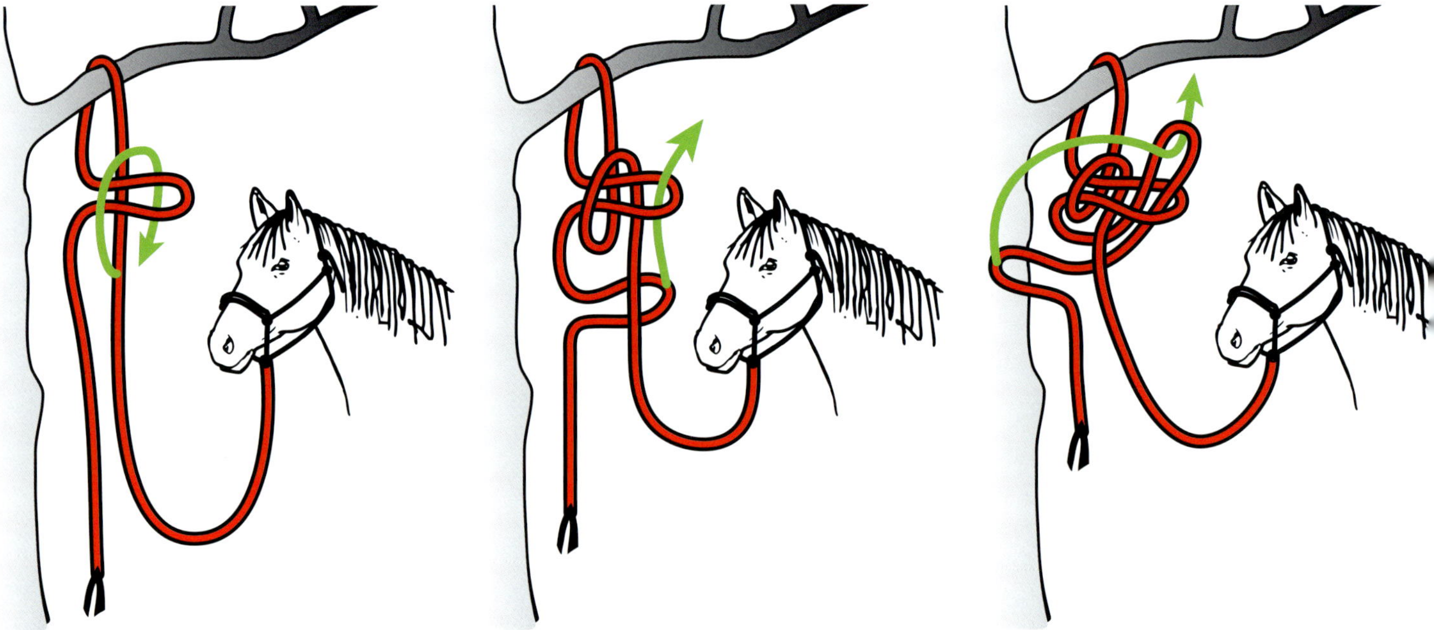

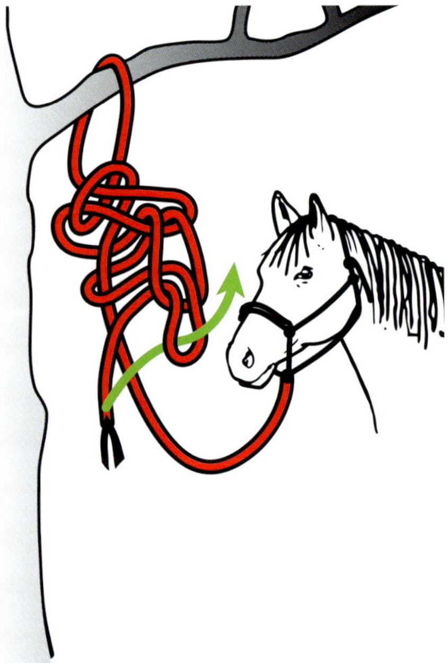

"Not a slip"

"Quick release"
Der Knoten, der sich schnell öffnen lässt

Dieser dritte Knoten ist mein „Every-Day“-Knoten. Er eignet sich sehr gut für das schnelle Öffnen. Ich binde beispielsweise Pferde in europäischen Pferdeanhängern so an. Zieht das Pferd nach hinten, dann können Sie den Knoten rasch aufziehen, und er öffnet sich so, dass Sie am Ende nur das Seil in der Hand haben und dieses nicht auch

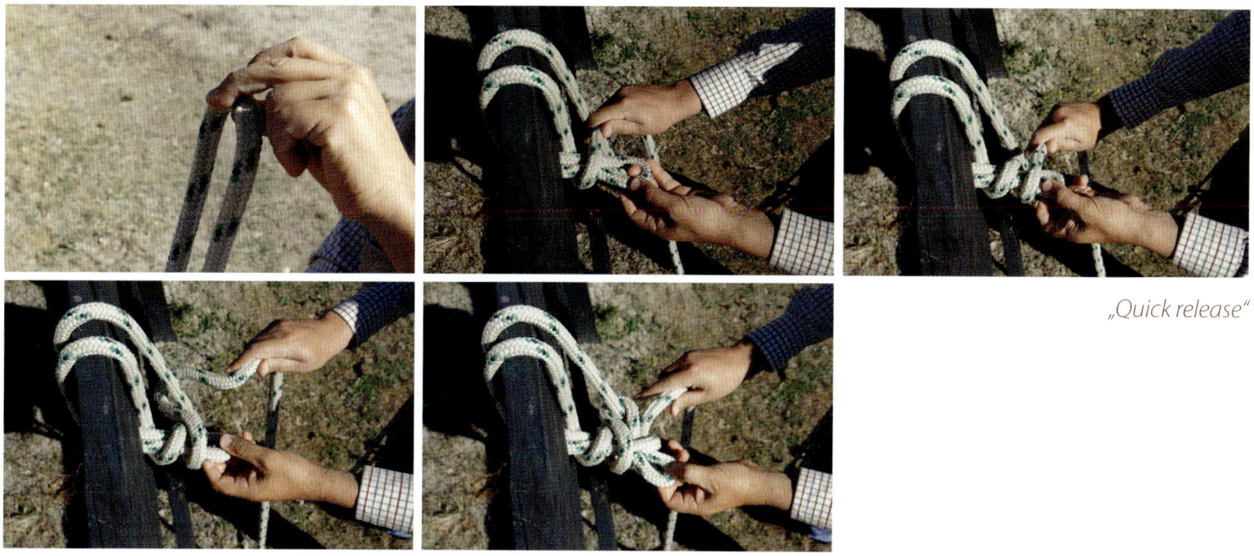

„Quick release“

noch durch den Anbindering friemeln müssen. Auch am Putzplatz (wenn Ring oder Anbindestange nicht hoch angebracht sind) benutze ich diesen Knoten sehr gerne. Wenn das Pferd mal zurückzieht, ist dieser Knoten Gold wert.

Und so mache ich ihn: Ich falte den Strick und führe die so entstandene Schlaufe durch den Ring oder über die Anbindestange. Passen Sie dabei auf, dass die Schlaufe nicht zu groß ist, denn dann ist das Pferd zu lang angebunden. Dann gehe ich mit der Hand zwischen die Schlaufe und den Strick, der zum Pferd führt, erfasse das Ende des Strickes und führe diesen zweimal im Uhrzeigersinn um die Schlaufe.

1.8

Anschließend gehe ich erst unter, dann über das Seil, das zum Pferd führt, und bilde eine neue Schlaufe, die ich durch die erste führe. Dann bilde ich wiederum eine Schlaufe, die ich durch die letzte Schlaufe führe. Diesen Vorgang wiederhole ich zwei- bis dreimal. Zum Schluss führe ich das Seilende durch die letzte Schlaufe.

Wichtig: Immer wenn ich einen Knoten mache, achte ich darauf, dass ich nicht mit meinen Fingern in eine Schlaufe greife, um das Seil durchzuziehen. Wenn mein Pferd plötzlich anzieht, könnte sich die Schlaufe zuziehen, und ich würde mich verletzen und schlimmstenfalls meine Finger verlieren. Deshalb bilde ich eine neue Schlaufe und schiebe diese durch die vorhandene Schlaufe.

"Quick release"

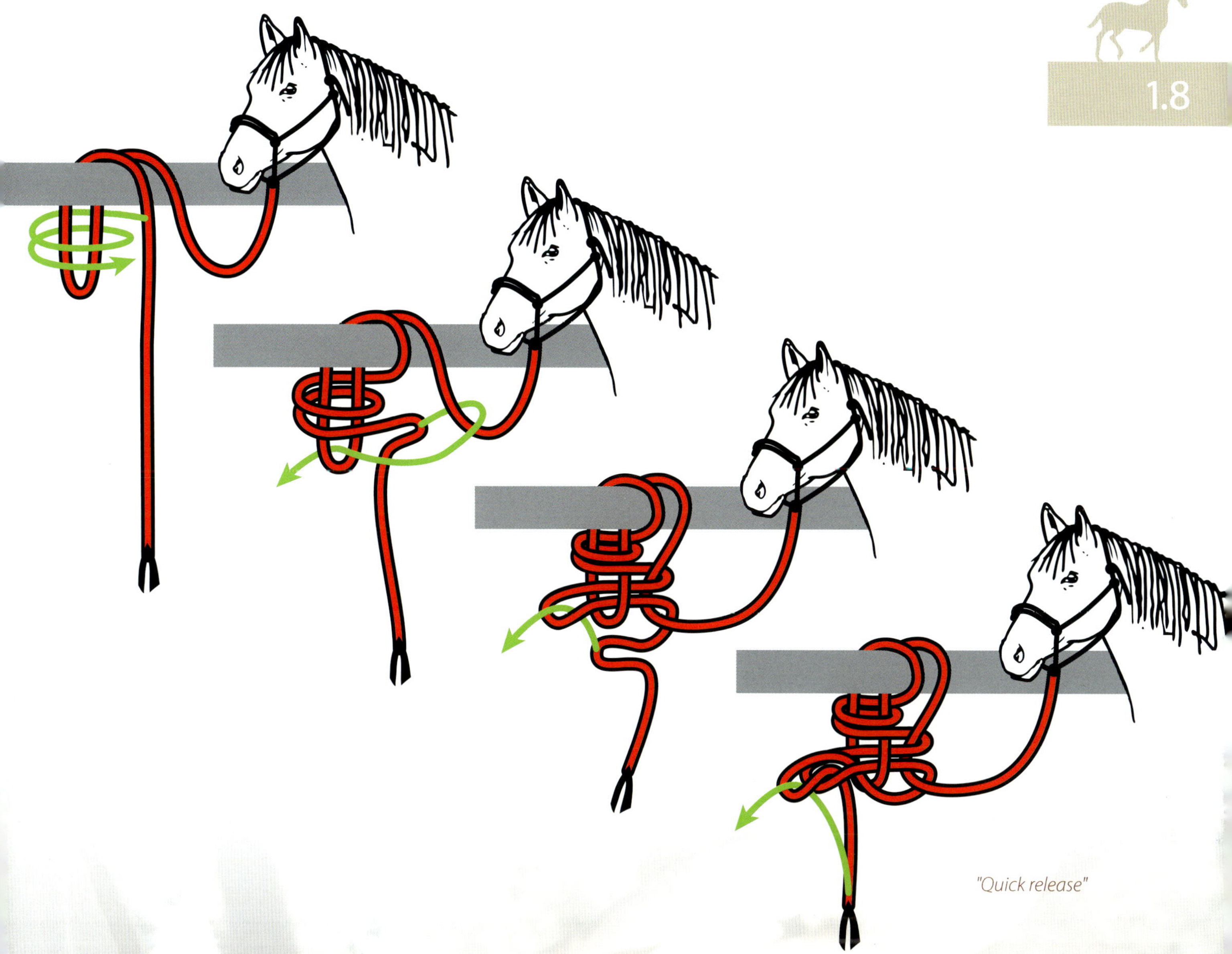
"Quick release"

Huf geben …

Zum ABC eines Pferdes gehört auch, dass es sich die Beine von mir abstreifen lässt. Ohne diese Vorübung sollte man nicht erwarten, dass ein Pferd seinen Huf so ohne Weiteres gibt.

Ich gewöhne Chapel Hill Magic an die Berührungen mit dem Seil. Dies zu akzeptieren ist grundlegend in der Pferdeausbildung.

Haben Sie Verständnis, dass ein Fluchttier am Anfang nur ungern auf drei Beinen steht. Chapel Hill Magic wehrt sich zuerst.

Bevor ich meinem Pferd beibringe, die Hufe zu geben, habe ich mit ihm wirklich gut geübt, sich überall am Körper berühren zu lassen und sich dabei wohlzufühlen *(siehe Kapitel 1.4 „Das Pferd überall berühren")*.

Wenn Ihr Pferd sich gerne überall von Ihnen berühren lässt und Sie auch ohne Probleme seine Beine abstreifen können, dann können Sie sich mit ein bisschen Druck gegen seine Schulter lehnen, während Sie sein Röhrbein umfassen, und Ihr Pferd dazu bringen, sein Gewicht auf das andere Vorderbein zu verlagern. Das reicht als erste Übung schon. Machen Sie danach eine Pause.

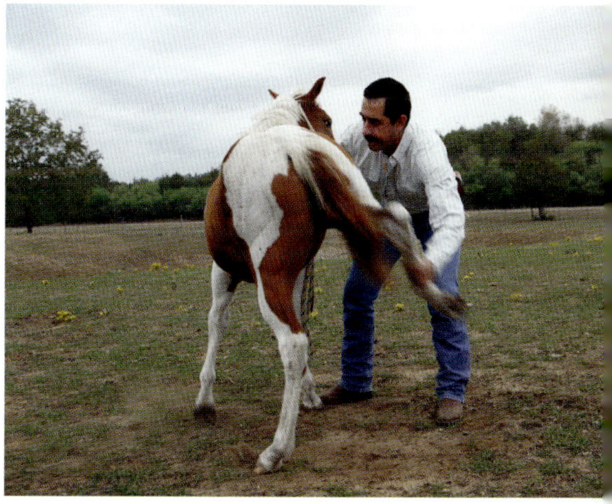

Am nächsten Tag fordern Sie Ihr Pferd wieder dazu auf, sein Gewicht auf das andere Bein zu verlagern. Tut es das, gehen Sie einen Schritt weiter und heben den Huf ganz leicht an, eben so, dass er nur einen Hauch vom Boden abhebt.

Uns muss klar sein, dass es Pferden am Anfang Probleme bereitet, das Gleichgewicht zu halten, wenn sie nur auf drei Beinen stehen.

Vorsicht mit den Hinterbeinen. Ich lege gerne meine Hand auf den Rücken des Pferdes, um sofort kleinste Bewegungen zu spüren und reagieren zu können.

Chapel Hill Chexx hat sein Gleichgewicht auf drei Beinen gefunden.

Es kann sein, dass unser Pferd zuerst ein wenig gereizt reagiert, wenn wir in seinen Raum eindringen und uns einfach eines seiner Beine schnappen. Manche Pferde sind da sehr Fluchttier – fliehen kann man eben nur mit allen vier Beinen!

Wir müssen Rücksicht auf die Befindlichkeiten unserer Pferde nehmen. Heben Sie deshalb das Bein zu Beginn nur ganz kurz leicht an, loben Sie Ihr Pferd ausgiebig und lassen Sie es wieder in Ruhe.

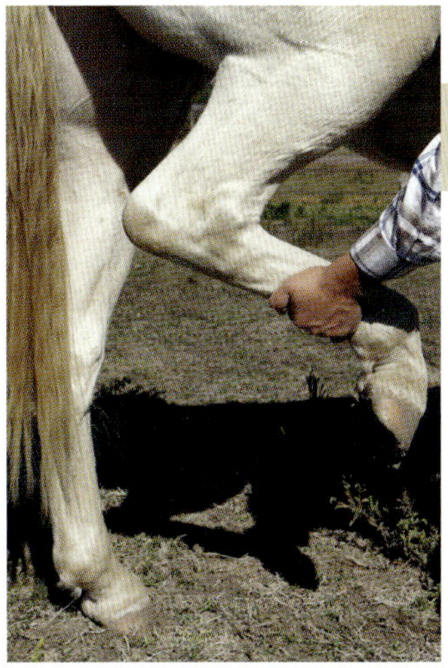

Ein Pferd sollte anstandslos seine Hufe, auch die hinteren, geben können. Bereiten Sie Ihr Pferd auf Begegnungen mit dem Hufpfleger, dem Schmied und dem Tierarzt gut vor. Dann gibt es keine bösen Überraschungen.

Reißt das Pferd beim Hufgeben das Bein wieder und wieder aus unserer Hand, auch wenn wir das Bein für nur ganz wenige Momente hochhalten wollen, dann nehme ich ein Seil zu Hilfe, denn diese Unart darf man nicht tolerieren. Keinem Hufpfleger, Hufschmied oder Tierarzt kann man ein Pferd zumuten, das seine Hufe nicht richtig geben kann.

Die Übung mit dem Seil geht so: Ich lege das Seil um die Fesselbeuge eines seiner Vorderbeine, stelle mich schräg vor das Pferd, sodass es mich nicht umrennen kann, und baue dann langsam Druck mit dem Seil auf. Gibt das Pferd dem Druck des Seiles nach, gebe ich auch sofort nach.

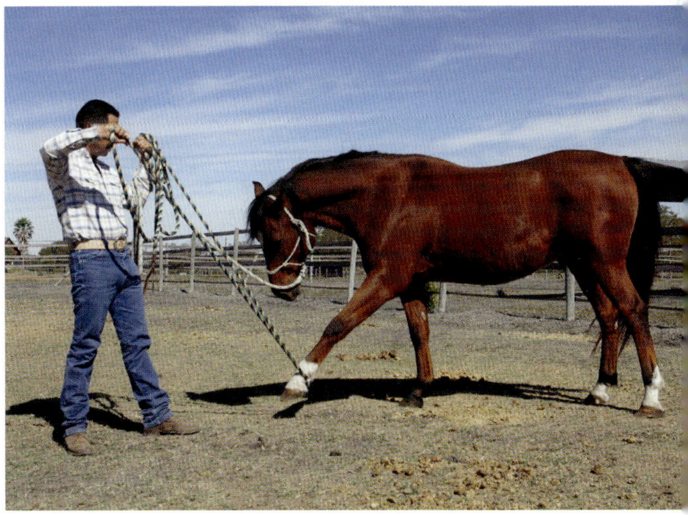

Die Übung mit dem Seil kann helfen, wenn Pferde beim Hufgeben herumzappeln. Manche Pferde lernen mit diesem Zwischenschritt besser.

Für viele Pferde ist dieser Zwischenschritt leichter, sie fühlen sich dabei wohler, weil wir nicht so sehr in ihren Individualraum eindringen müssen.

Klappt die Vorübung mit dem Seil gut, können wir wieder das direkte Hufgeben weiterüben.

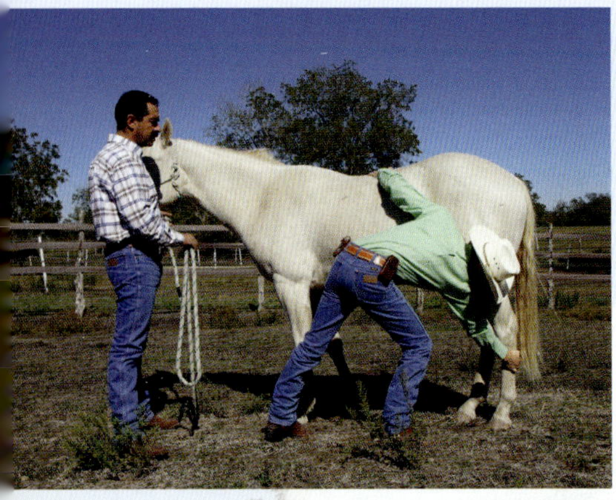

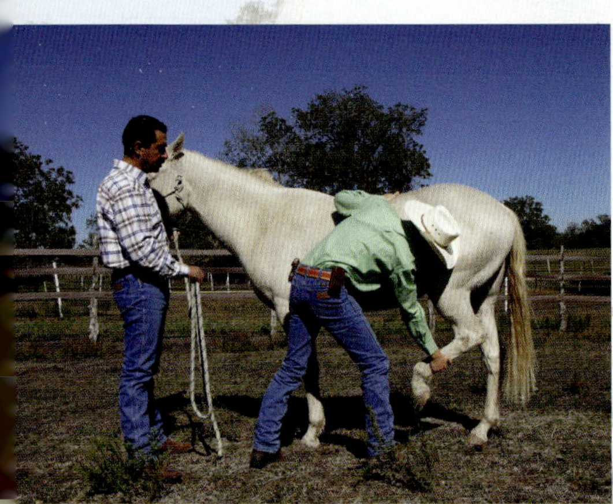

So übt man das Hufgeben mit einem Assistenten. Mein Sohn Arien hilft mir.

Wir versuchen das Bein fünf bis zehn Sekunden hochzuheben und lassen es dann sachte wieder auf den Boden gleiten. Wir loben unser Pferd und machen eine Pause.

Wir sollten immer darauf achten, dass das Pferd mit den anderen drei Beinen gut steht und es ihm überhaupt auch möglich ist, den angefragten Huf zu geben.

Es gibt verschiedene Techniken, das Pferd aufzufordern, uns seinen Huf zu geben: Manche Leute kneifen vorsichtig in die Fessel oder in die Kastanie, wieder andere zwicken am Röhrbein .

Will ich einen der vorderen Hufe haben, lehne ich mich leicht an die Schulter des Pferdes, um es zu veranlassen, sein Gewicht auf das andere Bein zu verlagern. Diesen Moment nutze ich, um den Huf anzuheben. Beim Festhalten umfasse ich den ganzen Huf mit meiner Hand, so ist es schwieriger für das Pferd, ihn wegzuziehen.

Was die Hinterbeine betrifft, so achte ich sehr auf meine Sicherheit. Will ich den linken Hinterhuf heben, lege ich meinen linken Arm auf den Rücken des Pferdes, um kleinste Bewegungen meines Tieres sofort zu spüren.

Ich stehe mit meiner Vorderseite zum Pferd und gleite dann mit meiner rechten Hand am Hinterbein hinunter. Auf der anderen Seite mache ich es entsprechend andersherum.

Diese Position zum Pferd verhindert in den meisten Fällen, dass Sie getroffen werden, wenn das Pferd nach Ihnen tritt.

So hebe ich die Hinterhufe eines Pferdes sicher an, wenn ich allein bin.

Chapel Hill Chexx findet das Hufgeben nicht mehr schlimm. Trotzdem: Zur Sicherheit lege ich immer eine Hand auf den Rücken des Pferdes.

Vorsicht, Pferde können auch zur Seite treten!

Übt man das Hufgeben zu zweit, dann muss der, der am Kopf steht (Ihr Assistent), auf derselben Seite stehen wie Sie selbst.

Wenn der Assistent auf der anderen Seite stehen würde, und das Pferd ausschlägt, dann würde der Assistent allzu leicht die Hinterhand auf die Person, die den Huf aufnimmt, ausrichten, wenn er am Seil zu korrigieren versucht. Die Möglichkeit getroffen zu werden, ist dann größer.

Wenn ich bei einem schwierigen Pferd beispielsweise das rechte Hinterbein hochnehmen möchte und keine Hilfsperson habe, dann lege ich meine rechte Hand mit kurz genommener Führleine auf seine Mähne. Bewegt sich das Pferd, um sich dem Hufgeben zu entziehen, nach links, kann ich es mit engem Kontakt an der Führleine daran

So stehen Sie sicher.

hindern; und wenn es gegen mich drückt, kann es mich nicht so leicht aus dem Gleichgewicht bringen, wenn ich mich an der Mähne festhalte. Stehen Sie so nah wie möglich an seiner Schulter. Das ist der sicherste Ort. Ich mag es sehr, eine Hand auf dem Körper des Pferdes zu haben, denn dann kann ich spüren, wenn das Pferd beginnt, sich anzuspannen.

Klappt das wirklich gut und ist mein Pferd entspannt beim Hufgeben, probiere ich, seinen Huf auf meinem Oberschenkel abzulegen.

Für all diese Übungen nehme ich mir in der Regel fünf Tage Zeit.

Hat das Pferd gelernt, beim Hufgeben ruhig auf drei Beinen zu stehen, kann ich seinen Huf so ablegen.

Das Pferd nach links und rechts schicken …

Unser Pferd in eine Richtung schicken zu können, ist eine wichtige Basisübung.

Das Nach-links-und-rechts-Schicken unseres Pferdes ist eine wichtige Basisübung. Es bildet die Voraussetzung, dass wir es später longieren können.

Wir müssen uns bei dieser Übung ganz sicher sein, dass das Pferd diese erste Grundlage wirklich gut verstanden hat. Wenn wir nicht in der Lage sind, unserem Pferd klarzumachen, in welche Richtung es gehen soll, dann werden wir später immer wieder Probleme dabei haben.

Zu Beginn ist es noch in Ordnung, wenn wir unserem Pferd dabei helfen, sich in die angefragte Richtung zu bewegen. Vor allem, wenn wir mit einem jungen Pferd oder mit einem so genannten Problempferd arbeiten.

Diese Hilfe sieht dann so aus: Auf einer Halbkreislinie gehe ich auf die Hinterbeine meines Pferdes zu, um ihm zu sagen: „Beweg dich, wohin du auch willst, aber bitte beweg dich." Sobald sich das Pferd bewegt, stoppe ich und lobe es.

Am Anfang ist diese Hilfe von unserer Seite okay, im Laufe der Zeit aber müssen wir erreichen, dass unser Pferd schon auf leichten Druck hin vorwärtsgeht, sobald wir ihm eine Richtung vorgeben.

Wenn wir dem Pferd immer helfen müssen, dann schaffen wir nicht die Grundlagen, die wir später zum Beispiel im Geschicklichkeitsparcours brauchen. Etwa wenn wir unser Pferd über eine Plastikplane schicken, über verschiedenfarbige Untergründe gehen lassen oder durch Wasser schicken.

So steht Valentina richtig zum Pferd. Sie ***schickt*** *Cadete und bleibt auf ihrer Position stehen. Gehen wir mit dem Pferd gemeinsam über ein solches Hindernis, dann lernt es nichts. Unser Pferd muss sich überwinden, und seinen eigenen Weg finden.*

Ich beginne anfangs vor dem Pferd. Ich laufe einen Halbkreis in Richtung Hinterbeine und zeige mit meiner linken Hand in Richtung vorwärts. Sobald das Pferd seine Vorderbeine bewegt, lasse ich den Druck nach.

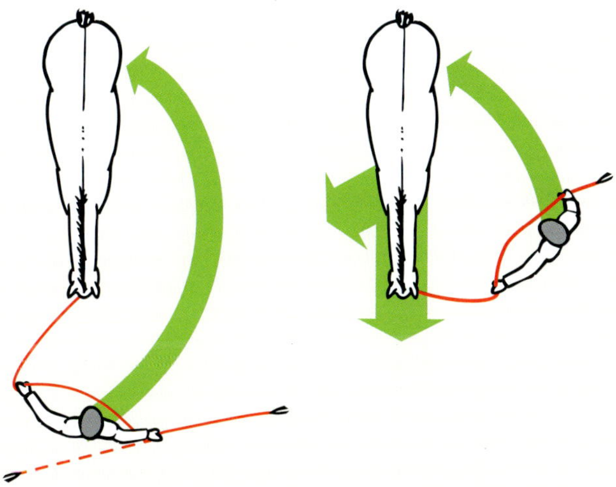

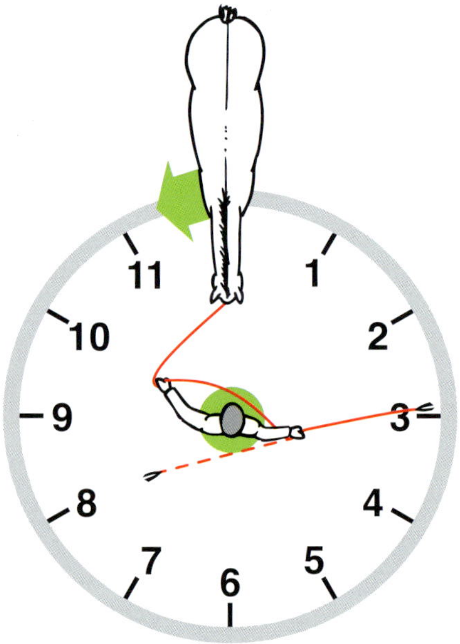

Unser Ziel ist es, dass wir uns nicht von der Stelle bewegen und dass das Pferd unserem Vorschlag nach links zu gehen folgt.

Auch beim Verladen muss das Pferd sich auf sanften Druck hin in eine bestimmte Richtung bewegen.

Kann mein Pferd ohne meine Hilfe nach links und rechts gehen, dann bleibe ich bei dieser Übung künftig an einer Stelle stehen und schicke es von da aus in die gewünschte Richtung. Das geht so: Meine Hand erzeugt einen Zug am Halfter. Der zeigt dem Pferd, in welche Richtung es gehen soll. Geht das Pferd darauf in die angefragte Richtung, lasse ich den Druck sofort nach und lobe es. Bewegt es sich nicht, dann baue ich leichten Druck mit dem Propeller auf. Wenn ich will, dass mein Pferd nach links geht, dann mache ich zuerst bei „drei-Uhr" einen Propeller, dann bei „zwei-Uhr", dann bei „ein-Uhr", und „zwölf-Uhr" wäre dann die Schulter des Pferdes.

Ein in den Sand gezeichneter Kreis kann helfen, auch wirklich an einer Stelle stehen zu bleiben.

Brauche ich so viele Anfragen, dann berühre ich mit dem Lederende meines Führseiles die Schulter des Pferdes, um ihm zu signalisieren, dass ich es ernst meine und eine Reaktion haben möchte.

Meine linke Hand baut Zug am Halfter auf, um Chapel Hill Magic zu zeigen, in welche Richtung er sich bewegen soll. Mein Propeller ermuntert ihn, sich zu bewegen.

Jedoch gilt auch hier: Sobald das Pferd meine Anfrage mit dem Nach-links-Gehen beantwortet, höre ich sofort damit auf, Druck zu machen, und lobe es. Bei manchen Pferden reicht es, einen Propeller bei „Drei-Uhr" zu machen, andere muss ich mit dem Lederende des Führseils berühren.

Klappt das Schicken nach links und rechts im Schritt gut, dann probieren Sie es im Trab.

Üben Sie das, bis Ihr Pferd ganz sicher ist.

Diese wirklich einfachen Grundlagen müssen verstanden sein, wenn wir später mit dem Pferd in allen Gangarten versammelter arbeiten wollen. Erklären wir unserem Pferd das Nach-links-und-nach-rechts-Schicken nicht wirklich gut, dann wird das Pferd sich beim Longieren immer widersetzen: Es wird stehen bleiben und rückwärtsgehen, um die Arbeit zu verweigern.

Im nächsten Schritt üben wir dann, dass unser Pferd zu uns hin ausgerichtet stehen bleibt.

Konsequenz ist wichtig. Ich sage Chapel Hill Magic: „Ja, ich möchte wirklich, dass Du nach links gehst."

Zu Beginn der Übung belohne ich jeden noch so kleinen Schritt in die richtige Richtung, indem ich sofort den Druck wegnehme.

Um Vanilla anzuhalten, hebe ich die „Seilhand" und blicke auf ihre Hinterbeine, damit sie diese kreuzt.

Wir bringen ihm das Anhalten so bei: Wir heben die Hand, die das Seil hält, hoch, gehen dann auf die Hinterbeine des Pferdes zu und veranlassen das Pferd, seine Hinterhand so weit zu bewegen, bis es uns gegenübersteht.

So schalte ich den „Motor" aus.

Es ist wichtig, dass wir die Hinterhand auf diese Weise kontrollieren und quasi ausschalten können. Vergleichen Sie es mit einem Motor: Ein Motor hat viel Kraft, aber wenn man die Kupplung tritt, ist diese Kraft weg. Lassen wir die Hinterbeine eines Pferdes kreuzen, dann schalten wir seinen Antrieb aus. Gerade bei jungen Pferden und Problempferden empfehle ich diese Vorgehensweise.

Die Basisübung für das spätere Longieren besteht also darin, unser Pferd nach links und rechts zu schicken. Um es anzuhalten heben wir unsere Hand, blicken auf die Hinterbeine, und veranlassen es dadurch, diese zu kreuzen.

Wichtig: Häufig passiert beim Schicken nach rechts und nach links folgender Fehler: Wir lassen das Seil nicht durch unsere Hand gleiten, wenn sich das Pferd in die von uns gewünschte Richtung bewegt, und erzeugen dadurch Druck am Halfter. Gleichzeitig bauen wir mit dem Propeller Druck von hinten auf, um das Pferd in die von uns gewünschte Richtung zu schicken. Für unser Pferd ist das widersprüchlich, und Pferde mögen keine Widersprüche.

Sobald das Pferd in die angefragte Richtung geht, nehmen wir sofort allen Druck weg. Wenn das Pferd einen Fehler macht und stehen bleibt, dann schicken wir es noch einmal. Macht das Pferd das Angefragte richtig, lassen wir es in Ruhe.

Machen wir die ganze Zeit Druck, dann erreichen wir das genaue Gegenteil: Wir stumpfen unser Pferd gegenüber unseren Hilfen ab. Und dabei ist es doch unser Ziel, ein fein ausgebildetes Pferd zu haben, das auf kleinste Signale reagiert. Also seien Sie auch sehr streng mit sich selber.

Kapitel 1.11

Verladetraining …

| So einfach kann das Verladen sein!

Über das Verladen von Pferden könnte man ein eigenes Buch schreiben. Das ist ein sehr weites Feld.

Aber egal welcher Disziplin Sie angehören, Sie müssen in der Lage sein, Ihr Pferd zu verladen.

Beim Verladen passieren die meisten Unfälle, nicht etwa in einem Springparcours oder während einer rasanten Fuchsjagd!

Für mich ist es daher absolut notwendig, dass wir unser Pferd gut auf das Verladen vorbereiten. Das Wichtigste dabei ist, dass das Pferd unseren Entscheidungen vertraut und nach vorne geht, wenn wir es auffordern, nach vorne zu gehen.

Beim Verladen ist Vertrauen wichtig. Das Pferd darf unsere Entscheidungen nicht in Zweifel ziehen.

Wissen wir, dass unser Pferd ein wenig ängstlich ist, wenn es auf unterschiedlich farbige Untergründe treten muss, dann sollten wir das vorher geübt haben.

Hat unser Pferd Angst vor Plastik, dann haben wir es vorher an Plastik gewöhnt, bevor wir es verladen.

Hat unser Pferd Angst vor Enge, dann haben wir auch das sehr intensiv mit Engpässen aus Autoreifen oder Ähnlichem geübt, bevor wir mit dem Hängertraining beginnen.

Da soll ich durchgehen? Lassen Sie Ihr Pferd in aller Ruhe alles betrachten, was ihm zuerst unheimlich vorkommt. Es wird merken, dass die Autoreifen nicht beißen.

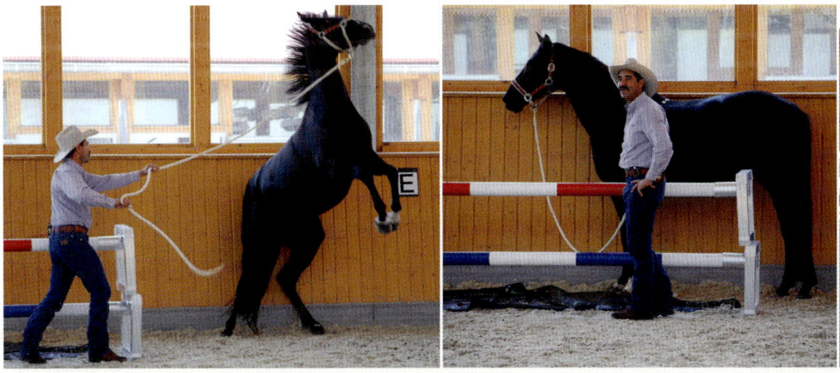

Der Schwarze reagiert zu Beginn verärgert, als ich ihm vorschlage, durch eine enge Gassezu gehen. Später kann ich ihn überzeugen, dass der Engpass nichts Schlimmes ist.

1.11

Viele Leute, die ein Pferd das erste Mal verladen müssen, locken es mit freundlicher Stimme und mit Futter auf den Hänger. Wenn es dann ganz hineingelockt ist, wird schnell alles verrammelt.

Man kann Pferde austricksen, keine Frage, aber dadurch verlieren wir ihr Vertrauen. Wenn wir sie dann das nächste Mal mit freundlicher Stimme und mit Futter in den Hänger locken, dann sagen sie: „Vergiss es! Nicht mit mir!“

Es kann sein, dass diese Trickmethode über Jahre funktioniert, aber irgendwann vielleicht nicht mehr.

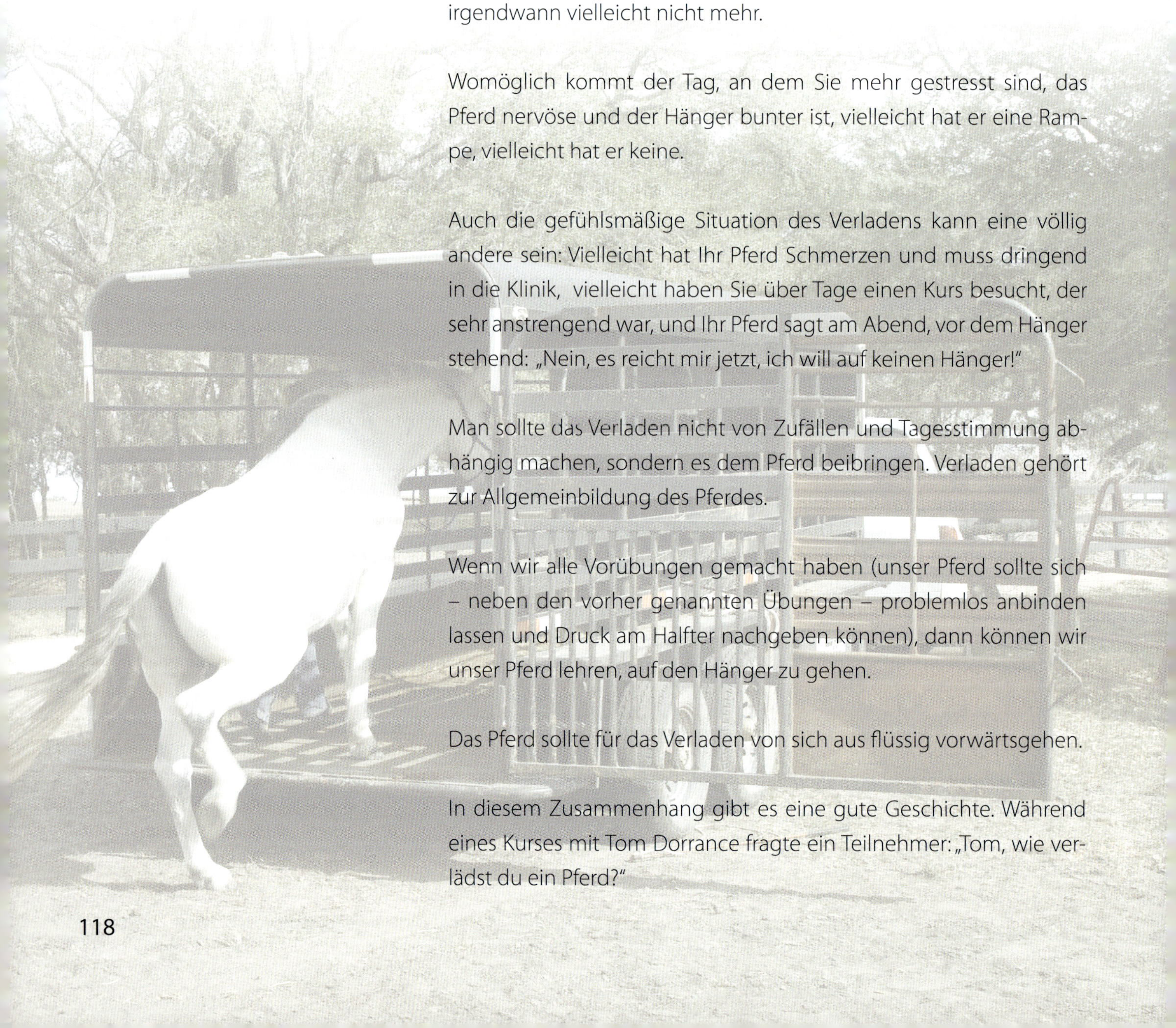

Womöglich kommt der Tag, an dem Sie mehr gestresst sind, das Pferd nervöse und der Hänger bunter ist, vielleicht hat er eine Rampe, vielleicht hat er keine.

Auch die gefühlsmäßige Situation des Verladens kann eine völlig andere sein: Vielleicht hat Ihr Pferd Schmerzen und muss dringend in die Klinik, vielleicht haben Sie über Tage einen Kurs besucht, der sehr anstrengend war, und Ihr Pferd sagt am Abend, vor dem Hänger stehend: „Nein, es reicht mir jetzt, ich will auf keinen Hänger!“

Man sollte das Verladen nicht von Zufällen und Tagesstimmung abhängig machen, sondern es dem Pferd beibringen. Verladen gehört zur Allgemeinbildung des Pferdes.

Wenn wir alle Vorübungen gemacht haben (unser Pferd sollte sich – neben den vorher genannten Übungen – problemlos anbinden lassen und Druck am Halfter nachgeben können), dann können wir unser Pferd lehren, auf den Hänger zu gehen.

Das Pferd sollte für das Verladen von sich aus flüssig vorwärtsgehen.

In diesem Zusammenhang gibt es eine gute Geschichte. Während eines Kurses mit Tom Dorrance fragte ein Teilnehmer: „Tom, wie verlädst du ein Pferd?“

Unsere Quarter Horse-Stute Juana springt am liebsten auf den Trailer.

Er antwortete: „Ich kenne hundert Techniken, ein Pferd zu verladen, aber für dein Pferd wird diese hier die beste sein."

Ich denke genauso. Ich kenne keine hundert Methoden, aber vielleicht fünfzig Verladevarianten. Was wichtig ist: Das Prinzip sollte immer dasselbe sein, aber wir müssen die Technik individuell auf unser Pferd abstimmen.

Kursteilnehmer sagen häufig zu mir: „Oh, ich habe mein Pferd so verladen, wie du es gezeigt hast, ich habe mit dem Propeller gearbeitet und so weiter."

Das ist nicht mein Weg. Diese Menschen haben mich missverstanden. Ich habe lediglich ein Prinzip gelehrt, aber die Technik kann stets eine andere sein.

Ich fände es schöner, die Menschen würden das Prinzip verstehen. Es ist toll, eine Technik zu haben, aber vielleicht ist eine andere für das Pferd besser. Wir sollten also immer offen sein.

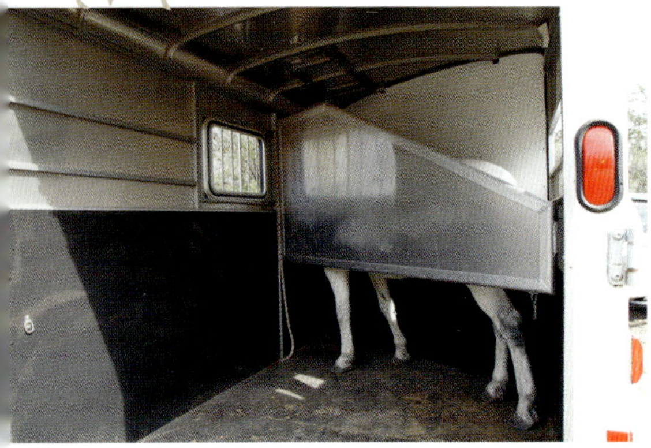

Hänger, auf denen die Pferde schräg zur Fahrtrichtung stehen können, sind ideal.

Die besten Hänger sind meiner Meinung nach die, auf denen die Pferde schräg zur Fahrtrichtung stehen. Sie sind dann viel entspannter, ich habe das sehr oft beobachtet. Stehen Pferde auf dem Hänger mit dem Kopf in Fahrtrichtung, dann sind sie meist gestresster, als wenn sie diagonal zur Fahrtrichtung reisen dürfen.

In Amerika lädt man in 90 % der Fälle die Pferde schräg auf. Auf den wenigsten Hängern stehen die Pferde gerade und schauen geradeaus. Es ist für die Pferde komfortabler schräg zu stehen, weil 60 % ihres Gewichtes auf den Vorderbeinen lastet. Steht das Pferd also geradeaus gerichtet auf dem Hänger, und Sie müssen bremsen, dann verliert Ihr Pferd schneller die Balance.

In Amerika sind solche Trailer an der Tagesordnung. Die Pferde stehen abgewinkelt zur Fahrtrichtung. In Europa müssen die meisten Pferde geradeaus gerichtet fahren.

Es ist vergleichbar mit dem Busfahren: Wenn Sie mit dem Bus fahren und stehen müssen, dann stellen Sie sich wahrscheinlich automatisch leicht schräg zur Fahrtrichtung.

Es gibt viele Untersuchungen über das Hängerfahren mit Pferden. Man hat Pferden ein Herzfrequenz-Messgerät umgeschnallt und herausgefunden, dass Pferde, die geradeaus stehen, gestresster sind als die, die schräg stehen.

Am allerbesten reisen Pferde übrigens, wenn sie nach hinten hinausschauen dürfen!

Arien bindet Juana erst an, wenn er den Hänger wieder verlassen hat.

Egal, welcher Hänger Ihnen zur Verfügung steht, das Wichtige beim Verladen ist, dass das Pferd mental dazu bereit ist, in einem Hänger zu stehen. Dann erst kann man die hintere Begrenzungsstange einhängen und die Rampe schließen.

Wenn das Pferd von seiner Geisteshaltung her lieber draußen wäre, dann kann man es zwar verladen, aber beim nächsten Mal wird es dann umso schwerer. Beim Verladen ist es sehr wichtig, dass das Pferd wirklich gerne auf dem Hänger steht.

Wichtig ist auch, dass das Verladen für Mensch und Pferd sicher ist.

Unser Andalusier-Lusitano-Mix Casca Nuezes findet es ganz normal, auch mal auf einem Hänger zu stehen.

Wir binden das Pferd nicht an, wenn wir zum Schließen der hinteren Stange den Hänger verlassen müssen. Denn wenn das Pferd dann versucht, dem Menschen zu folgen und heftig am Seil rückwärts zieht, kann es richtig gefährlich werden.

Verladen wir unser Pferd auf einen Hänger, in dem zwei Pferde in Fahrtrichtung stehen können, dann laden wir zuerst unser Pferd ein, dann hängen wir die hintere Stange ein, schließen eventuell auch schon die Rampe, und erst danach binden wir unser Pferd an.

Laden wir ab, machen wir es genau anders herum: Wir binden zuerst das Pferd los, öffnen dann die Rampe und entfernen zuletzt die hintere, begrenzende Stange.

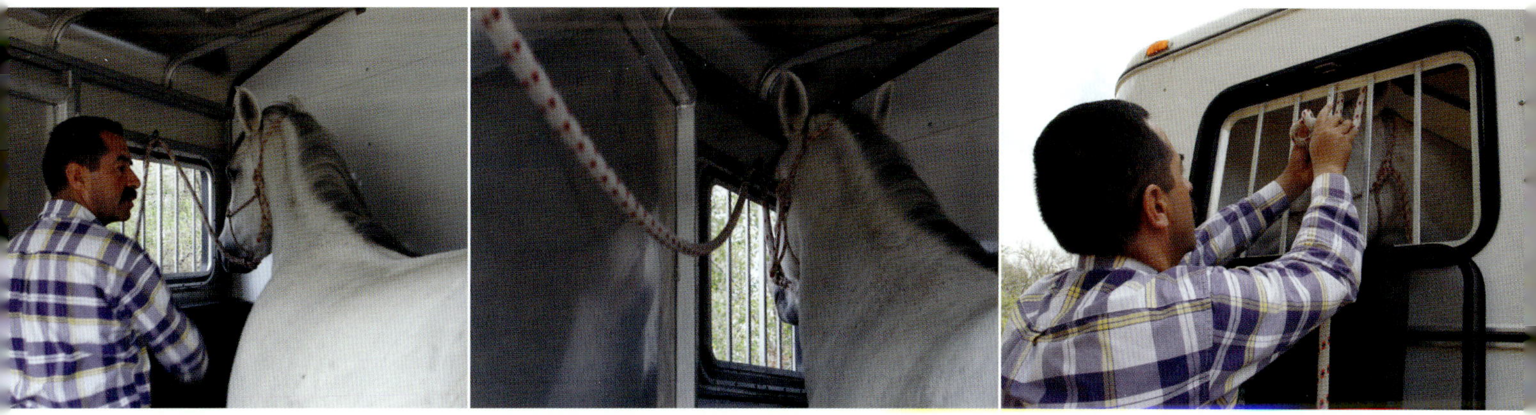

Ich führe das Anbindeseil durch den Anbindering, gehe dann hinaus und binde Casca Nuezes ***dann erst*** *von außen an.*

Ich habe das in vielen meiner Kurse gesehen: Die Leute öffnen die Rampe, entfernen die hintere Stange und gehen dann nach vorne und binden das Pferd los. Ich habe dabei üble Unfälle gesehen, denn manche Pferde fangen dann an, mit aller Kraft am Seil zu ziehen, um schnell rauszukommen. Das kann böse enden.

Ich selber habe einen Stocktrailer. Verlade ich eines meiner Pferde in meinen Anhänger, dann gehe ich mit meinem Pferd gemeinsam hinein, führe das Seil lose durch den Anbindering, gehe wieder hinaus und binde das Pferd erst von draußen an.

Vorteil ohne Rampe: Mit dem ersten Schritt ist das Pferd meist schon drin.

Hätte ich einen Anhänger mit Abtrennung, in dem die Pferde in Fahrtrichtung reisen, dann würde ich mein Pferd von außen hineinschicken und nicht vorausgehen!

Eine andere wichtige Frage ist: Rampe oder keine Rampe? Beide Varianten haben Vor- und Nachteile. Ein Hänger ohne Rampe hat einen großen Vorteil: Schicke ich mein Pferd hinein, dann ist es mit dem ersten Schritt und Schwung quasi sofort drin.

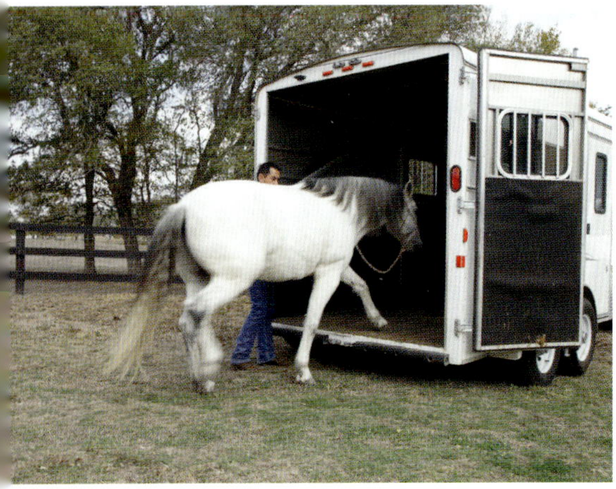

Schauen Sie, welches Hängermodell für Sie und Ihr Pferd das beste ist.

Bei Hängern mit Rampe habe ich oft gesehen, dass Pferde – gerade wenn sie nervös sind – ausrutschen und hinfallen. Für das Abladen wiederum mag ich die Rampe gerne. Sie ist beim Herausgehen sehr angenehm für die Pferde.

Bei einem Hänger ohne Rampe kann es beim Abladen passieren, dass die Pferde beim Heraustreten ausrutschen oder stolpern und mit dem Bein unter den Hänger geraten.

Es ist also wirklich schwer, bei der Frage „Rampe oder keine Rampe?" eine gute Entscheidung zu treffen. Schauen Sie, was für Ihr Pferd das Beste ist.

Aber egal, auf welchen Hänger Sie Ihr Pferd verladen, seien Sie immer vorsichtig, und achten Sie auf alle möglichen Gefahrenquellen.

Viele Leute fragen mich, warum ich meine Pferde mit Knotenhalfter verlade und transportiere. Das sei doch gefährlich, sagen sie, weil ein Knotenhalfter in die Haut einschneiden kann, wenn das Pferd mal daran reißt. Ich muss ganz ehrlich sagen, dass ich noch nie schlechte Erfahrungen damit gemacht habe.

Wenn Sie Angst haben, dass Ihr Pferd sich mit einem Knotenhalfter verletzen könnte, dann lehren Sie Ihr Pferd, auf Druck hin nachzugeben, wenn es angebunden ist und dabei Zug entsteht *(siehe Kapitel 1.6 „Dem Seil nachgeben" und 1.7 „Pferde richtig anbinden")*.

Natürlich können Sie für den Transport auch ein Stallhalfter benutzen. Wenn Sie mögen, benutzen sie das Knotenhalfter dann nur für das Verladetraining und die Bodenarbeit.

Ich kann Ihnen aber versichern, dass ich beim Verladen noch nie einen Unfall mit einem Knotenhalfter erlebt habe. Wenn das Halfter richtig sitzt und ordentlich verschnallt ist, dürfte nichts passieren. Wenn das Nasenstück allerdings zu tief sitzt, kann es dem Pferd ins Maul rutschen, und dann kann etwas passieren.

Das ist dann aber keine Frage des Halftertyps, sondern des richtigen Gebrauchs.

Was die Panikhalfter und Panikhaken betrifft, so muss ich sagen, dass ich von diesem Prinzip nicht so überzeugt bin, denn wenn sie sich aus Versehen lösen, können sie auch dafür sorgen, **dass** sich das Pferd überschlägt.

Machen Sie das Verladen zu etwas Selbstverständlichem für Ihr Pferd. Geben Sie ihm auch hier Handwerkszeug mit, so dass es die Verladesituation gut bewältigen kann. So ersparen Sie sich und Ihrem Pferd viel Stress und Angstgefühle. Wir können einem Pferd das Verladen schon beibringen, wenn es sechs bis acht Monate alt ist *(siehe Kapitel 1.1 „Ausbildung eines jungen Pferdes")*.

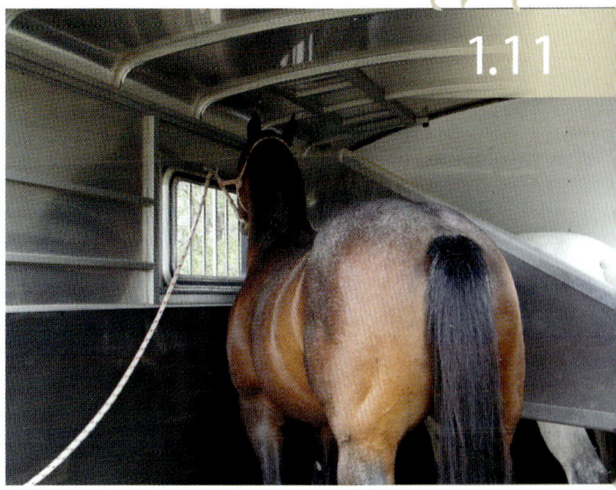

Meine Pferde tragen auch beim Verladen und auf Reisen Knotenhalfter. Hat das Pferd gelernt, auf Zug am Halfter nachzugeben, bereitet ein Knotenhalfter keine Probleme.

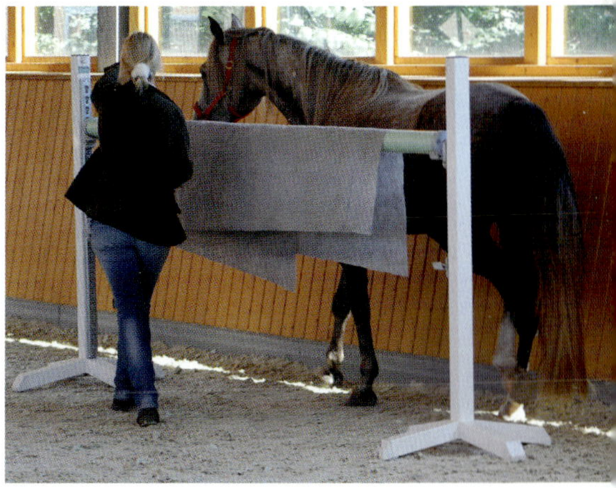

So gelassen sollte ein Pferd durch Engpässe gehen, bevor wir mit dem Hängertraining beginnen. Bereiten Sie Ihr Pferd gut auf das Verladen vor.

> Binden Sie Ihr Pferd auf dem Hänger erst an, wenn Sie die hintere Stange und die Rampe geschlossen haben!!!
> Beim Ausladen erst den Strick lösen, dann die Rampe und die Begrenzungsstange öffnen!!!

Die Bindung an die Herde …

Die Herde gibt den Pferden Sicherheit. So möchten sie leben.

Pferde sind Herdentiere und sehr gesellig. Das Leben in der Herde bedeutet für sie Sicherheit. Es gibt Pferderassen, die ein stärker ausgeprägtes Herdengefühl haben als andere. Aber jedes Pferd will unter Pferden leben.

Hätte es die Wahl zwischen Menschengesellschaft oder Pferdegesellschaft – es würde sich immer dafür entscheiden, mit anderen Pferden zu leben.

Es gibt Pferde, die fühlen sich mit Menschen wohl, andere müssen richtig lernen, mit Menschen zusammen zu sein.

Ich finde, wir sollten uns bewusst machen, wie wichtig es ist, Pferden zu zeigen, dass es schön für sie sein kann, Zeit mit uns Menschen zu verbringen.

Es sollte nicht so sein, dass wir halbherzig und oberflächlich mit unseren Pferden umgehen, sondern uns richtig kennenlernen. Viele Besitzer denken: „Na, wir kommen doch ganz gut zurecht."

Aber wenn die Pferde unruhig werden, bei einem Ausritt zurück nach Hause wollen, oder plötzlich allein und nicht mehr in der Nähe von Pferden sind und dadurch nervös werden, dann reagieren diese Leute auch nervös und werden wütend. Nun fühlt sich keiner von beiden mehr wohl mit dem anderen.

Karin und unser Casca Nuezes. Die beiden haben sichtlich Freude an der Arbeit miteinander.

Uns sollte klar sein, dass Pferde solche Dinge nicht machen, um uns zu ärgern. Manche Leute beziehen das ganz stark auf sich persönlich. Oft ist das aber nur eine ganz natürliche Verhaltensweise des Pferdes – es will einfach mit Artgenossen zusammen sein, weil es sich dann sicherer fühlt. Das kann sich so hochschaukeln, dass das Pferd sich gezwungen fühlt, Dinge zu tun, die in unseren Augen ungehorsam sind. Dabei will es nur sein Sicherheitsgefühl wiederherstellen. Denn nur in der Herde kann ein Pferd überleben. Dieser Instinkt steckt in jedem noch so hochgezüchteten Pferd.

1.12

Pferde bevorzugen von Natur aus die Gesellschaft ihrer Artgenossen – wir können ihnen aber auch zeigen, wie schön es mit uns Menschen sein kann.

Bei manchen Pferden ist die Bindung an die Herde so stark ausgeprägt, dass sie große Schwierigkeiten haben, mal nicht in Sichtkontakt mit ihrem Kumpel zu stehen. Dieses sogenannte „Kleben" der Pferde setzt sich in ihnen fest, wenn sie von der Mutter abgesetzt werden. Lebenslange Verlustängste sind die Folge. Deshalb sollte man das Absetzen eines Fohlens sehr behutsam und in mehreren Schritten angehen *(siehe Kapitel 1.1 „Ausbildung eines jungen Pferdes")*.

Oft wird es beim Absetzen so gemacht, dass der Mensch beschließt: „So, heute werden wir das Fohlen von der Mutter trennen!" Diese Menschen machen sich nicht bewusst, was das für das Fohlen bedeutet.

Die Trennung von der Mutter ist ein unglaublich heftiger Einschnitt im Leben eines jungen Pferdes. Äußerlich sieht man nichts, aber ein so abruptes Verlieren der Mutter kann traumatisch für das Fohlen sein. Manche Fohlen beginnen dann aus lauter Unsicherheit und Verwirrung zu koppen.

Viele Fohlen werden abgesetzt, wenn sie vier oder fünf Monate alt sind. Das ist meiner Meinung nach zu früh. Ein guter Zeitpunkt, das Absetzen vorzubereiten, ist, wenn sie sechs, besser acht Monate alt sind. Dann sind sie mental viel besser dazu in der Lage.

Machen Sie das Absetzen auch von der Persönlichkeit Ihres Fohlens abhängig.

Entscheidend ist auch, wie wir das Absetzen organisieren. Wenn wir den Tag des Absetzens gut vorbereiten, dann werden wir am Tag der endgültigen Trennung weniger Probleme haben. Ich beschreibe den Vorgang des Absetzens in Kapitel *1.1 „Ausbildung eines jungen Pferdes"* ausführlich.

Bereiten wir unser junges Pferd so vor wie dort beschrieben, können wir der Bindung an die Herde entgegenwirken, indem das Pferd lernt und akzeptiert, mit uns Menschen zusammen zu sein.

Ich nehme mir für diesen Prozess des Absetzens acht bis zehn Tage Zeit. Auf diese Weise ist das Absetzen für das Fohlen nicht so eingreifend, und wir bewahren es vor allzu großen Verlustängsten.

Viele Leute sagen: „Ja, es hat zwei Tage lang geschrien, aber dann ging es." Wir wissen aber nicht, was da im Innern des kleinen Pferdes wirklich passiert ist, und welche Ängste sich festgesetzt haben, mit denen das Pferd ein Leben lang kämpfen muss.

Wenn das Pferd dann ein Jahr alt ist, gewöhnen wir es langsam und behutsam daran, von der Herde getrennt zu sein, mit uns zu „arbeiten" und zu merken, dass das auch sehr schön sein kann.

Die jungen Pferden sollten lernen, uns zu respektieren, aber sie sollten auch die Erfahrung machen, dass es angenehm ist, mit uns Menschen zusammen zu sein.

Das ist ein schmaler Grat.

Viele Leute lehren das Pferd zuerst Respekt zu haben, statt ihm zu zeigen, dass es in unserer Gegenwart auch entspannt sein kann. Vielmehr sollte man versuchen, Vertrauen aufzubauen und den Pferden zeigen, dass die Partnerschaft mit dem Menschen auf **gegenseitigem** Respekt beruht.

Wenn man zum Beispiel ein eher ängstliches Pferd hat und sehr darauf aus ist, Respekt vom Pferd zu verlangen, dann wird es vielleicht noch ängstlicher. Stattdessen sollte es lieber lernen, dass es uns vertrauen kann und in unserer Gegenwart sicher ist.

Doch was können wir tun, wenn unser Pferd ein traumatisches Absetzen erlebt hat und es von diesem Zeitpunkt an unerträglich findet, von seinen Artgenossen getrennt zu sein?

Wenn wir ein bisschen abseits der Herde mit einem solchen Pferd arbeiten, dann können wir dem Kleben an der Herde entgegenwirken.

Casca Nuezes genießt die Freiarbeit mit meinem Sohn Arien.

Bei der Arbeit mit dem Menschen kann das Pferd zeigen, was es so drauf hat. Pferde sind Bewegungstiere und drücken ihre Gefühle gerne über Bewegung aus.

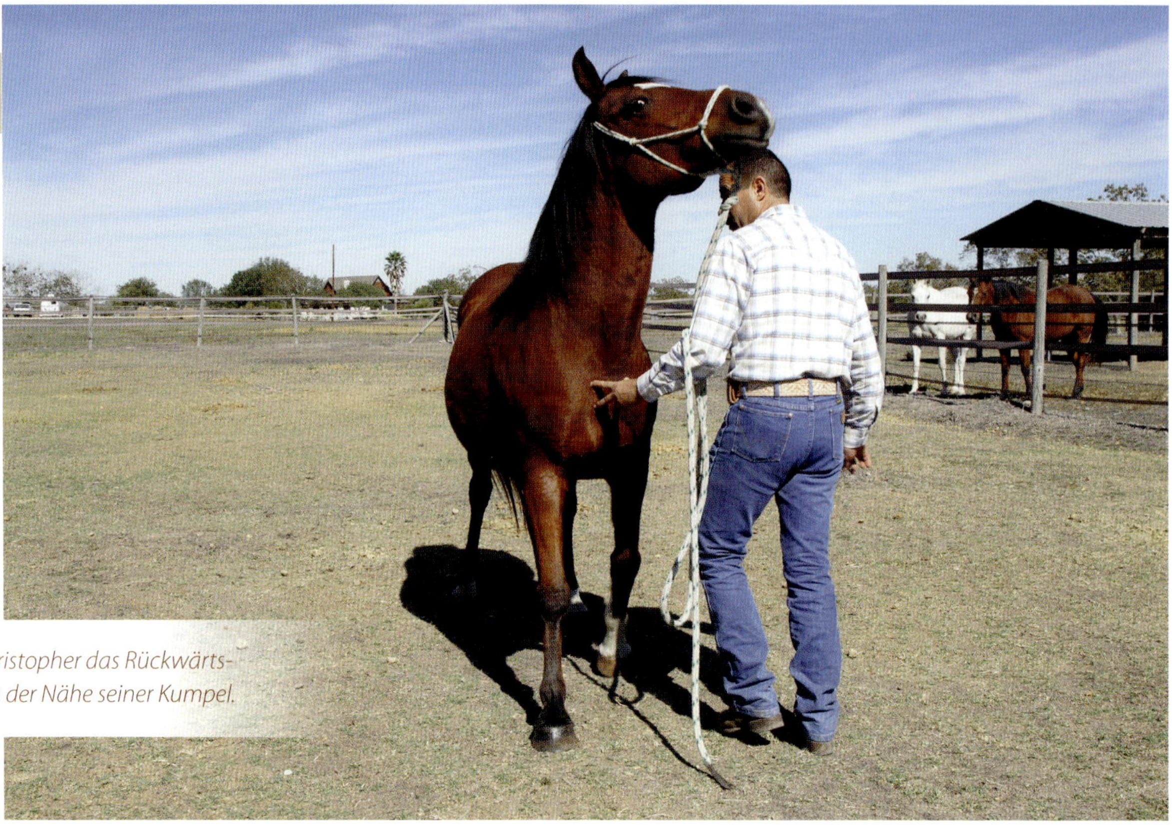

Ich übe mit Christopher das Rückwärts-gehen. Ganz in der Nähe seiner Kumpel.

Wir können es auch so machen, dass wir mit dem jungen Pferd und einem anderen Pferd einen kleinen Spaziergang machen, um ihm zu zeigen: „Hey, es passiert dir nichts, wenn du mal von deiner Herde getrennt bist."

Hier nutzen wir die Herdenbindung mit dem anderen Pferd aus (die beiden Pferde sind ja dann eine Miniherde), ihm neue Dinge beizubringen. Ein junges Pferd würde ich nicht zu oft damit konfrontieren, es ganz allein auf sich gestellt sein zu lassen.

Es lernt dabei sehr viel, aber ich ziehe es vor, zu Beginn immer ein anderes Pferd mit dazuzunehmen. Wenn das gut klappt, dann kann ich auch allein mit ihm arbeiten. Zuerst am Boden; fühlt sich das Pferd dabei wohl, dann beginne ich es zu reiten.

Auch hier ist es eine Hilfe, wenn ein älteres Pferd dabei ist, das ruhig ist und dem jungen Pferd zur Seite steht, wenn mal etwas Beängstigendes passiert.

Aber Vorsicht: Wir müssen den Zeitpunkt sehr genau abpassen, wann wir mit unserem jungen Pferd alleine arbeiten wollen. Denn wenn wir jahrelang immer ein anderes Pferd als Helfer dabei haben, und wir bestimmen dann eines Tages, so, von nun an arbeite ich allein mit dir, dann sagt das Pferd: „Nö, das will ich aber nicht."

Es gibt einen Zeitpunkt bei jungen Pferden, ab dem wir alleine mit ihnen arbeiten sollten. Den sollte man nicht verpassen. Sie sind dann in dieser Zeit besser dazu bereit, diese Veränderung zu akzeptieren, als wenn wir das erst in zwei oder drei Jahren von ihnen verlangen würden.

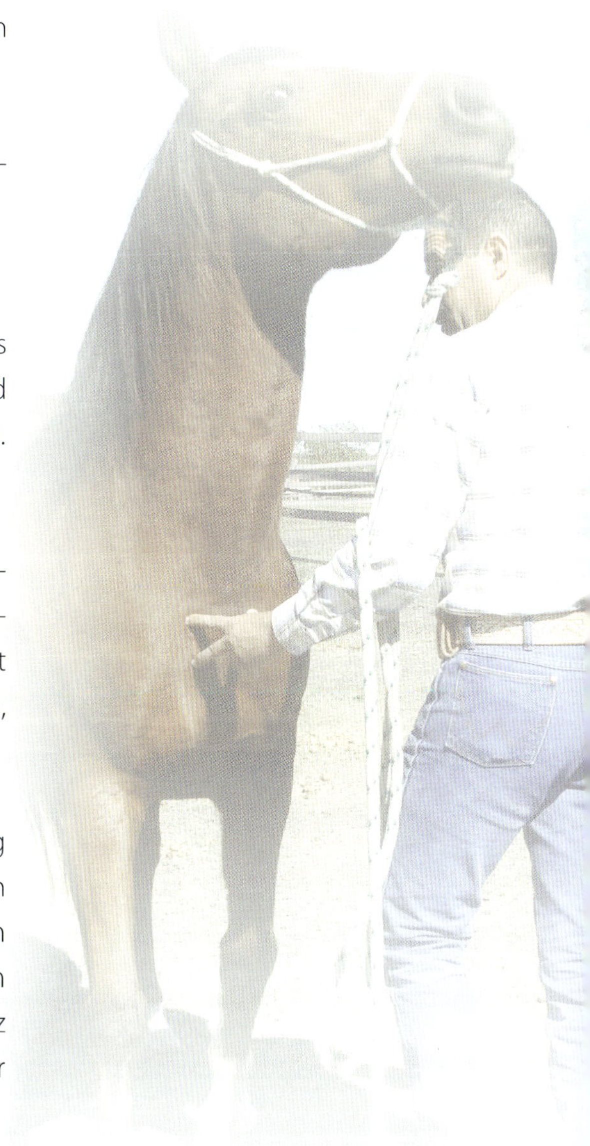

Meiner Meinung nach ist dieser Zeitpunkt erreicht, wenn sie drei Jahre alt sind und wir beginnen, sie zu „reiten".

Die meisten Europäer beginnen Pferde zu reiten, wenn sie drei sind. Ich beginne langsam, sie zu „reiten", wenn sie zweieinhalb sind, das heißt, ich mache erste vorbereitende Übungen auf das Reiten und setze mich so sieben bis acht Mal auf ihren Rücken *(siehe Kapitel 1.1. „Ausbildung eines jungen Pferdes")*.

Das mache ich am liebsten in einer Halle oder auf einem eingezäunten Platz. Raus ins Gelände gehe ich nur, wenn das Areal zum Ausreiten groß ist und ich ein sehr nervenstarkes Pferd habe. Leider gibt es in Europa ja so viele Straßen, da würde ich eher darauf verzichten, auszureiten.

Hat man eine Geländestrecke, wo man das Pferd fünfzehn, zwanzig Minuten geradeaus reiten kann, so ist das ideal! Das macht ihnen Spaß. Ich habe das mit jungen Pferden gemacht. Sie langweilen sich schnell auf Reitplätzen, und wenn man dann mit ihnen raus in den Wald geht, ganz allein, dann denken sie: „Wow, das ist ja eine ganz andere Welt!" Aber nicht jedes Gelände lässt das zu. Es muss immer sicher für Reiter und Pferd sein.

Man muss also immer wissen, mit welchem Pferd man das machen kann und mit welchem nicht.

Meine Tochter Valentina und unser Hengst Cadete fühlen sich wohl miteinander.

Eine andere gute Methode, das junge Pferd an neue Eindrücke außerhalb seines Hofes zu gewöhnen, ist, es als Handpferd mitzunehmen. Das sollte ich aber nur tun, wenn ich meine „Bodenarbeitshausaufgaben" mit dem jungen Pferd wirklich gut gemacht habe.

Ich würde nicht spazieren gehen oder es als Handpferd mitnehmen, wenn das Pferd sich nur führen lässt.

Es sollte sich unbedingt an der Longe nach links und rechts schicken lassen *(siehe Kapitel 1.10 „Das Pferd nach links und rechts schicken")*. Ich sollte Vorhand und Hinterhand *(siehe Kapitel 2.4 „Verschiebung der Vorhand"* und Kapitel *2.3 „Verschiebung der Hinterhand")* verschieben können. Ich sollte es rückwärtsschicken können *(siehe Kapitel 2.2 „Rückwärtsgehen")*, und ich sollte es jederzeit am Boden anhalten können. Erst wenn mein Pferd diese Übungen gut kann, nehme ich es als Handpferd mit oder gehe mit ihm spazieren.

Die eben aufgezählten Übungen sind eine gute Basis, um den Spaziergang zu einem Erfolgserlebnis zu machen.

Hat man ein schon älteres Pferd, das nie gelernt hat, von seiner Herde getrennt zu sein, dann rate ich, ein wenig abseits der Herde Übungen zu machen, bei denen sich das Pferd viel bewegen muss. Man sollte es mehr körperlich arbeiten lassen, damit es uns seine Aufmerksamkeit schenkt. Denn wenn man von ihm verlangt, Übungen zu machen, bei denen es ruhiger sein muss, zum Beispiel das Halsbiegen, dann kann es nicht mitarbeiten, weil es zu sehr an die Gruppe denkt. Anfangs darf man auf keinen Fall Wunder erwarten, eher sollte man schon kleine Veränderungen belohnen.

Hören Sie mit den Übungen auf, wenn das Pferd kleinste Verbesserungen zeigt. Wartet man zu lange, steigert sich das Pferd in seine herdenlose Situation wieder zu sehr rein und man erreicht keine Veränderung.

Ich hatte einmal mit Zwillingsstuten zu tun, die noch nie voneinander getrennt waren. Ich habe eine volle Stunde gebraucht, um beide im Roundpen getrennt voneinander hinzustellen.

Das war die stärkste Bindung zwischen zwei Pferden, die ich je erlebt habe. Standen sie zwei, drei Meter voneinander entfernt, war das okay, darüber hinaus gerieten beide sofort in Panik.

Die beiden Stuten waren erwachsen. Wenn ihre Besitzer sie verluden, mussten die beiden Pferde immer gleichzeitig auf den Hänger gehen und beim Ausladen wieder gleichzeitig den Hänger verlassen. Ging eine der beiden raus und die andere stand noch auf dem Hänger, sind die beiden vor Panik explodiert. Alles musste absolut synchron geschehen. Sie konnten keines der Pferde separat in eine Klinik fahren – wenn eines hin musste, musste das andere mit.

Als ich mit den beiden zusammen im Roundpen gearbeitet habe, war das Schwerstarbeit. Dabei wollte ich zuerst lediglich eine der Stuten auf den einen Halbkreis stellen, die andere auf den anderen Halbkreis des Zirkels. Es wurde dann langsam besser, aber die Geschwisterstuten ließen sich nie aus den Augen.

Am nächsten Tag arbeitete ich mit der einen Stute im Roundpen, während die andere draußen wartete. Beide wurden ruhiger. Herdenbindung kann also sehr extreme Ausmaße annehmen.

Man kann einem erwachsenen Pferd das Kleben an der Herde auch abgewöhnen, indem man es an einem sicheren Ort anbindet, wartet, bis es ruhiger wird und es dann wieder zurückbringt. Das ist ein guter Weg, das Pferd daran zu gewöhnen, auch mal allein zu sein, denn das sollte unser Pferd gut können.

Kapitel 1.13

Fremde Orte für ein Pferd…

Ab und zu kommt es vor, dass wir mit unserem Pferd an neue Orte gelangen. Das ist gerade für junge Pferde sehr aufregend. Ich rate dann dazu, an diesem fremden Ort mit dem Pferd umherzugehen, damit es sich in aller Ruhe alles ansehen kann, Dinge beschnuppert und merkt, dass wir alle Zeit der Welt haben.

Gerade mit jungen Pferde, die noch nicht so viel gesehen haben, sollten wir behutsam an fremden Orten sein. Es schießt dann bei ihnen mehr Adrenalin ins Blut, und dieses Hormon lässt sie sehr wachsam und aufgeregt werden. Ihre Sinne sind dann noch geschärfter als ohnehin schon.

Gelangen wir mit einem jungen Pferd an einen fremden Ort und wir wollen es in eine Box stellen oder auf eine Koppel lassen, dann sollten wir immer warten, bis es sich beruhigt hat, bevor wir es frei lassen.

Auch in einer Box. Gehen Sie ein bisschen mit ihm umher und warten Sie, bis es ruhiger geworden ist, bevor Sie Halfter und Strick abnehmen.

Wenn wir unser Pferd auf einer fremden Weide so einfach loslassen, dann kann es passieren, dass das Pferd in den Zaun rennt, weil es die

Grenzen der Koppel noch nicht kennt und einfach zu aufgeregt ist, um sich in dieser Situation alles genau anzusehen.

Am besten gehen Sie mit Ihrem Pferd den Zaun ein paar Mal ab, erst auf der linken Hand, dann auf der rechten Hand und zeigen Sie ihm, wo die Einfriedung der Weide verläuft.

Bevor Sie Ihr Pferd zu den anderen stellen, separieren Sie es erst, sodass sich die Pferde in aller Ruhe über den Zaun hinweg beschnuppern und beobachten können.

Manche Pferde gewöhnen sich schnell an die neue Umgebung und fühlen sich sicher, andere brauchen eine Woche oder sogar zwei, bis sie wirklich bereit sind, in die neue Gruppe zu gehen.

Bevor man fremde Pferde zusammenstellt, kann man sie auch zusammen auf dem Platz, in der Halle oder im Gelände reiten. So lernen sie sich kennen.

Ist Ihr Pferd noch nicht eingeritten, dann können Sie mit Ihrem und dem fremden Pferd auch auf einen eingezäunten Platz gehen oder in eine Halle. Dort lassen Sie das dominantere Pferd am Seil und das rangniedrigere Pferd frei laufen. Dann haben Sie etwas mehr Kontrolle.

Geben Sie Ihrem Pferd Zeit, sich in einer neuen Umgebung zurechtzufinden, bevor Sie die Arbeit mit ihm wieder beginnen.

Uns fällt das Einleben in einer neuen Umgebung ja auch nicht immer leicht, und wir müssen uns erst eine Struktur aufbauen, um uns wieder wohl und sicher zu fühlen.

Roundpens …

Das ist unser Roundpen: luftig, stabil und sicher. Unsere Pferde arbeiten sehr gern darin.

Einen Roundpen zu haben ist eine schöne Sache.

Ein kleiner Roundpen ist praktisch bei der „Arbeit" mit jungen Pferden, weil wir so besseren Einfluss auf das Tier haben.

Wenn wir mit Fohlen arbeiten, dann können wir sogar eine Box als kleinen Roundpen nutzen. Etwa wenn wir unserem jungen Pferd beibringen möchten, sich überall berühren zu lassen oder das Aufhalftern mit ihm üben.

Der ideale Roundpen sollte sicher sein, es darf keine Verletzungsgefahr bestehen.

Die Größe des Durchmessers hängt etwas von der Rasse ab. Für einen Warmblüter sind 18 Meter Durchmesser eine gute Größe.

16 Meter Durchmesser finde ich ideal für ein Quarter Horse. Je größer der Roundpen, desto anspruchsvoller wird es sein, die Aufmerksamkeit des Pferdes zu erhalten.

Ein größerer Roundpen ist interessant, wenn man auch darin reiten oder mit mehreren Pferden gleichzeitig Freiarbeit machen möchte.

Manche Roundpens sind ganz einfach gebaut: mit Plastikband und Kunststoffpfählen.

Diese provisorischen Roundpens können sehr schnell auf- und wieder abgebaut werden und eignen sich hervorragend für die Freiarbeit. Sie bewahren uns auch davor, zu viel Druck zu machen!

Eine andere Art, ohne Roundpen eine kleinere Arbeitsfläche für sich und sein Pferd zu gestalten, ist, Reitplatz oder Halle mit Kunststoffpfählen und Plastikband zur Hälfte abzuteilen.

Ein provisorischer Roundpen, der seinen Zweck hervorragend erfüllt. Ganz einfach aus Plastikband und dünnen Pfählchen konstruiert.

Ideal sind Roundpens mit 1,20 Meter hoher Sperrholzbande und Sicht nach draußen. So hat der Mustang Talk Is Cheap bei der Arbeit Sichtkontakt mit Artgenossen und fühlt sich nicht isoliert und eingesperrt.

In diesem Falle entstehen Ecken, und man muss vorsichtig sein, dass man sein Pferd in den Ecken nicht durch seinen eigenen Körper stoppt, sondern dem Pferd Raum nach vorne lässt. Denn manche Pferde reagieren sehr empfindlich auf die Körpersprache des Menschen und denken, man wolle ihnen so den Weg abschneiden, halten an und wechseln die Hand.

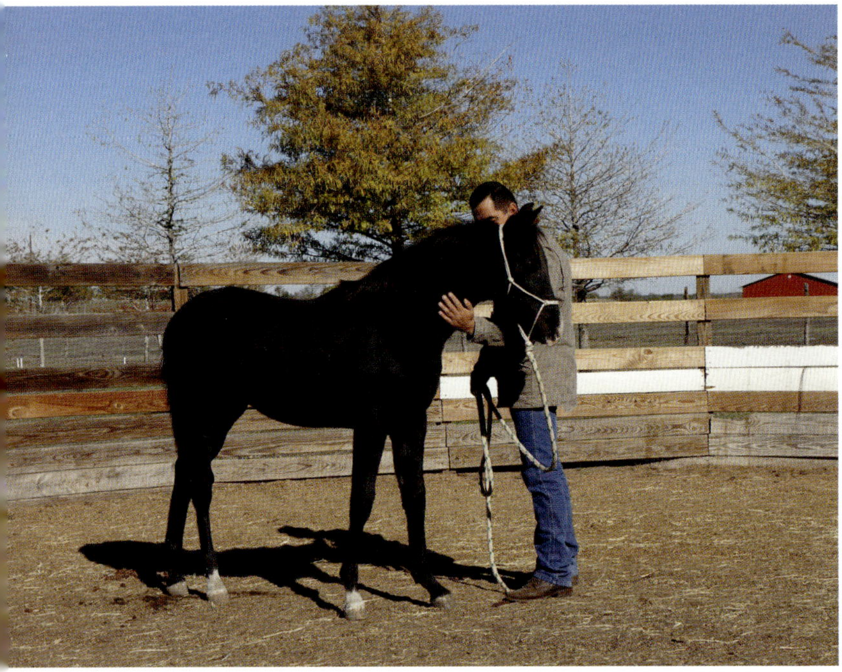

Dieser Roundpen ist stabil und sicher. Achten Sie darauf, dass zwischen Boden und Bandenansatz und zwischen den einzelnen unteren Brettern keine Zwischenräume entstehen, in denen das Pferd mit den Beinen hängen bleiben kann.

Unter den befestigten Roundpens bevorzuge ich die, die mit Sperrholz im unteren Teil konstruiert sind. Wenn Sie in der glücklichen Lage sind, einen eigenen Roundpen bauen zu können, dann empfehle ich, den unteren Sperrholzteil einen Meter bis 1,20 Meter hoch zu bauen.

Durch diese nach unten abschließende Sperrholzbande kann unser Pferd nirgends hängen bleiben und sich verletzen. Außerdem mögen es die Pferde, bei der Arbeit noch nach draußen blicken zu können und im besten Falle noch ihre Herde zu sehen.

Ich habe in vielen Roundpens gearbeitet und bin der Meinung, dass die Pferde sich in diesen Roundpens am wohlsten fühlen.

In den bis nach oben zugebretterten Bullpens fühlen sie sich eingesperrt und ausgeliefert. Muss man in einem Bullpen arbeiten, sollte man sein Pferd zuerst longieren, bevor man es frei laufen lässt.

Unser Pferd könnte allzu leicht in Panik geraten, weil es sich an solch einem Arbeitsplatz von den anderen Pferden isoliert fühlt.

In solch einem Bullpen, der keine Sicht nach draußen zulässt, fühlt sich kein Pferd besonders wohl. Es fühlt sich dann isoliert und somit unsicher. Konzentriertes Arbeiten ist dann oft nicht möglich.

Ich halte die Roundpens aus Alu-Panelen, bei denen die Stangen 30 Zentimeter auseinanderliegen, für nicht so geeignet. Die Pferde können sehr leicht mit ihren Beinen zwischen die Alustangen geraten oder beim Wälzen darin steckenbleiben.

Von diesen Roundpens rate ich ab. Allzu leicht können die Pferde mit den Beinen zwischen die Gitter geraten.

Ich selber habe zwar noch keinen Unfall in solch einem Roundpen erlebt, habe aber oft von Unfällen mit diesen Alugattern gehört.

Zum Thema Roundpen fällt mir noch eine Begebenheit ein: Ich war mal in einem Kurs von Tom Dorrance. Ein Kursteilnehmer fragte Tom, aus welchem Material ein Roundpen seiner Meinung nach bestehen sollte.

Tom Dorrance Antwort war kurz und knapp: „Am besten aus Hühnerdraht."

Der Mann, der das fragte, war ein Cowboy und er reagierte sehr überrascht: „Hühnerdraht? Warum denn das? Der ist ziemlich dünn?" Daraufhin gab ihm Tom Dorrance zur Antwort, dass der dünne Hühnerdraht die Leute davon abhalten würde, mit zu viel Druck zu arbeiten. Mir fällt genau das immer auf, wenn wir in meinen Kursen mit provisorischen Roundpens aus Plastikband arbeiten: In diesem zerbrechlich wirkenden Roundpen sind die Leute plötzlich viel vorsichtiger und ruhiger mit ihren Pferden.

Ist die Umfriedung des Roundpens richtig stabil, dann arbeiten die Leute schneller mit mehr Druck.

Meine Frau Karin und unser Casca Nuezes bei der Freiarbeit. Meine Pferde akzeptieren den „schlanken" Zaun als Begrenzung und fühlen sich wohl. Mein Roundpen hat einen Durchmesser von 18 Metern.

Egal, für welche Art von Roundpen Sie sich entscheiden, eines sollte er immer sein: sicher. Bedenken Sie beim Kauf oder Selberbauen, dass ein Roundpen von vielen unterschiedlichen Pferden und Menschen für verschiedene Übungen genutzt wird und er für jedes dieser Paare sicher sein sollte.

Letztendlich können wir aber Freiarbeit auch überall dort machen, wo wir unser Pferd ohne Halfter sicher laufen lassen können.

In solch stabilen Roundpens neigen viele Menschen dazu, zu viel Druck zu machen. Gut an diesem Roundpen ist die hohe Sperrholzbande. Außerdem kann Christopher noch nach draußen sehen.

So luftig kann ein Roundpen sein. Hier fühlt sich das Pferd nicht eingesperrt. Der Abstand vom Boden zur untersten Latte ist groß genug für Pferde, die einen luftigen Pen respektieren. Der Roundpen ist aber nicht zum Anreiten oder für Mustangs geeignet.

Mein Pferd geht aufs Gymnasium

Der Weg zum Erfolg…

Das Hauptkapitel 1, *„Kindergarten- und Grundschulwissen für unser Pferd"*, vermittelt Ihnen das Handwerkszeug für eine solide Grundausbildung Ihres jungen oder „rohen" Pferdes. Es liefert Ihnen umfangreiches Wissen über die geeignete Ausrüstung, über hilfreiche Knoten und weitere wichtige Aspekte der Ausbildung von Jungpferden.

Haben Sie ein erwachsenes Pferd, welches Ihnen keine großen Probleme bereitet, können Sie mit Hauptkapitel 2, dem *„Gymnasium"*, beginnen.

Das zweite Hauptkapitel ist in verschiedene Themenbereiche gegliedert, zum Beispiel gibt es die Kapitel 2.3 *„Verschiebung der Hinterhand"* oder *2.6 „Longieren"*. Zu jedem Thema finden Sie eine Vielzahl verschiedener Übungen. Die Übungen sind in Kategorien ***(Categories C1- C8)*** geordnet. Diese **C** stehen für die Schwierigkeitsgrade. C1 ist jeweils die einfachste, und C8 jeweils die schwierigste Übung.

Wenn Sie Ihrem Pferd stufenweise das Rückwärtsgehen lehren wollen, dann beginnen Sie mit den Übungen des Rückwärtsgehens der Kategorie C1 und steigern dann langsam den Schwierigkeitsgrad bis zur Kategorie C8.

Je nach Grundwissen, Reitdisziplin und Vorgeschichte, kann es sein, dass das Können Ihres Pferdes beim Thema *„Biegen"* (Kap. 2.1) die Kategorie C3 erfüllt, beim Thema *„Freiarbeit"* (Kap. 2.10) die Kategorie C6 und beim Thema *„Seitwärtsbewegungen"* (Kap. 2.9) die Kategorie C1.

Um den unterschiedlichen Ausbildungsstand der Pferde bei den einzelnen Themen zu berücksichtigen, habe ich am Ende des zweiten Hauptkapitels meinen Arbeitsplan, meine persönliche Roadmap, hinzugefügt.

Die Roadmap ist das Resultat meiner 25-jährigen Berufserfahrung. Mein Fokus richtet sich stets auf die Sicherheit und die Kommunikation im Umgang mit dem Pferd. Die Roadmap liefert Ihnen Bausteine für ein ausbalanciertes Trainingssystem. Mithilfe der Kategorien lässt es sich individuell anpassen und bleibt trotz des systematischen Aufbaus flexibel.

Wenn Sie mit den Kategorien arbeiten, lernt Ihr Pferd zu lernen, ohne überfordert zu sein. Das Resultat ist ein ausgeglichener Partner, der Ihnen viel Spaß bereitet!

Für ein noch besseres Zurechtfinden haben wir die Überschriften jeder Übung innerhalb der einzelnen Themen farbig markiert. Alle Übungen der Kategorie C1, egal ob Rückwärtsgehen, Biegen oder Kopf senken, sind blau. Die Farben stimmen mit den Farben der Roadmap am Ende des Buches überein. Auch die Überschriften der einzelnen Übungen sind in den Themen und in der Roadmap identisch.

Starten Sie mit der leichten Kategorie C1 und finden Sie heraus, wo Sie und Ihr Pferd in den verschiedenen Bereichen stehen. Sie können parallel an verschiedenen Themen arbeiten. Ich empfehle, alle Themenbereiche der Roadmap mit dem Pferd zu üben. So wird es Ihrem Pferd nicht langweilig. Die Übungen eines Themas können Ihnen auch bei einem anderen Thema weiterhelfen.

Nicht alle Themen, wie zum Beispiel *„Den Kopf senken“* (Kap. 2.0) gehen in ihrem Schwierigkeitsgrad bis in die Kategorie C8; schwierige Themen, wie *„Doppellonge“* (Kap. 2.11) oder *„Arbeit am langen Zügel“* (Kap. 2.12) beginnen erst mit höheren Kategorien.

Das starke Fundament, welches Sie und Ihr Pferd durch die breit gefächerten Übungen erlangen, wird Ihnen in jeder Sparte der Reiterei zu besseren Leistungen und mehr Freude mit dem Partner Pferd verhelfen.

Viel Spaß!

Meine persönliche Roadmap …

finden Sie ab Seite 338

C1

C2

C3

C4

C5

C6

C7

C8

Den Kopf senken …

Wenn wir den Kopf des Pferdes senken können, können wir es entspannen.

Wenn ein Pferd seinen Kopf in die Höhe nimmt, seinen Körper anspannt und seinen Blick nach allen Seiten hin wendet, dann können wir sicher sein, dass dieses Pferd im nächsten Moment davonrennt.

Mit dieser hohen Kopfhaltung haben Pferde einen 360°-Rundumblick und können die Umgebung in Sekundenbruchteilen nach möglichen Feinden absuchen. In dieser fluchtbereiten Haltung produziert der Körper des Pferdes Adrenalin, um eine schnelle Bereitstellung von Energiereserven zu ermöglichen.

Sieht das Pferd beim „Abscannen" der Landschaft etwas Bedrohliches, wird es so lange fliehen, bis es sich wieder sicher fühlt. Wenn das passiert, während wir das Pferd am Halfter führen oder in seinem Sattel sitzen, kann es brenzlig für uns werden. Um solche Situationen zu entschärfen, sollten wir unserem Pferd das Kopfsenken beibringen. Durch das Senken des Kopfes können wir seinen Fluchttrieb „ausschalten".

Wenn unser Pferd gelernt hat, seinen Kopf zu senken, hilft uns das auch bei alltäglichen Dingen: Etwa wenn wir seinen Kopf putzen wollen, eine Fliegenmaske aufziehen möchten oder eine Wurmkur oder Medikamente geben.

Wenn Sie einen stattlichen Warmblüter haben, der beim Putzen oder Aufhalftern immer seinen Kopf hoch trägt, dann ist das für Sie ein kräftezehrendes, ungewolltes tägliches Workout. Erleichtern Sie sich den Umgang mit Ihrem Pferd: Auch ihr Pferd wird das Kopfsenken mögen. In dieser Entspannungshaltung produziert sein Körper Endorphine – es fühlt sich sicher und ist zufrieden. Sein ganzer Körper ist entspannt.

Ich arbeite mit zwei verschiedenen Techniken, um den Kopf eines Pferdes zu senken.

C1 Fassen Sie das Halfter am Fiador-Knoten. Bauen Sie mit den Fingern Druck in Richtung Boden auf, und senken Sie so den Kopf des Pferdes.

Bei der ersten Technik umfasse ich das Halfter am Fiador-Knoten. Der Fiador-Knoten ist der Knoten am Halfter, an welchem ich das Arbeitsseil befestige. Ich gehe vor wie beim Kühemelken. Zuerst lege ich Daumen und Zeigefinger wie ein „U" um den Knoten, dann greift der Mittelfinger um das Seil, dann der Ringfinger und schließlich der kleine Finger. So baue ich nach und nach mit jedem Finger ein bisschen mehr Druck in Richtung Boden auf.

Ich vergleiche diese Technik des Kopfsenkens immer mit dem Melken einer Kuh. Nach und nach schließen wir unsere Finger und üben so stufenweise und fein dosiert Druck aus. Auf Ariens freundliche Anfrage hin senkt Casca Nuezes seinen Kopf und entspannt sich.

Beim Druckaufbau können Sie in Stufen denken: Druck eins, Druck zwei, Druck drei, Druck vier, und Druck fünf ist die geschlossene Faust. Unser Pferd kann so spüren, wie sich ein zuerst sanfter Druck langsam steigert. Ziehen wir einfach nur fest am Strick, damit das Pferd den Kopf senkt, ist das unangenehm für unser Pferd.

Hebt das Pferd bei dieser Übung erst einmal den Kopf, dann lösen wir den Druck nicht plötzlich auf – denn das wäre ja eine Belohnung für das Pferd – nein, wir bleiben ruhig, halten den sanften Druck und intensivieren ihn dann stufenweise, wenn nötig bis Stufe fünf, bis das Pferd nachgibt. Dann geben auch wir sofort nach, indem wir die Faust öffnen.

Wenn wir ein wirklich empfindliches Pferd haben, dann empfehle ich, Zwischenstufen einzubauen: Gehen Sie von Stufe eins zu Stufe eineinhalb, dann zu Stufe zwei, Stufe zweieinhalb und so weiter.

Die Pausen zwischen den halben Stufen sollten dann auch entsprechend länger sein. Bei solchen Pferden kann Stufe zwei bereits die letzte Stufe sein. Sie werden an den Reaktionen des Pferdes merken, wie weit Sie gehen dürfen. Das Schöne an dieser Übung ist, dass Sie ganz individuell dosieren können. Lassen Sie sich von niemandem reinreden: Nur Sie spüren, wie viel Druck Ihr Pferd braucht.

Wenn wir ein sehr respektloses Pferd haben, das uns bei dieser Übung beißen will, dann stellen wir uns neben seine Schulter, sodass es nicht so gut nach uns schnappen kann. Wenn es bei dieser Übung immer wieder versucht, unseren Arm zu erwischen, können wir auch mal am Halfter schütteln, um ihm zu sagen, dass es damit aufhören soll.

Das ist ganz wichtig bei dieser Übung: Wenn das Pferd nachgibt, geben wir auch nach. Das kann schon bei Stufe eins passieren oder eben erst später. Denn wenn wir das Pferd nicht sofort belohnen, indem wir auf sein Nachgeben hin auch nachgeben, dann wird es nach anderen Antworten suchen: Es geht dann rückwärts oder vorwärts oder hebt den Kopf wieder, um herauszufinden, was wir wollen. Um das zu verhindern, sollten wir sehr genau arbeiten und die kleinste Reaktion in die richtige Richtung sofort belohnen. Wir brauchen auch hier wieder ein gutes Timing. Üben Sie das Kopfsenken von beiden Seiten.

Ich kann den Kopf meines Pferdes auch senken, indem ich Druck hinter den Ohren aufbaue. Erfühlen Sie, wo bei Ihrem Pferd dieser Reflexpunkt liegt.

C2 **Legen Sie Ihre Finger hinter die Ohren des Pferdes und laden Sie es mit sanftem Druck ein, den Kopf zu senken.**

Bei dieser zweiten Technik lege ich meine zum „U" geformte Hand hinter die Ohren des Pferdes, auf sein Genick. Dann übe ich mit meinen Fingern leichten Druck nach unten aus und gebe sofort nach, wenn das Pferd nachgibt und den Kopf senkt. Versuchen Sie den Punkt zu finden, wo Ihr Pferd am besten reagiert. Jedes Pferd ist anders.

Mein Sohn Arien formt seine Hand zu einem „U" und legt sie dann hinter den Ohren des Pferdes auf.

Viele Pferde mögen es erstmal nicht, an dieser Stelle berührt zu werden, sie gehen rückwärts, um sich zu entziehen. Seien Sie wie immer ruhig und geduldig mit Ihrem Pferd.

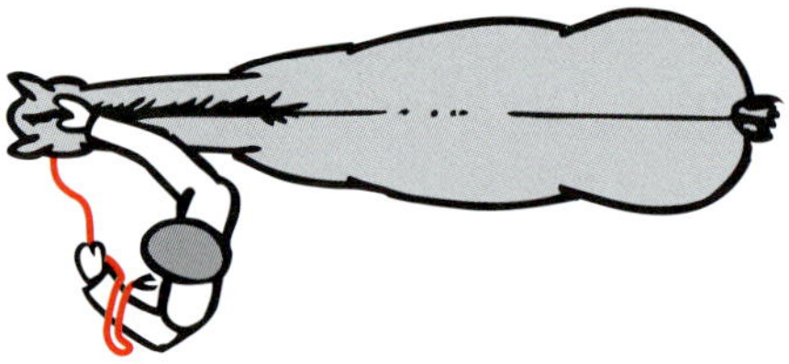

Bauen Sie sanften Druck mit den Fingern hinter den Ohren auf. Legen Sie das Seil gefaltet über den anderen Arm. Wenn das Pferd nicht nachgibt, können Sie es mit der anderen Hand am Fiador-Knoten unterstützen, indem Sie leichten Druck nach unten aufbauen.

Wenn Ihr Pferd sich nicht gerne in der Nähe der Ohren berühren lässt, dann können Sie erst mithilfe des Halfters Druck an dieser Stelle aufbauen, dann Ihre Hand dazu nehmen, bis Sie das Halfter ganz weglassen können. Gibt das Pferd dem Druck unserer Finger nach, dann geben wir nach, indem wir mit der Hand über die Mähne gleiten und es streicheln.

Ich mag diese Übung sehr, weil diese Technik beim Aufhalftern oder Auftrensen eine große Hilfe sein kann. Selbst beim Reiten kann man mit diesem Handgriff den Kopf des Pferdes senken und es so vom Sattel aus beruhigen. Wir lehnen uns dabei einfach etwas nach vorne, legen unsere Hand auf den Mähnenkamm und bauen sanften Druck auf. Die Pferde folgen dieser Aufforderung, sich zu entspannen, nur allzu gern.

Unser Casca Nuezes genießt diese Entspannung.

Biegen…

Das Biegen ist eine wunderbare Streckgymnastik für unser Pferd …

Mit Menschen über das Biegen von Pferden zu sprechen, kann mitunter ziemlich amüsant sein. Einmal stand ich neben einer Kursteilnehmerin und ihrem Pferd, als sie mir erzählte, dass ihr Pferd steif und alles andere als nachgiebig und biegsam wäre. In genau diesem Moment setzte sich eine Fliege auf die Flanke des Pferdes. Dieses fühlte sich von dem Insekt ziemlich gestört und wandte schnell und ohne große Mühe seinen Kopf zur Flanke, um die Fliege zu verscheuchen. Sowohl die Teilnehmerin wie auch ich mussten lachen. Auch um ein Leckerli zu bekommen, können Pferde sich ganz schön verbiegen.

Fazit: Ein gesundes Pferd ist ziemlich biegsam und beweglich. Die Kunst besteht darin, dass die Pferde das auch auf unsere Anfrage hin zeigen. Es kommt bei diesen Übungen wieder einmal darauf an, dass die Pferde unserem Druck weich nachgeben.

Was ich gar nicht gut finde, ist, dass einige Menschen ihre Pferde so fixieren, dass sie minutenlang oder mitunter stundenlang mit dem Kopf zum Sattel oder sogar bis zum Schweif gebogen ausharren müssen. So soll eine bessere Biegsamkeit des Pferdes erreicht werden. In meinen Augen führt das zu gar nichts; es verdeutlicht nur wieder einmal aufs Neue, dass viele Menschen davon überzeugt sind, Pferde dominieren zu müssen.

Wir hingegen wollen das Pferd lehren, auf sanfte Anfrage hin den Hals in unsere Richtung zu biegen. Dazu gibt es verschiedene Übungen:

C1 **Legen Sie das Halfter an, indem Sie den Kopf des Pferdes zu sich biegen. Achten Sie auf die richtige Position Ihrer Hände.**

Wir haben bereits in Kapitel 1.3 das richtige Aufhalftern erklärt, aber auch erwachsene Pferde müssen lernen, sich aufhalftern zu lassen.

Meine korrekte Position beim Aufhalftern sieht so aus: Ich halte das geöffnete Knotenhalfter (bei einem normalen Stallhalfter ist es von

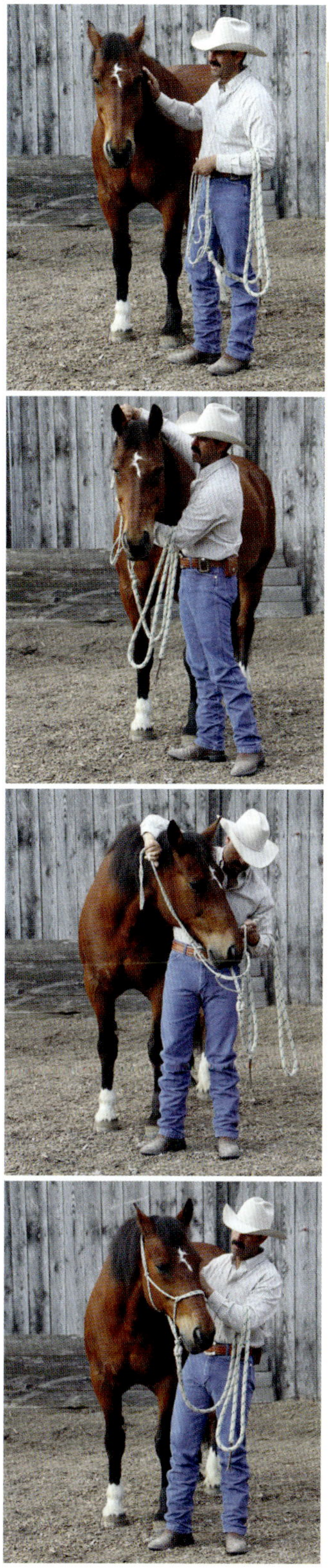

... und eine fundamentale Übung für die Sicherheit.

Vorteil, wenn sich das Genickstück öffnen lässt) in der linken Hand. Das Führseil habe ich zur Hälfte gefaltet über meinem linken Unterarm liegen. Jetzt führe ich das Halfter unter dem Hals des Pferdes durch. Mit meiner rechten Hand, über den Hals fassend, ergreife ich das Halfterende. Dann biege ich seinen Kopf zu mir, indem ich mit dem Halfter oder mit der rechten Hand leichten Druck an der Kinnbacke aufbaue. Anschließend ziehe ich vorsichtig das Nasenteil über und schließe das Halfter.

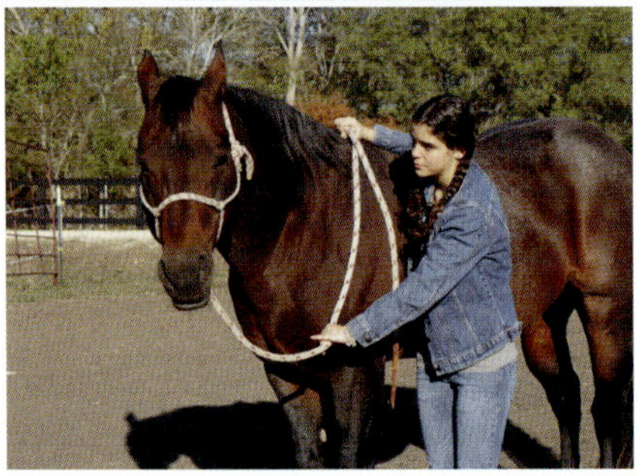

C1 Stehen Sie hinter der Schulter des Pferdes und biegen Sie den Hals des Pferdes fünf Sekunden lang zu sich.

Bei dieser Übung stelle ich mich hinter die Schulter des Pferdes. Auf diese Weise entsteht ein ähnlicher Winkel, als säße ich auf dem Pferd. Das Führseil falte ich in der Hälfte und lege es über den Widerrist. Mit einer Hand halte ich das Führseil dort fest. Mit der anderen Hand gleite ich am Seil entlang in Richtung Halfter. Nahe am Halfter schließe ich, mit dem Zeigefinger beginnend, meine Hand langsam zu einer Faust und führe dabei eine Halbkreisbewegung aus, weg vom Pferd. Dann komme ich mit meiner Hand in Richtung Bauchnabel zurück, bis das Pferd seinen Kopf in meine Richtung wendet.

Den Druck am Seil dosiere ich so fein, dass das Pferd sich nicht von der Stelle, sondern nur seinen Hals bewegt. Der Kopf des Pferdes sollte sich dabei möglichst unterhalb des Widerristes befinden. Trägt unser Pferd bei dieser Übung seinen Kopf zu hoch, dann ist es meist im Rücken sehr angespannt.

Zu Beginn loben wir das kleinste Nachgeben des Pferdes. Gibt es schon nach, während wir erst den zweiten Finger schließen, nehmen wir den Druck sofort weg.

Meine Tochter Valentina und Cadete zeigen, wie es geht: Valentinas rechte Hand ruht auf Cadetes Widerrist, während sie mit ihrem linken Arm eine Halbkreisbewegung ausführt und dabei ihre Finger nach und nach schließt, bis Cadete nachgibt.

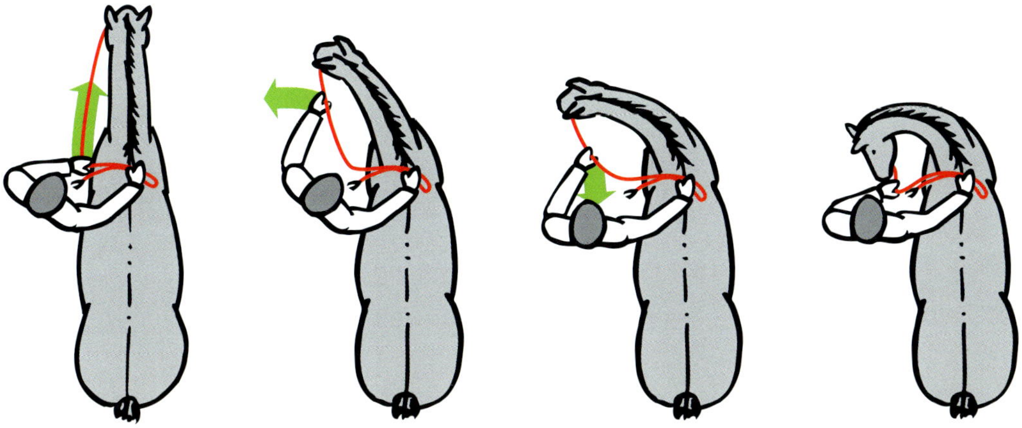

▲ *Zuerst gleite ich mit der linken Hand am Seil entlang in Richtung Halfter. Dann schließe ich nach und nach die Finger meiner Hand zur Faust und baue sanften Druck in Richtung „neun-Uhr“ auf. Wenn das Pferd dem Druck nachgegeben hat, führe ich meine Hand in Richtung Bauchnabel zurück.*

Was wir nach Möglichkeit nicht machen sollten, um den Hals des Pferdes zu uns zu locken, ist schnalzen, denn das ist ja eigentlich das Zeichen für unser Pferd, vorwärtszugehen. Auch das Wörtchen „komm“ sollte man in diesem Zusammenhang lieber nicht benutzen, denn sonst dreht sich das Pferd zu uns um und kommt.

Das Beste ist, geduldig zu warten, bis das Pferd auf unsere Anfrage reagiert und uns den Kopf zuwendet. Manche Pferde bleiben bei dieser Übung nicht stehen, sondern drehen sich erst einmal um uns herum.

In so einem Fall rate ich dazu, den Druck am Halfter wegzunehmen, das Pferd anzuhalten, und dann erneut anzufragen, bis es die richtige Antwort findet. Dabei können wir ein nervöses Pferd auch mit unserer zweiten Hand, die ja auf dem Pferdekörper liegt, am Widerrist oder an der Mähne kraulen, um es zu beruhigen.

Diese Übung sollten wir ein paar Mal auf beiden Seiten wiederholen, bis unser Pferd sie wirklich verstanden hat und gelassen ausführt.

Häufig sagen die Leute: „Oh, auf der Seite ist mein Pferd steifer.“ Ich glaube nicht, dass Pferde auf einer Seite steifer sind. Häufig wissen sie einfach noch nicht genau, wie sie auf den Druck antworten sollen.

Diese Übung kann man gar nicht oft genug wiederholen. Ich finde sie so wichtig, weil sich das Pferd ja auch beim Reiten seitlich biegen soll. Das Pferd lernt durch diese Übung, seine Balance zu finden, es

baut notwendige Muskeln auf, um eines Tages eine Vertikalbiegung korrekt ausführen zu können – egal, welche Disziplin wir reiten.

Zuerst braucht das Pferd immer die seitliche Biegung, bevor die Vertikalbiegung hinzukommt. Üben wir diese Biegung gründlich am Boden, dann werden wir beim Reiten weniger Probleme haben.

Unser Ziel bei dieser Übung ist, die eben beschriebene Biegung fünf bis zehn Sekunden zu halten, ohne dass sich unser Pferd bewegt. Im besten Fall atmet es entspannt und vertrauensvoll aus, während es in dieser Position neben uns steht.

C2 Umfassen Sie den Kopf des Pferdes und biegen Sie es so, dass es an seinem Schweif schnuppern kann.

Hier wollen wir das Pferd so biegen, dass es mit seiner Nase seine eigene Schweifspitze berührt. Dabei legen wir eine Hand auf den Kiefer des Pferdes und führen seinen Kopf sanft und langsam in Richtung Schweifspitze, die wir in der anderen Hand halten.

Seien Sie bei dieser Übung ganz vorsichtig: Niemals am Schweif ziehen, sondern den Kopf des Pferdes behutsam zur Schweifspitze führen.

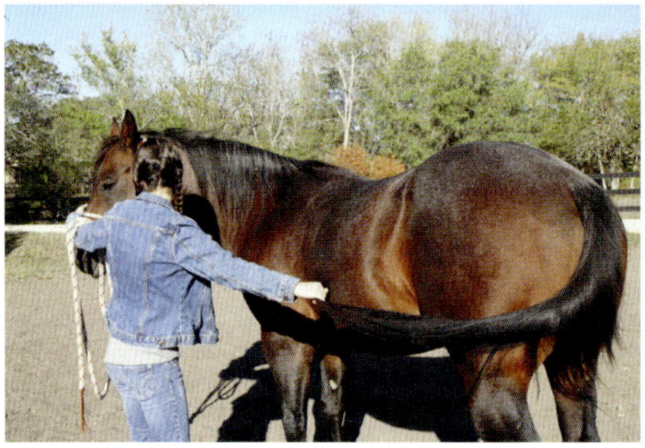

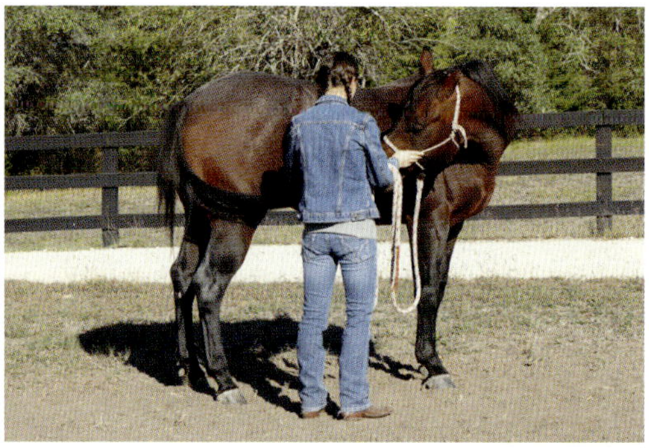

An der Schweifspitze wird **nie** gezogen. Der Schweif liegt locker in unserer Hand. Wir sollten auch nicht zu dicht an unserem Pferd stehen, sondern ihm Platz für diese Biegung geben.

Was ich an dieser Übung mag, ist, dass die Biegung den gesamten Körper unseres Pferdes erfasst und sich der Rücken sichtbar öffnet. Viele Pferde entspannen sich richtig bei dieser Biegung, und ich freue mich immer zu sehen, was diese Übung mit dem Pferdekörper macht.

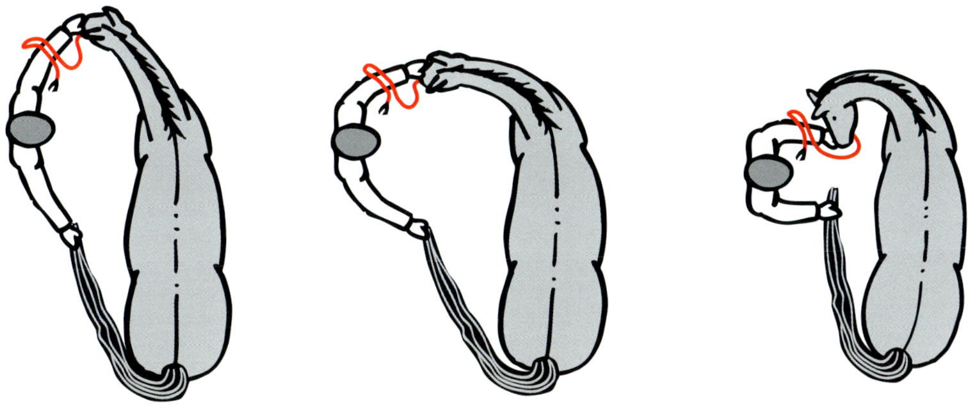

Ermuntern Sie Ihr Pferd dazu, seinen Kopf in Richtung Schweif zu biegen. Lassen Sie dem Pferd genügend Raum für die Biegung. Halten Sie den Schweif sanft, und ziehen Sie niemals daran.

Es gibt dazu noch eine kleine Variante: Wir können unser Pferd auffordern, diese Biegung fünf bis zehn Sekunden zu halten, dann können wir seinen Schweif loslassen, während wir die Halsbiegung aber noch halten, und die Hinterbeine des Pferdes von uns wegschicken. Das Pferd bringt seinen Körper dann über den Rücken wieder in eine gerade Position. Das ist eine gute Streckgymnastik für unser Pferd. Körperlich und mental kann es dabei richtig entspannen.

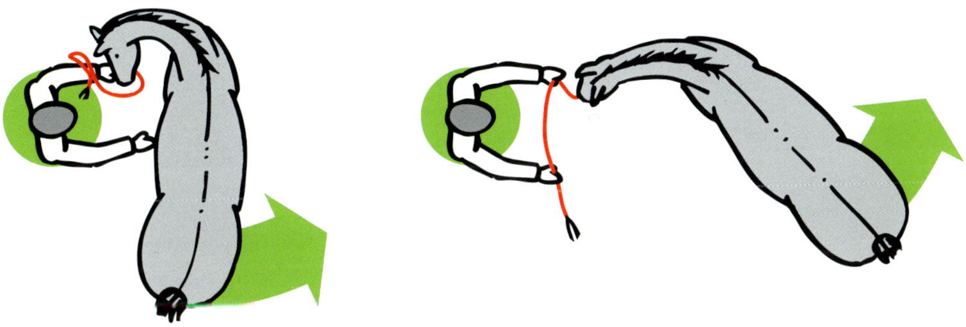

C3 Stehen Sie hinter der Schulter des Pferdes und biegen Sie den Hals des Pferdes zur gegenüberliegenden Seite.

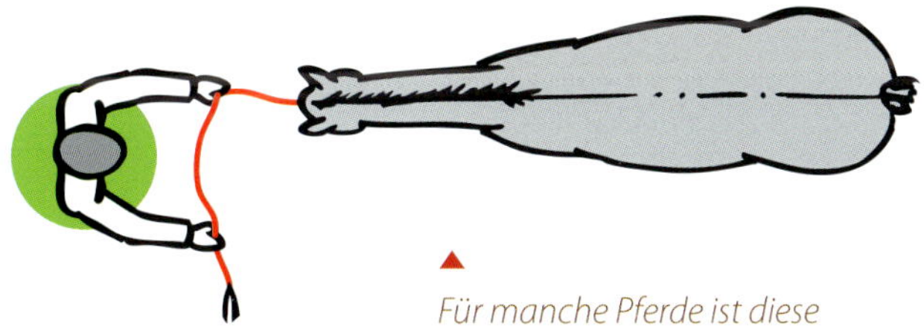

Für manche Pferde ist diese Übungserweiterung sinnvoll. Sie lernen so, sich zu strecken und sich von der Hinterhand zur Vorhand gerade auszurichten.

In der nächsten Biegevariante stehen wir zunächst auf der linken Seite und führen das Seil mit leichtem Schwung über den Kopf des Pferdes, um das Seil auf die andere Seite zu bringen.

Unsere linke Hand ruht aus Sicherheitsgründen auf der Mähne, während wir unseren rechten Arm so weit wie eben möglich vom Pferdekörper wegstrecken. Unsere Fingernägel zeigen dabei nach unten,

So etwas sollte unser Pferd nicht mehr erschrecken.

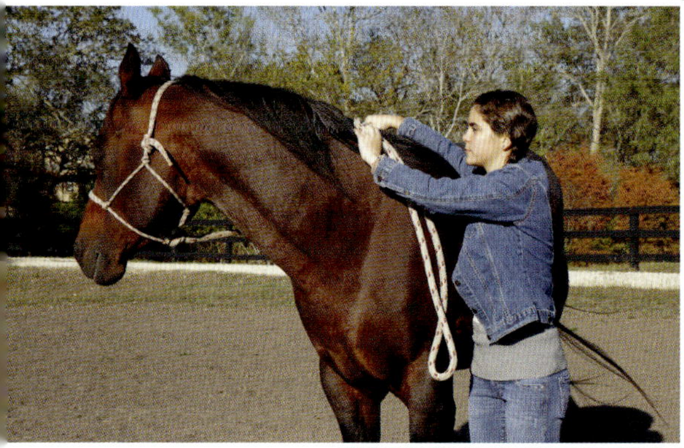

Valentina streckt ihren rechten Arm so weit es geht nach vorn. Dann baut sie leichten Druck auf, und Cadete biegt sich.

und wie bereits bei der ersten Übung, umschließen wir nach und nach mit den Fingern das Seil, um leichten Druck aufzubauen und das Pferd auf der gegenüberliegenden Seite von uns zu biegen. Auch hier belohnen wir wie immer das kleinste Nachgeben des Pferdes.

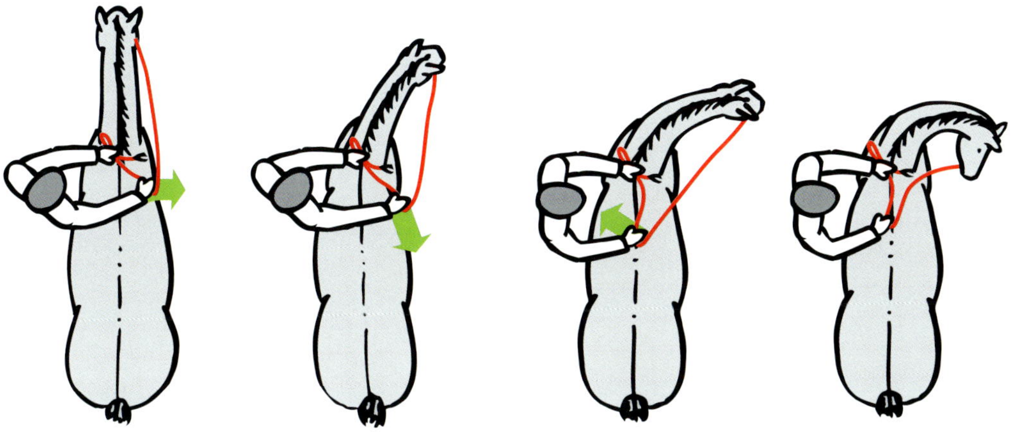

So veranlassen Sie das Pferd, sich auf der gegenüberliegenden Seite zu biegen. Zuerst bauen Sie Druck vom Pferd weg auf, dann in Richtung der Hinterhand und schließlich in Ihre Richtung.

Manche Pferde haben Probleme bei dieser Übung, weil sie uns erst mit ihrem linken Auge sehen, und dann mit dem rechten. Sie können zwischen beiden Gehirnhälften manchmal nicht so schnell wechseln. Ich finde diese Übung als Vorbereitung auf das Reiten hervorragend. Wir erklären dem Pferd hier schon den Unterschied zwischen innerem und äußerem Zügel, bevor wir es anreiten.

Außerdem ist diese Biegeübung eine exzellente Vorbereitung auf die spätere Arbeit mit der Doppellonge und die Lektionen am langen Zügel, denn das Pferd lernt, dass wir uns nicht immer auf der gleichen Seite befinden, auf der wir beim Pferd etwas anfragen. Unser Pferd begreift dann, dass es beispielsweise auf den rechten Zügel reagieren soll, während wir uns aber auf der linken Seite von ihm befinden.

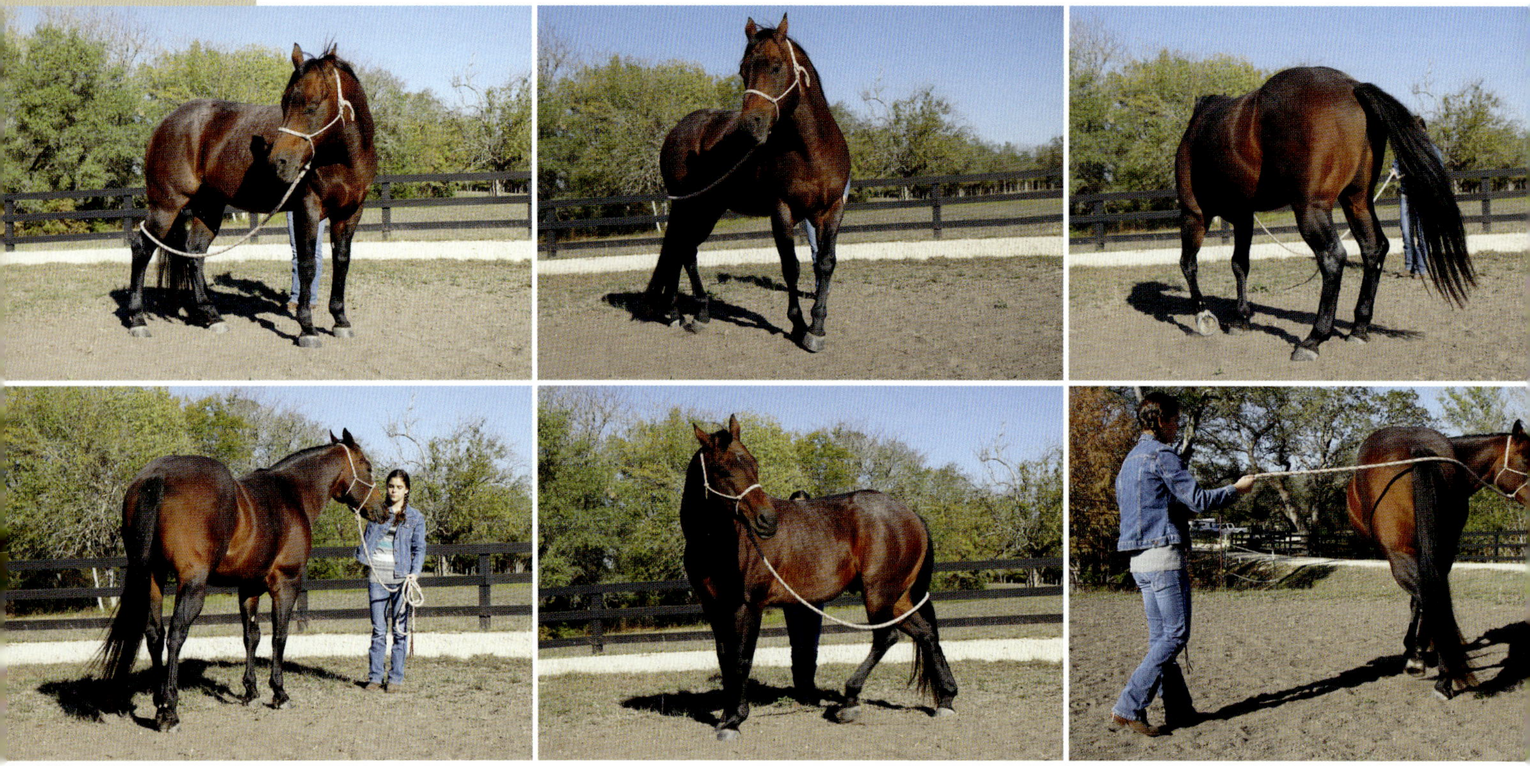

Das ist die richtige Reihenfolge: Cadete biegt zuerst seinen Hals, dann bewegt er seine Hinterbeine, um sich Valentina zuzuwenden.

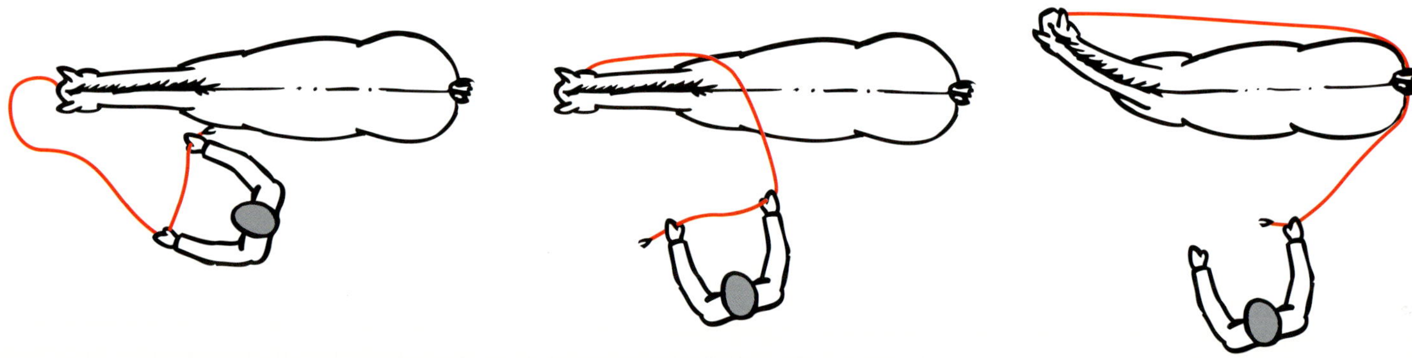

C4 **Stellen Sie sich seitlich zum Pferd und schwingen Sie das Seil über seinen Hals. Lassen Sie das Seil über seinen Rücken und die Kruppe gleiten. Biegen Sie zuerst seinen Hals, und bewegen Sie dann seine Hinterbeine, bis es Sie ansieht.**

Wir schwingen das Seil wieder auf die andere Seite des Pferdes und legen es diesmal um seine Hinterbeine. Dann bauen wir leichten Druck mit dem Seil auf und achten darauf, dass das Pferd zuerst den Hals biegt und dann die Hinterhand bewegt, um sich uns zuzuwenden.

Wichtig bei dieser Übung ist, dass das Pferd auf unsere Anfrage wartet und nicht gleich loslegt, sobald wir das Seil über seinen Kopf schwingen. Diese Übung eignet sich auch hervorragend als Vorübung für die Arbeit mit der Doppellonge, bei der das Pferd ja zwischen zwei Zügeln steht. Hat es Druck über ein langes Seil kennengelernt und akzeptiert es das Seil an seinen Hinterbeinen, dann werden ihm die Zügel bei der Doppellongenarbeit keine Probleme mehr machen.

Sicherheit ist hier wichtig! Bereiten Sie Ihr Pferd auf die Berührung mit dem Seil an der Hinterhand vor. Achten Sie auf genügend Abstand, wenn Sie das Seil über die Hinterhand werfen.

Rückwärtsgehen …

Für Pferde ist das Rückwärtsgehen etwas Unnatürliches.

Rückwärtszugehen ist etwas Unnatürliches für das Fluchttier Pferd. Wenn es Druck weicht oder vor etwas davonläuft, dann ist seine erste Reaktion höchst selten das Rückwärtsgehen. Pferde suchen stets die Flucht nach vorn.

Wenn man ein Pferd hat, das in Panik tatsächlich seine Rettung im Rückwärtsgehen sucht, dann sollte man sehr wachsam sein, denn diese Pferde überrennen im flüchtenden Rückwärtsgang alles ohne nachzudenken: Sie laufen gegen Autos und in Zäune hinein und können sich, wenn sie immer schneller und kopfloser auf ihrer Flucht werden, leicht überschlagen. Hier ist große Vorsicht geboten, denn solche Pferde zeigen kein natürliches Verhalten.

Wir wollen uns jetzt aber mit dem gewollten Rückwärtsgehen beschäftigen.

C1 **Fassen Sie das Halfter am Fiador-Knoten. Senken Sie den Kopf des Pferdes ein wenig und lassen Sie es ein paar Schritte rückwärtstreten.**

Wir senken den Kopf des Pferdes (*siehe Kapitel 2.0 „Den Kopf senken"*), bis er sich auf Höhe des Widerristes befindet. Wir bauen dann leichten Druck am Halfter, Richtung Pferdebrust, auf, und so fordern wir unser Pferd auf, rückwärtszutreten. Sobald das Pferd reagiert – das kann bereits eine Gewichtsverlagerung sein –, nehmen wir den Druck weg. Nach einer kurzen Pause wiederholen wir die Übung und fragen das Pferd nach etwas mehr Gewichtsverlagerung oder einem ersten Schritt rückwärts.

Ich möchte dabei im Laufe der Zeit mit immer weniger Druck arbeiten. Das erreiche ich, indem ich jeden einzelnen Schritt belohne. Den Druck wegzunehmen ist eine Bestätigung für das Pferd, die richtige Antwort gefunden zu haben. Das Pferd wird uns die richtige Antwort immer schneller geben. Würde ich hingegen gleich zu Anfang den Druck aufrechterhalten und mehrere Schritte verlangen, würde unser Pferd dem Reiz gegenüber abstumpfen und nach einer anderen Lösung suchen.

Ich schließe nur so viele Finger wie nötig am Fiador-Knoten.

C1 Machen Sie Wellenbewegungen mit dem Seil, um das Pferd ein paar Schritte rückwärtszuschicken, ohne dass Sie mitgehen.

Wenn das Rückwärtsgehen aus der Nähe gut klappt, gehe ich einen Schritt weiter und übe das Rückwärtsgehen mit einer größeren Distanz zwischen mir und dem Pferd.

Wir vergewissern uns, dass wir mit den Wellenbewegungen am Seil sanft beginnen und in dem Moment, in dem unser Pferd versucht rückwärtszugehen, sofort die Wellenbewegungen stoppen, also den Druck wegnehmen. Das ist die Belohnung für unser Pferd, dass es die richtige Antwort gefunden hat.

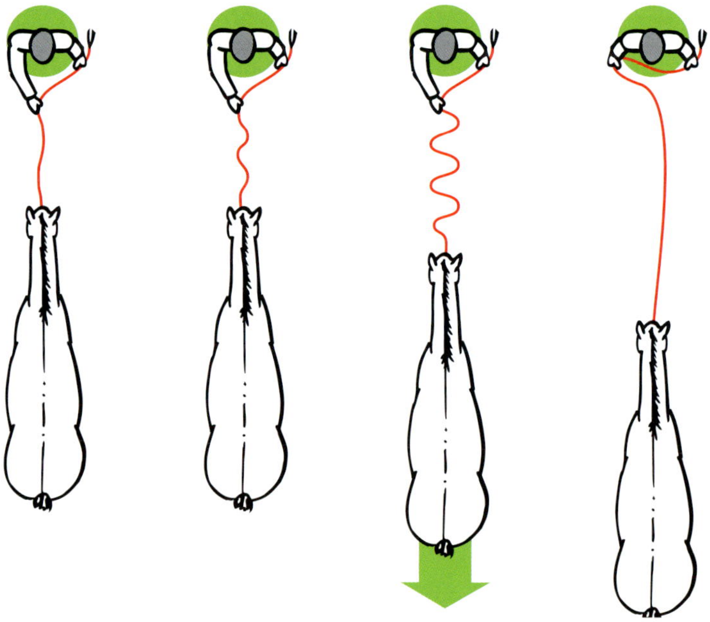

Ich stehe etwa zwei Meter vor dem Pferd und halte das Führseil an seinem Ende. Ich beginne, das Seil sanft seitwärts zu bewegen, um Wellenbewegungen entlang des Seiles zu schicken. Zu Beginn sind meine Wellen so sanft, dass das Halfter noch nicht von den Wellenbewegungen erfasst wird. Ich verstärke die Wellen dann, bis das Pferd sein Gewicht auf die Hinterhand verlagert. Dann belohne ich es und mache eine Pause. Beim nächsten Mal versuche ich, es zu **einem** Schritt rückwärts aufzufordern.

Manche Pferde finden es schwierig, aus einer größeren Distanz heraus, auf Druck hin rückwärtszugehen. Es kann sein, dass Ihr Pferd erst einmal irritiert wirkt, den Kopf hochnimmt und vorwärtsgeht. Hier ist es wichtig, die richtige Dosis zu finden und den Moment des Belohnens nicht zu verpassen. Sie können Ihrem Pferd auch mit einem Stimmkommando helfen. Vergewissern Sie sich, dass Sie alle falschen Antworten, wie beispielsweise das Seitwärtsweggehen, erschweren.

Ich mag diese Übung sehr, weil die Pferde dabei denken und eigenständig eine Lösung finden müssen: „Okay, Druck, ich will, dass er aufhört. Was muss ich machen? Zur Seite gehen, nach vorne gehen? Oder lieber rückwärtsgehen?" Es wird die richtige Antwort finden und sich dann über eine Belohnung freuen.

Ich mache diese Übung ohne einen Karabiner zwischen Seil und Halfter. Denn dieser Karabiner aus Metall verfälscht die Signale, die ich aussende. Er unterbricht die Bewegung und tut dem Pferd weh, wenn er gegen die Kieferknochen schlägt.

Wenn Sie diese Übung für Ihr Pferd vereinfachen wollen, können Sie zum Beispiel zu zweit arbeiten: Einer von Ihnen stellt sich an die Schulter des Pferdes, während der andere beginnt, das Arbeitsseil vorsichtig zu schütteln. Die zweite Person legt zugleich mit den Fingern Druck auf die Brust des Pferdes – dieses Kommando erkläre ich später –, und das Pferd kann durch diese doppelten Kommandos leichter verknüpfen, dass es rückwärtsgehen soll. Hierbei wird das Pferd nicht so sehr zum Denken aufgefordert, sondern antwortet einfach, indem es auf bereits Gelerntes zurückgreift.

Eine weitere Alternative: Man kann das Pferd direkt hinter die Umzäunung des Reitplatzes stellen, während man selber auf der anderen Seite des Zaunes bleibt. Dann beginnt man, Wellenbewegungen mit dem Seil zu machen. In dem Falle kann das Pferd nicht nach vorne kommen, es muss eine andere Lösung finden. Viele Leute finden das angenehmer, weil sie nicht allzu viel Druck aufbauen müssen, um die richtige Reaktion des Pferdes zu bekommen.

C2 Legen Sie die Hand auf den Nasenrücken des Pferdes und richten Sie es rückwärts.

Wir können unser Pferd auch fragen, rückwärtszugehen, indem wir mit Druck auf der Nase arbeiten. Dabei ermuntere ich mein Pferd zu-

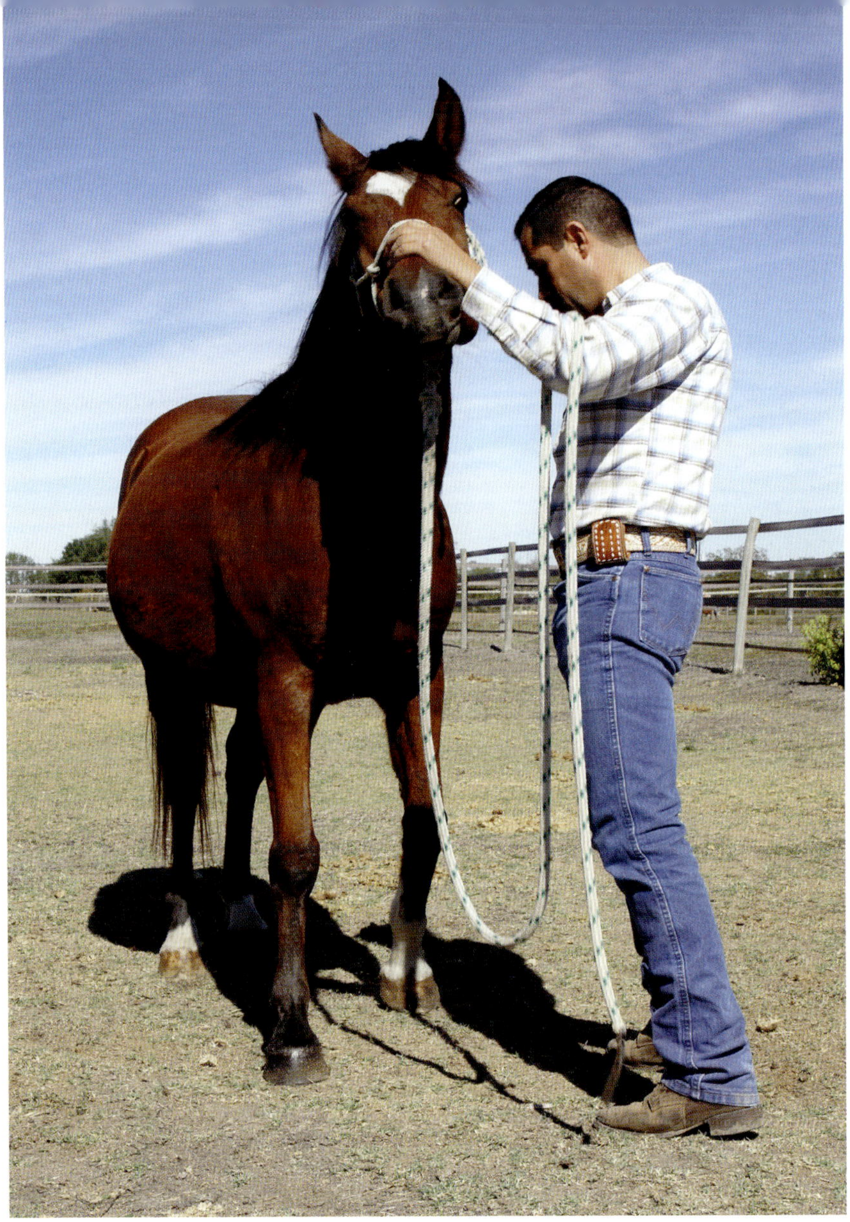

Ich fordere den Araberwallach Christopher auf, rückwärtszugehen, indem ich mit Druck auf seinem Nasenrücken arbeite. Mein Daumen und die vier anderen Finger haben dabei die Form eines „U". Sobald Christopher antwortet, entferne ich meine Hand. Ein junges Pferd wird schnell abgelenkt, und es kann sein, dass es am Anfang den Kopf wieder hochnimmt.

erst wieder, den Kopf ein wenig zu senken. Befindet sich sein Kopf etwas unterhalb des Widerristes, übe ich mit meinen Fingern leichten Druck auf die Nase des Pferdes aus, indem ich sanft drücke. Mein Daumen und die vier anderen Finger haben dann die Form eines „U". Falls nötig, verstärke ich den Druck leicht. Sobald unser Pferd auf diesen Druck reagiert und weicht, gebe ich sofort nach.

Als Nächstes fragen wir an, ob es einen Schritt und dann mehrere Schritte flüssig zurückgehen kann.

Ich möchte erreichen, dass unser Pferd lernt, in einer guten Art und Weise gerade rückwärtszugehen.

C2 **Machen Sie Wellenbewegungen mit dem Seil und schicken Sie Ihr Pferd acht bis zehn Schritte rückwärts. Sie bleiben dabei stehen.**

Das Ziel bei dieser Übung ist, mehrere sowie fließendere Schritte zu erhalten. Haben wir das Pferd zu Beginn nur ein paar Schritte rückwärtstreten lassen, so lassen wir es jetzt acht bis zehn Tritte rückwärtsgehen, indem wir Wellenbewegungen mit dem Seil machen. Starten Sie Ihre Anfrage sanft, erst wenn das Pferd nicht reagiert, lassen Sie die Wellenbewegungen stärker werden. Achten Sie darauf, dass das Pferd auch hier in einer geraden Linie rückwärtstritt.

C3 **Bauen Sie Druck mit Ihren Fingern auf der Brust Ihres Pferdes auf und lassen Sie es rückwärtstreten.**

Die nächste Variante, den Pferden das Rückwärtsgehen beizubringen, ist durch Fingerdruck an der Brust. Dabei lege ich meine Hand entweder auf die Brust oder seitlich an den Übergang zwischen Brust und Schulter und beginne, leichten Druck aufzubauen. Stellen Sie sich dabei nie direkt vor das Pferd. Diese Übung ist sehr wertvoll, um das Pferd zentimeterweise zu „verschieben", etwa beim Putzen, beim Satteln, beim Verladen oder einfach, wenn wir Abstand zwischen uns und unserem Pferd herstellen wollen.

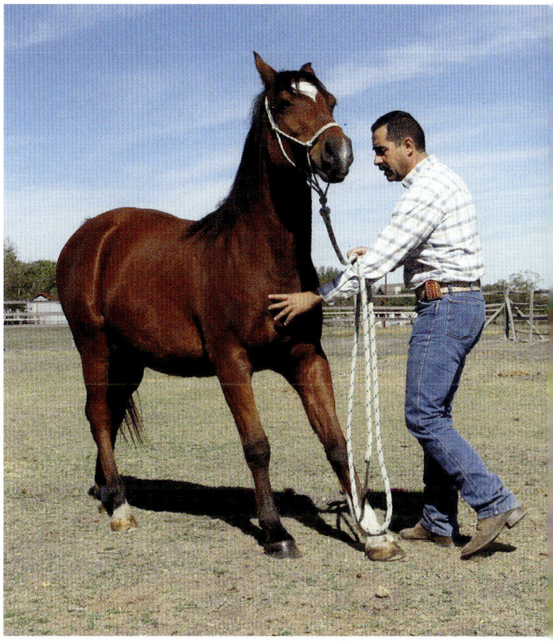

Durch Fingerdruck auf der Brust des Pferdes schicke ich es rückwärts.

Bei diesen Übungen lernt das Pferd ein weiteres Mal, wie es auf eine Anfrage eine Antwort findet. Wir sollten sehr bedacht darauf sein, dass unser Pferd auch tatsächlich antwortet und seine Reaktion keine Flucht ist. Große Vorsicht ist bei Hengsten geboten, da diese Übung ein Dominanzspiel auslösen kann, bei dem sie sich mit den Vorderbeinen verteidigen.

C3 **Zeigen Sie dem Pferd mit der Gerte an, dass es rückwärtstreten soll, bis das Ende des Seils erreicht ist.**

Im nächsten Schritt möchte ich noch weniger Druck aufbauen, um mein Pferd rückwärtszuschicken. Ich benutze dabei sehr gerne eine Gerte. Mit dieser Gerte klopfe ich entweder auf den Boden oder

Juana weiß: Bewegt sich das Seilchen wellenartig, heißt das: Rückwärtsgehen!

So lasse ich das Seil aus meiner Hand gleiten.

ich bewege das Seilchen der Gerte wellenartig vor den Füßen des Pferdes. Denn unser Pferd weiß ja bereits, dass ein sich wellenartig bewegendes Seil das Rückwärtsgehen bedeutet. Das Ziel all dieser Übungen ist, dass das Pferd auf minimalsten Druck reagiert.

Wir sollten versuchen, immer feiner bei unserer Hilfengebung zu werden.

Bei diesen Übungen können wir uns Sanftheit und Distanz erarbeiten. Ziel ist es, das Pferd rückwärtszuschicken, bis es am Ende des vier Meter langen Führseils steht, ohne dass wir viel Druck gemacht haben.

C4 **Sie stehen acht Schritte vom Pferd entfernt. Machen Sie Wellenbewegungen mit dem Seil, und lassen Sie aus dieser Entfernung heraus Ihr Pferd rückwärts über eine Stange treten.**

Das nächste Ziel ist, unser Pferd rückwärts über eine Stange treten zu lassen. Wir können es zunächst so machen, dass wir das Pferd mit den Vorderhufen über die Stange stellen, damit es am Anfang nur mit den Vorderbeinen rückwärts über die Stange gehen muss. Wenn wir von Beginn an gleich verlangen, dass das Pferd mit allen vier Beinen rückwärts über die Stange tritt, dann kann es Verständnisschwierigkeiten geben.

Beim nächsten Schritt stelle ich mein Pferd dann komplett vor die Stange und fordere es auf, mit einem Hinterbein über die Stange zu gehen. Nach und nach frage ich die drei anderen Beine an.

Zu Beginn hilft es, die Stange in die Nähe der Reitplatzumzäunung zu legen, damit das Pferd nicht so viele Richtungsmöglichkeiten hat. Das Rückwärtstreten über eine Stange lehrt das Pferd, die Beine zu heben. Das kann bei einem Ausritt sehr hilfreich sein, denn wenn das Pferd gelernt hat, langsam und mit Bedacht rückwärtszugehen, statt flachen Schrittes rückwärtszueilen, dann beugt das in einer Gefahrensituation Verletzungen vor.

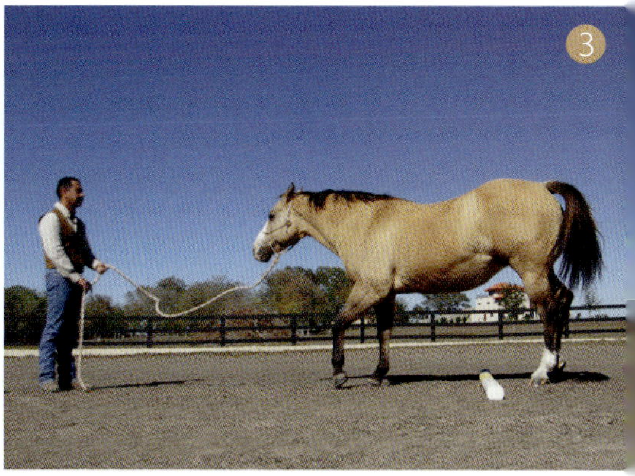

1 | *Am Anfang ist es leichter, das Pferd nur mit den Vorderbeinen rückwärts über die Stange treten zu lassen.*

2 | *Behutsam setzt Juana ein Hinterbein über die Stange und wartet auf weitere Anfragen meinerseits.*

3 | *Stangentreten für Fortgeschrittene: Juana geht ruhig, aber flüssig, mit allen vier Beinen über das Hindernis.*

C4 **Stellen Sie Ihr Pferd parallel zum Zaun, schicken Sie es vorwärts, halten Sie es an und lassen Sie es rückwärtstreten. Sie bleiben dabei an einer Stelle stehen.**

Eine andere Übung ist folgende: Wir stellen unser Pferd parallel zum Zaun und platzieren uns etwa eineinhalb Meter **neben** dem Zaun und fragen das Pferd, ein paar Schritte vorwärtszugehen, bis es vor uns ist. Wir halten es an und lassen es rückwärtsgehen. Dabei bleiben wir an einer Stelle stehen.

Zu Beginn dieser neuen Übung können wir das Pferd in seinen Bewegungen unterstützen, indem wir mitgehen. Später bleiben wir jedoch an einem Punkt stehen und schicken von da aus das Pferd vor und zurück.

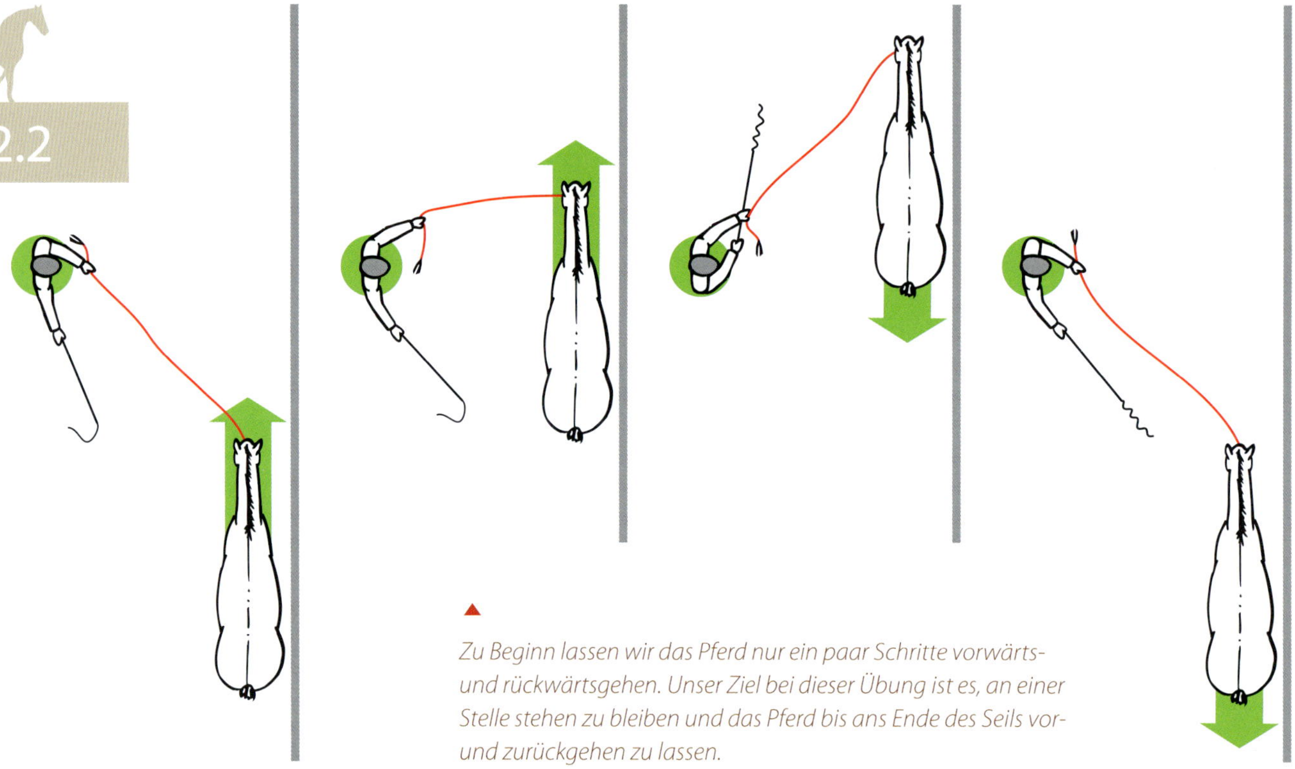

Zu Beginn lassen wir das Pferd nur ein paar Schritte vorwärts- und rückwärtsgehen. Unser Ziel bei dieser Übung ist es, an einer Stelle stehen zu bleiben und das Pferd bis ans Ende des Seils vor- und zurückgehen zu lassen.

So stoppe ich mein Pferd bei der Übung am Zaun.

Für manche Pferde ist das eine sehr schwierige Übung, weil sie uns nicht mehr mit beiden Augen sehen können. Manchen Pferden fällt es auf einer Seite leichter, weil sie eine bessere und eine schlechtere Seite haben. Pferde, die unter Klaustrophobie leiden, wollen weglaufen, wenn sie zwischen uns und dem Zaun stehen. Die Lösung hier: Nicht zu nah an den Zaun gehen und das Pferd, bevor es quasi in den Engpass geht, anhalten und rückwärtsschicken. Hier ist Timing gefragt. Lesen Sie die Körpersprache Ihres Pferdes ganz genau.

Ziel dieser Übung ist es, das Pferd in einer geraden Linie, parallel zum Zaun vorwärtszuschicken, bis das Ende unseres Seiles erreicht ist. Dieses Vorwärtsgehen ist schwierig für die Pferde, weil sie in dem Moment, in dem sie an uns vorbeigehen, auf einen Zirkel abbiegen wollen. Denn Ihr Pferd ist es gewohnt, auf den Zirkel zu gehen, wenn Sie es wegschicken.

Will unser Pferd auf die Kreislinie abbiegen, dann stoppe ich es rechtzeitig und korrigiere seine Bewegungsrichtung. Bei dieser Übung muss das Pferd richtig überlegen. Es ist mental gefordert. Es muss nach einer Antwort suchen und herausfinden, was Sie möchten.

Zudem bekommt das Pferd ein Gefühl dafür, sich vor Ihnen zu bewegen. Das ist eine gute Vorbereitung für die Arbeit am langen Zügel (*siehe Kapitel 2.12 „Arbeit am langen Zügel"*). Dabei bewegen wir uns ja auch auf Höhe der Hinterhand. So lernt das Pferd, dass wir es von dort aus rückwärts- oder vorwärtsschicken. Das verlangt vom Pferd gutes Zuhören.

Um das Pferd zu schicken, zu stoppen und zu korrigieren, benutze ich die Gerte. Es braucht etwas Übung, mit Seil und Gerte gleichzeitig zu arbeiten, aber es ist nicht sehr schwierig: Befinde ich mich auf der linken Seite des Pferdes, halte ich das Seil in der linken Hand, die Gerte in der rechten. Will ich das Pferd nun stoppen, führe ich meine rechte „Gertenhand" unter der linken „Seilhand" hindurch, und halte die Gerte so, dass das Pferd sie mit dem linken Auge gut sehen kann. Hält das Pferd daraufhin nicht an, führe ich die Gerte näher an das Pferd. Wirkt diese Positionsänderung der Gerte auch nicht, mache ich zusätzlich Wellenbewegungen mit meinem Seil. Nachdem das Pferd angehalten hat, verwende ich die gleiche Technik für das Rückwärtstreten.

Viele Pferden halten bereits an, sobald wir die „Gertenhand" unter der „Seilhand" kreuzen. Bei manchen Pferden kreuze ich so weit, dass ich den Zaun berühre. Das ist von Pferd zu Pferd verschieden. Wir können, um es zu stoppen, auch seitwärts vor das Pferd gehen und ihm den Weg abschneiden.

C5 Schicken Sie Ihr Pferd rückwärts einen kleinen Hügel hinauf, bis ans Ende des Seils. Sie bleiben dabei an einer Stelle stehen.

Bei dieser Übung lernt das Pferd, mit den Hinterbeinen gut unter den Schwerpunkt zu treten. Es lernt seinen Körper ein weiteres Mal besser kennen. Diese Übung regt das Pferd zum Denken an und fordert

Um das Pferd am Zaun vorwärts und rückwärts zu schicken, gebrauche ich in erster Linie die Gerte.

es auf, genau zuzuhören. Wenn wir all die anderen Übungen vorher gemacht haben, sollte diese hier nicht besonders schwer sein. Sie können das Pferd mit einem Stimmkommando, der Gerte oder mit einem Wellenbewegungen machenden Seil zurückschicken.

Ich lasse meine Stute Juana bergauf rückwärtsgehen. Das fördert die Balance und die Trittsicherheit.

C6 Gehen Sie weg vom Zaun. Schicken Sie Ihr Pferd in der Mitte des Reitplatzes vorwärts, halten Sie es an und lassen Sie es rückwärtstreten. Sie bleiben dabei an einer Stelle stehen.

Können wir unser Pferd auf beiden Händen gleich gut parallel zum Zaun vorwärtsschicken, es anhalten und rückwärtsschicken, ohne uns selber von der Stelle zu bewegen, dann können wir diese Übung in die Mitte des Platzes verlegen. Fordern Sie erst nur wenige Schritte. Klappt das zu Beginn nicht so gut, gehen Sie wieder zum Zaun und erklären es dem Pferd erneut.

Wenn wir unser Pferd in der Mitte des Reitplatzes nicht gerade schicken können, werden wir immer ein Problem haben, sobald das Pferd unsere Schulter passiert. Deshalb sollten wir sehr genau und konsequent sein.

Das Pferd denkt bei dieser Übung sehr viel, und wir lernen, ein gutes Timing und Gefühl für die Körpersprache des Pferdes zu entwickeln: wann wir wie viel Druck aufbauen müssen.

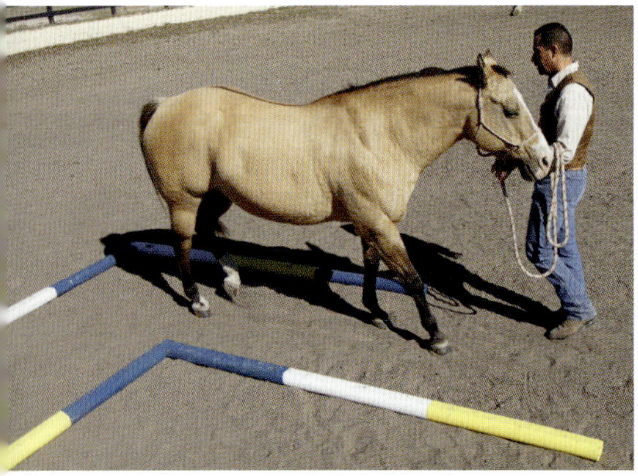

Rückwärts durch Druck am Halfter.

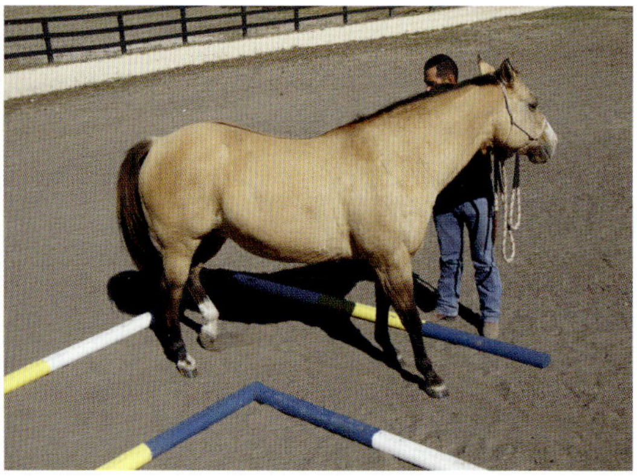

Hinterhand verschieben.

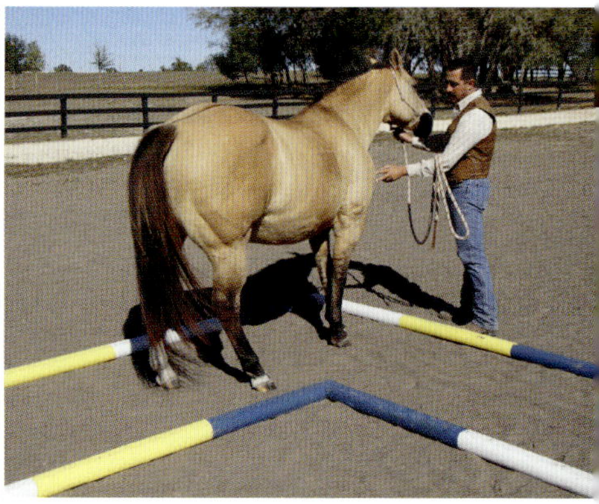

Sobald das Pferd wieder gerade ist, frage ich durch Fingerdruck das Rückwärts an.

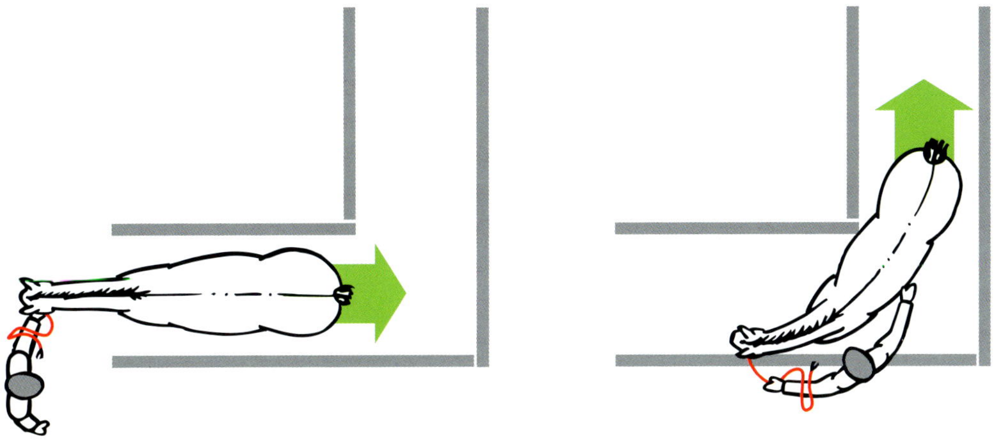

▲ *Zu Beginn benutzen wir die Technik zum Rückwärtsrichten, auf die unser Pferd am besten reagiert. Wenn das Pferd Hilfe braucht, um die Hinterhand zu verschieben, unterstützen wir es, indem wir dort, wo unser Schenkel beim Reiten liegt, Druck mit unseren Fingern ausüben.*

C7 Schicken Sie Ihr Pferd aus zwei Metern Entfernung rückwärts durch ein L-Hindernis.

Wir können unser Pferd zuerst durch Fingerdruck an der Brust rückwärtsschicken, durch Druck am Halfter oder mit einem Stimmkommando. Wir starten mit der Technik, auf die unser Pferd am besten reagiert.

Macht das „L" den Knick, verschieben wir die Hinterhand durch sanften Druck in der Mitte des Rippenbogens. Das kennt unser Pferd ja schon. Vielleicht müssen wir es bei der Hinterhandbewegung auch schon gar nicht mehr berühren. Funktioniert diese Übung ruhig und flüssig, dann können wir unser Pferd mit Wellenbewegungen am Seil und mit einer Gerte aus zwei Metern Entfernung durch das „L" schicken.

C8 Schicken Sie Ihr Pferd aus zwei Metern Entfernung rückwärts durch ein S-Hindernis.

Bewegt sich unser Pferd flüssig und entspannt rückwärts, schicken wir es rückwärts durch ein S-Hindernis.

Das ist eine phantastische Übung für das Pferd, seine Beine koordiniert zu bewegen. Es wird dadurch feiner und beweglicher. Die Hinterhand während des Rückwärtstretens zu verschieben, kann ein guter Test sein, um sich zu vergewissern, dass das Pferd nicht verspannt ist und gut nachgeben kann. Um diese Übung ausführen zu können, müssen wir in der Lage sein, mit feinsten Signalen arbeiten zu können, ohne den Fluss des Pferdes zu stören. Wir können eine Gerte benutzen, um das Pferd rückwärtszuschicken, aber auch, um die Hinterhand aus der Entfernung zu verschieben.

Es ist möglich, dass das Rückwärtstreten unter dem Sattel nach diesen Übungen besser klappt. Diese Übungen schaffen Vertrauen zwischen Mensch und Pferd. Können wir dem Pferd Sicherheit und Spaß beim Rückwärtsgehen vermitteln, haben wir viel erreicht.

Juana muss das Rückwärtstreten mit dem „Hinterhandverschieben" kombinieren. Unser Ziel ist, die Übung fließend und mit sanften Kurven auszuführen.

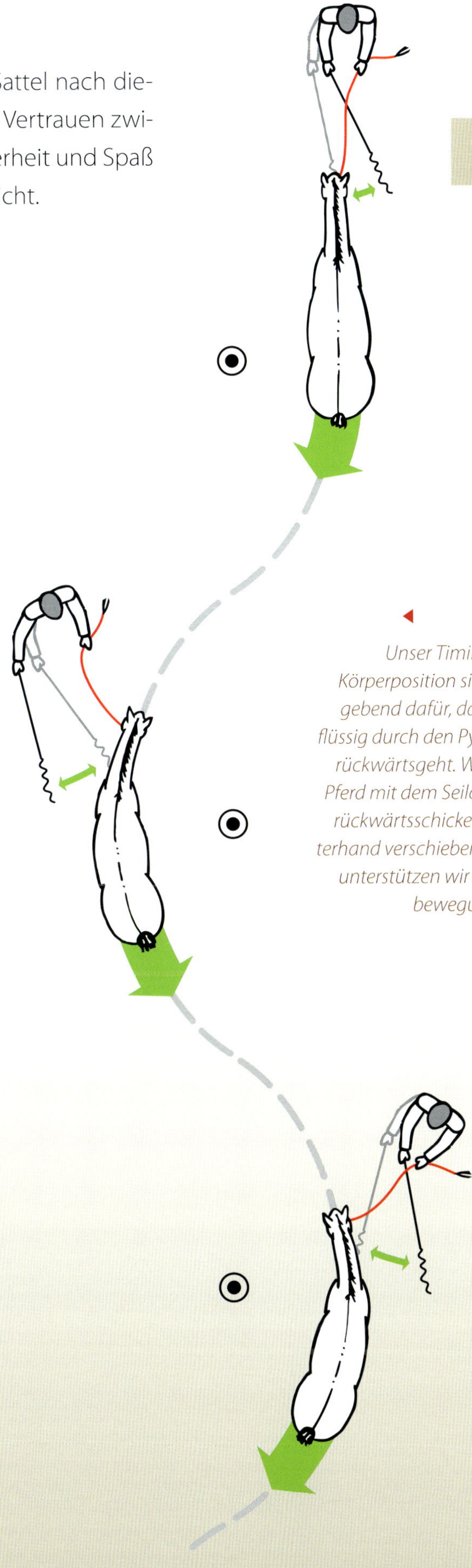

Unser Timing und unsere Körperposition sind ausschlaggebend dafür, dass unser Pferd flüssig durch den Pylonen-Slalom rückwärtsgeht. Wir können das Pferd mit dem Seilchen der Gerte rückwärtsschicken und die Hinterhand verschieben. Wenn nötig, unterstützen wir es mit Wellenbewegungen am Seil.

Verschiebung der Hinterhand …

Ich kann dem Pferd die Übung erleichtern, wenn meine Hand, welche die Biegung anfragt, etwas vom Hals weg bleibt.

Oftmals ist es einfacher für Pferde, die Hinterhand zu bewegen als die Vorhand. Aus diesem Grund beginne ich die Übungen zur Hinterhand- und Vorhandverschiebung meistens mit der Hinterhand.

Was wir uns unbedingt verdeutlichen sollten: Wenn wir die Hinterhand kontrollieren können, können wir den „Motor" des Pferdes kontrollieren.

Wenn das Pferd beispielsweise beim Longieren losstürmt, dann können wir noch so viel an der Longe zerren – der Motor des Pferdes läuft weiter, wenn es nicht gelernt hat, mit der Hinterhand zu weichen.

Um die Hinterhand von Chapel Hill Chexx zu verschieben, biege ich seinen Kopf in meine Richtung, lege meine Finger in die Mitte des Rippenbogens und baue sanften Druck auf, um seine Hinterbeine kreuzen zu lassen.

C1 **Biegen Sie den Hals des Pferdes zu sich. Legen Sie Ihre Finger auf den Rippenbogen des Pferdes und verschieben Sie die Hinterhand.**

Ich beginne die Übung, indem ich mit der einen Hand den Pferdehals ein wenig zu mir biege. Anschließend lege ich meine Hand idealerweise an die Stelle, an der auch mein Bein läge, wenn ich vom Sattel aus die Hinterhand verschieben würde: Etwa in der Mitte des Rippenbogens.

Meine Finger platziere ich da, wo später beim Verschieben der Hinterhand vom Sattel aus auch mein Bein liegt. Durch die Vorbereitung am Boden kennt mein Pferd dieses Signal dann schon.

Zuerst streichelt meine Hand das Pferd. Wenn ihm das behagt, baue ich langsam Druck auf. Es kommt vor, dass sich das Pferd dann erst

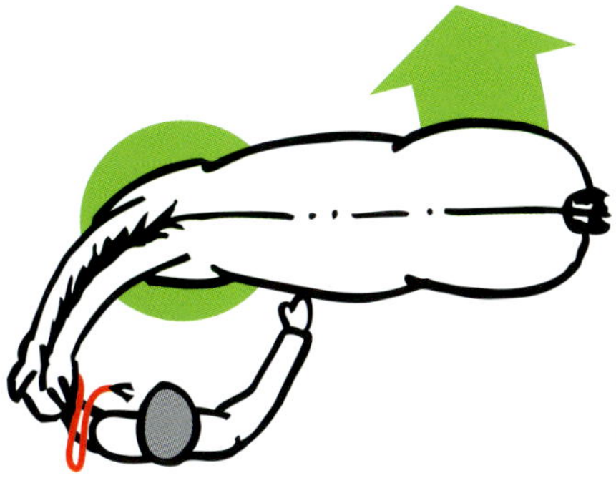

Achten Sie darauf, dass Sie zuerst den Pferdehals zu sich biegen. Bauen Sie dann langsam sanften Druck mit den Fingern am Rippenbogen auf, dort wo Ihr Bein beim Reiten liegt.

einmal nicht bewegt, sondern seine Muskeln anspannt und dagegendrückt. Auf die Hinterbeine zu schauen, kann hier hilfreich sein, um meine Aufforderung zu verstärken. Mein Bauchnabel zeigt in Richtung des Rippenbogens. Wir können das Pferd auch mit einem Schnalzen motivieren, bis es sich mit seinen Hinterbeinen von uns wegbewegt.

Wenn unser Pferd Mühe hat, eine Antwort auf unsere Frage zu finden, dann sollten wir ihm immer bei der Suche helfen. Am Anfang kann es nötig sein, dass wir mit unseren Fingern weiter hinten Druck ausüben; wir sollten aber die Flankengegend meiden, da viele Pferde dort empfindlich reagieren. Man kann diesen Bereich überspringen und den Druck auf die Hinterhand ausüben. Unser Ziel sollte jedoch die Mitte des Rippenbogens sein.

Wie bei jeder Übung gilt auch hier: Wir belohnen kleinste Schritte, etwa, wenn unser Pferd beginnt, das Gewicht von einem Bein auf das andere zu verlagern, um die Übung durchführen zu können.

Zu Beginn können wir unserem Pferd erlauben, etwas vorwärtszugehen. Nach und nach aber sollten wir dahin kommen, die Hinterhand vollständig kontrollieren zu können, ohne dass sich die Vorhand mitbewegt.

Wenn ich bei der Verschiebung der Hinterhand mehr Abstand zum Pferd haben will, kann ich anstatt mit meinen Fingern, das Pferd mit dem Seil in der Mitte des Rippenbogens berühren.

Unsere Hand am Seil fungiert wie eine Art Joystick. Sie gleicht Bewegungen des Pferdes aus: Drängt unser Pferd bei dieser Übung zu sehr nach vorne, dann bewegt sich unsere „Joystick-Hand" Richtung Schulter, um das Pferd zu bremsen. Neigt es dazu, rückwärtszugehen, dann lädt diese Hand das Pferd dazu ein, vorwärtszutreten. Die „Joystick-Hand" kontrolliert die Bewegungen der Vorhand.

Wenn das Pferd versucht nach uns zu treten, dann kann es sicherer sein, wenn wir das Seil benutzen, um seine Hinterhand zu verschieben. So haben wir mehr Abstand.

Es ist bei diesen Übungen wichtig, dass das innere Hinterbein unter den Schwerpunkt tritt, indem es vor dem äußeren Hinterbein kreuzt. Die „schwierigeren" Pferde haben häufig Probleme damit, die Hinterbeine so zu kreuzen. Viele bewegen die Hinterbeine parallel, ohne zu kreuzen, oder sie setzen das innere Hinterbein hinter das äußere und kreuzen so. Das ist aber kein Untertreten. Diese Pferde wollen nicht unter den Schwerpunkt treten, weil das von ihrem Gefühl her eine instabile Körperbewegung ist, bei der sie nachgeben müssten und nicht sofort fluchtbereit wären.

Ziel ist es, dass unser Pferd diese Übung im Laufe der Zeit in einer flüssigen Art und Weise ausführt.

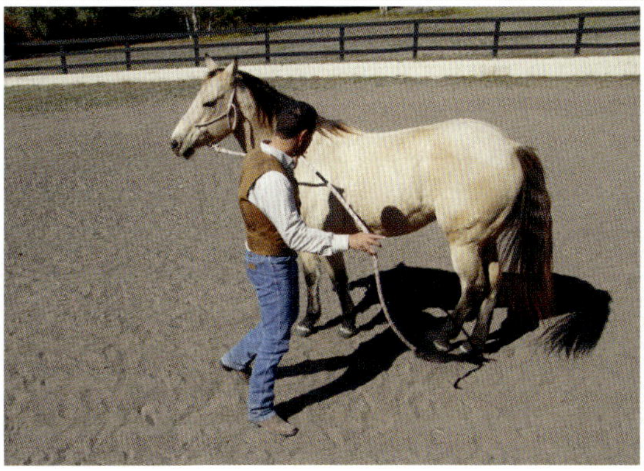

C2 Verschieben Sie die Hinterhand des Pferdes auf einem Halbkreis, ohne es zu berühren.

Für einige Pferde ist diese zweite Übung – das Verschieben der Hinterhand aus der Distanz heraus – leichter. Trotzdem empfehle ich, die erste Übung nicht zu überspringen, weil ich es sehr wichtig finde, dass das Pferd lernt, dem Druck unserer Finger zu weichen.

Wir wollen das Pferd veranlassen, seine Hinterbeine einen halben Kreis lang zu kreuzen.

Wir stehen vor dem Pferd und halten das Seil mit unserer linken Hand, etwa einen halben Meter vom Halfter entfernt. Dann gehen wir im Halbkreis auf das linke Hinterbein des Pferdes zu und vergewissern uns, dass unser Bauchnabel auf die Hinterhand ausgerichtet ist. Wir erreichen so ein flüssigeres Kreuzen. Unsere Körperhaltung sollte entschlossen sein, unser Blick freundlich, aber fordernd. Die Intensität unserer Anfrage sollte immer auf das Temperament des Pferdes abgestimmt sein. Als Hilfe können wir mit unserer Stimme, oder dem Seil in Richtung Hinterhand pendelnd und schwingend, arbeiten.

*Vanilla macht es vor: Das innere Hinterbein sollte **vor** dem äußeren Hinterbein kreuzen und unter den Schwerpunkt treten.*

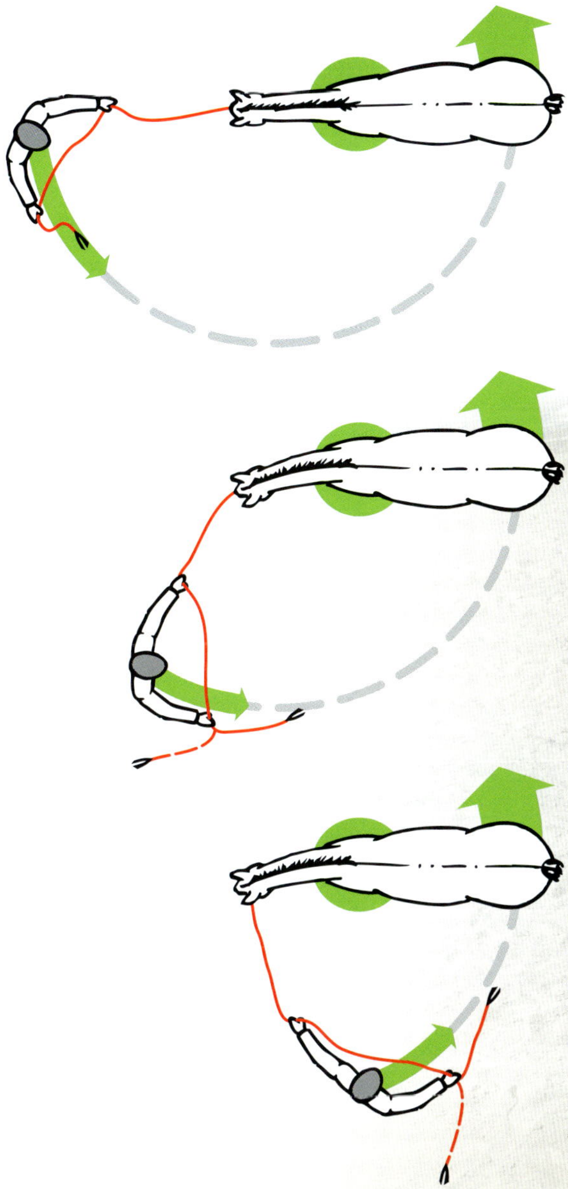

Hier ist es besonders wichtig, dass unsere Körpersprache klar ist: Unsere Energie muss den Halbkreis entlang zur Hinterhand fließen. Zuerst schütteln wir das Seil in unserer rechten Hand nur ein wenig, verstärken zu einem Pendeln und falls nötig schwingen wir das Seil. Unsere linke Hand kann die Schulter etwas bremsen, wenn das Pferd nach vorn weglaufen möchte.

C3 Schicken Sie Ihr Pferd bis ans Ende des Seils. Gehen Sie im Halbkreis auf die Hinterhand zu, um sie zu verschieben.

Unsere Körperhaltung, unser Blick in Richtung der Hinterbeine und unsere Energie sind bei dieser Übung ausschlaggebend: Wir schicken unser Pferd rückwärts bis an das Ende unseres etwa vier Meter langen Arbeitsseils. Wenn es dort zum Stehen gekommen ist, gehen wir in einem Halbkreis auf seine Hinterbeine zu und veranlassen sie so, sich zu bewegen. Sobald unser Pferd zu kreuzen beginnt, halten wir es an und loben es.

So verschiebe ich die Hinterhand aus einer größeren Distanz heraus: Ich schaue auf Vanillas Hinterbeine und bewege mich im Halbkreis auf ihre Hinterhand zu, bis sie weicht.

Ich empfehle, hier die Gerte anstelle des Arbeitsseils zu benutzen. So können wir die Hinterbeine aus dieser Distanz heraus verschieben, und wenn das Pferd versucht, nach vorne auszuweichen, können wir es mit unserer Gerte daran hindern, indem wir sie unter dem Seil hindurch nach vorne führen. Wir können das Pferd aber auch durch wellenartige Bewegungen mit dem Seil stoppen. In Kapitel 2.2 *„Rückwärtsgehen"* erkläre ich die Wellenbewegungen des Seils.

Diese Übung ist ein guter Test, um zu sehen, wie gut unser Pferd unsere Körpersprache liest und wie gut es aufpasst.

Zuerst schicken wir das Pferd rückwärts, bis an das Seilende, und lassen das Seil so stark durchhängen, dass es den Boden berührt. Dann schauen wir auf die Hinterhand und gehen im Halbkreis auf diese zu. Sobald das Pferd mit der Hinterhand weicht, bleiben wir stehen und lassen so den Druck nach.

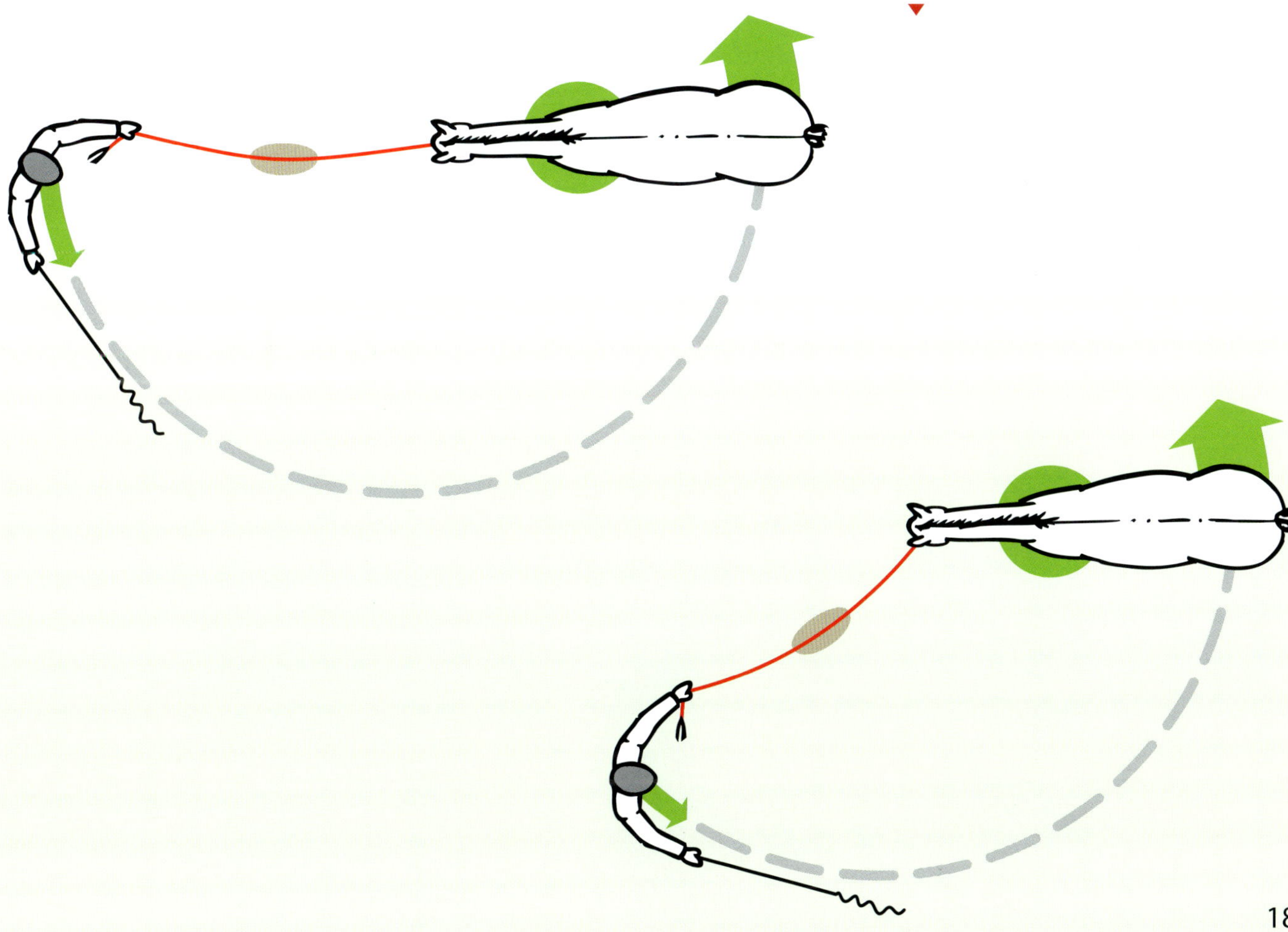

C4 Fassen Sie das Halfter am Fiador-Knoten und verschieben Sie die Hinterhand des Pferdes mithilfe der Gerte zu sich.

Die nächste Übung ist eine gute Vorübung, um dem Pferd den Travers an der Hand beizubringen.

Ich stehe dabei seitlich am Pferdekopf, biege seinen Kopf auf die andere Seite und fordere das Pferd auf, seine Hinterhand in meine Richtung zu bewegen, indem ich es mit meiner Gerte auf der gegenüberliegenden Seite an der Hinterhand touchiere.

In der Theorie klingt dies recht einfach. In der Praxis ist es aber keine einfache Übung. In dieser Kategorie sollte das Pferd vor der Gerte keine Angst mehr haben (*siehe Kapitel 1.4 „Das Pferd überall berühren"*).

Ich kann die Anfrage stufenweise aufbauen: Ich halte die Gerte zuerst weg von der gegenüberliegenden Hüfte. Wenn das Pferd nicht reagiert, führe ich sie näher zur Hüfte. Im letzten Schritt touchiere ich diese leicht und fordere das Pferd auf, eine Antwort zu finden. Sobald ich eine richtige Reaktion erhalte, höre ich sofort auf zu touchieren.

So kann ich das Travers vorbereiten: Ich biege Vanillas Kopf nach außen und fordere sie auf, ihre Hinterhand in meine Richtung zu verschieben.

Wenn man sicher ist, dass das Pferd ruhig auf die Gerte reagiert, nicht ausschlägt und keine Platzangst hat, dann kann man es parallel zur Bande stellen, um ihm diese Übung zu erleichtern. Für viele Pferde ist es am Anfang so einfacher, die Antwort zu finden. Später können wir diese Lektion dann in der Mitte des Reitplatzes durchführen.

Unser Ziel ist es, dass unser Pferd seine Hinterbeine in unsere Richtung kreuzt, ohne dass es die Vorhand bewegt.

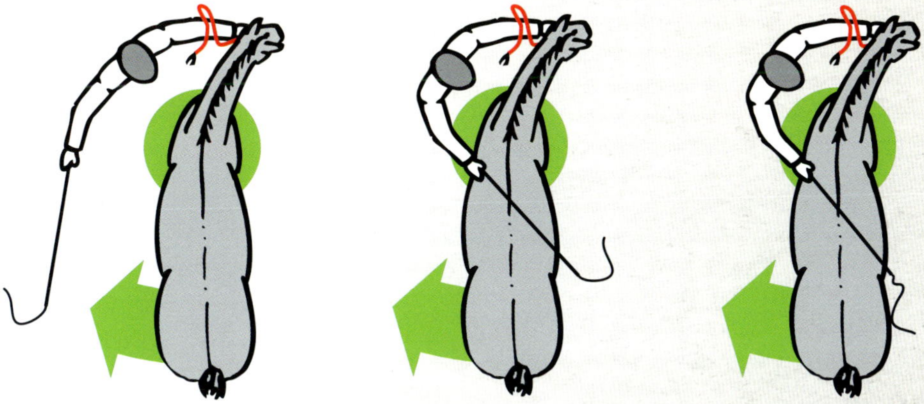

▲
Halten Sie die Gerte auf Ihrer Seite zuerst hoch und weg vom Pferd. Anschließend führen Sie die Gerte über das Pferd auf die andere Seite, mit etwas Abstand zur Hinterhand. Touchieren Sie diese nur, wenn das Pferd mehr Aufforderung braucht.

Verschiebung der Vorhand …

Das Verschieben der Vorhand ist ein Dreiklang: Ich biege den Kopf des Pferdes in die gewünschte Bewegungsrichtung, …

Das Verschieben der Vorhand ist für viele Pferde schwierig, weil sie dabei Gewicht auf die Hinterhand bringen müssen, um die Vorhand bewegen zu können.

Manche Hengste, egal ob jung oder alt, können empfindlich reagieren, wenn wir Kontrolle über ihre Vorhand bekommen möchten, denn die Vorhand ist ihre Waffe im Kampf mit Artgenossen. Aus diesem Grund möchten sie selber darüber die Kontrolle behalten. Wir sollten daher bei Hengsten vorsichtig sein, wenn wir diese Übung mit ihnen machen, und auf ihre Befindlichkeiten eingehen.

Chapel Hill Magic reagiert nach einigen Versuchen sehr gut. Später werde ich meine Finger gar nicht mehr gebrauchen müssen. Dann reichen die anderen beiden Signale aus.

C1 Fassen Sie mit einer Hand das Halfter am Fiador-Knoten. Legen Sie die Finger Ihrer anderen Hand auf die Schulter des Pferdes und verschieben Sie die Vorhand.

Ich befinde mich auf der rechten Seite des Pferdes, meine rechte Hand am Halfter, meine linke an der Schulter des Pferdes. Die Verschiebung der Vorhand erfordert von mir eine Drei-Stufen-Koordination: Zuerst biege ich den Kopf des Pferdes in die Richtung, in die ich die Vorhand verschieben möchte. Im nächsten Moment mache ich einen Schritt vorwärts und setze meinen Fuss unter den Hals des Pferdes. Dann helfe ich, wenn nötig, mit Fingerdruck an der Schulter.

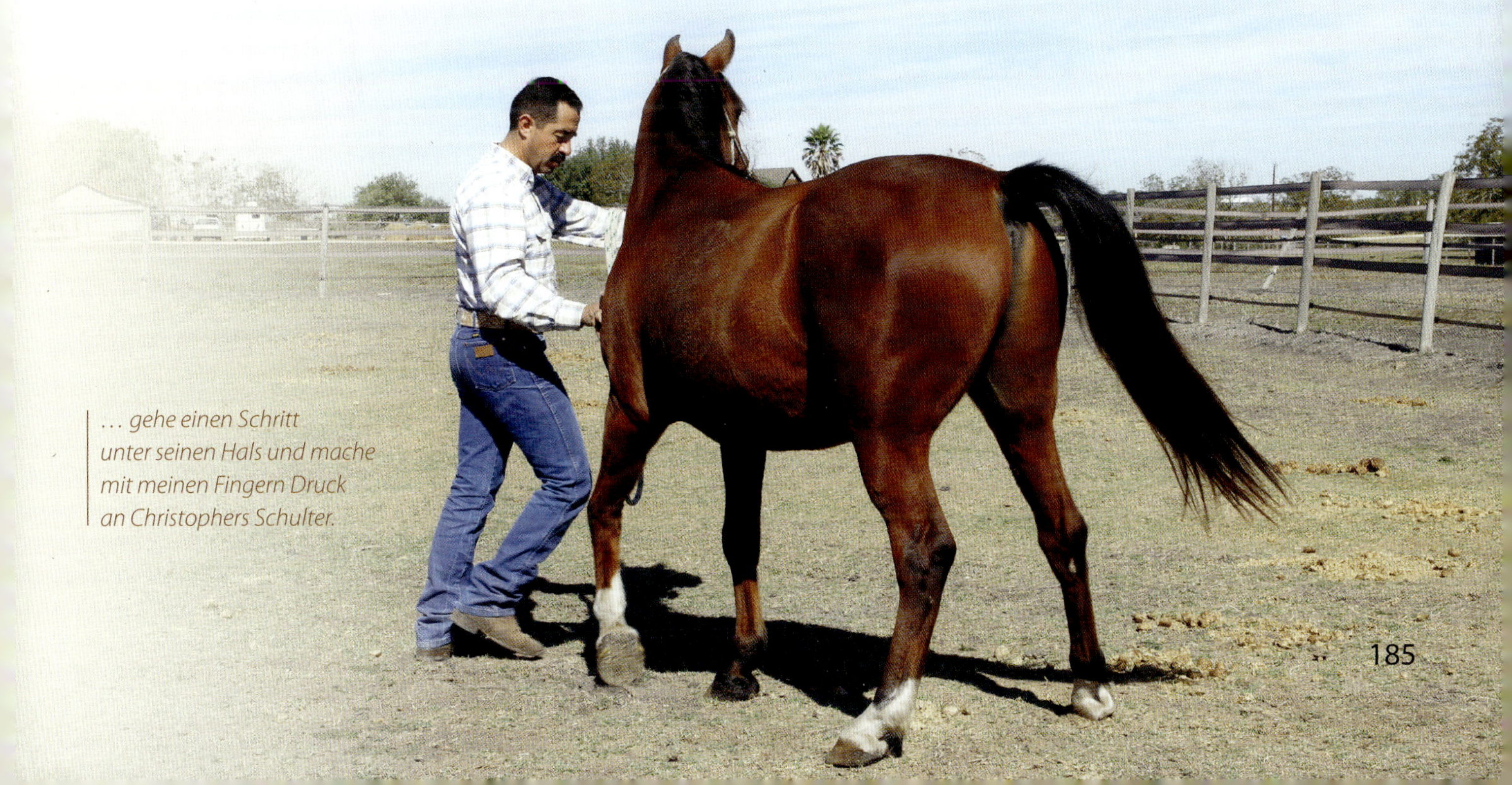

... gehe einen Schritt unter seinen Hals und mache mit meinen Fingern Druck an Christophers Schulter.

Ganz entscheidend bei dieser Übung ist, dass wir den so wichtigen Schritt unter den Hals des Pferdes nicht vergessen dürfen. Wir müssen das Pferd mit unserer Körpersprache einladen, in die vorgegebene Richtung zu gehen. Sonst versteht das Pferd unsere Aufforderung nicht. Es sollte sich nicht nur wegen des Drucks an der Schulter in Bewegung setzen. Diesen dritten Impuls braucht unser Pferd oft gar nicht mehr, wenn wir mit unserer Hand die Bewegungsrichtung vorgegeben und unseren Fuß unter seinen Hals gesetzt haben. Unser Pferd weiß dann schon, was wir wollen. Lassen Sie Ihr Pferd fein werden, arbeiten Sie mit immer feineren Signalen.

Um die Vorhand zu verschieben zeigt unsere rechte Hand in Richtung „neun-Uhr". Wenn das Pferd rückwärtsgeht, dann korrigieren wir dies mit der Hand in Richtung „zehn-Uhr"; geht es vorwärts, korrigieren wir mit der Acht-Uhr-Position.

Unsere Hand am Halfter fungiert – wie schon bei der Verschiebung der Hinterhand – wie ein Joystick. Wenn unser Pferd zu sehr nach vorne drängt, befindet sich unsere Hand auf der Acht-Uhr-Position und bremst das Pferd. Geht unser Pferd rückwärts, stoppen wir es, indem unsere Hand die Zehn-Uhr-Position einnimmt.

Mit unserer „Joystick-Hand" balancieren wir die Bewegungen des Pferdes so aus, dass sich seine Vorderbeine um die stehende Hinterhand drehen. Dabei ist es wichtig, dass in unserem Fall das rechte Vorderbein über dem linken kreuzt.

So verschiebe ich Vanillas Vorhand aus einer Distanz heraus. Wichtig sind meine Körpersprache und meine Energie, mit der ich Vanillas Körper in Bewegung setze.

C2 Verschieben Sie die Vorhand des Pferdes, ohne es zu berühren.

In der nächsten Übung verschieben wir die Vorhand unseres Pferdes, indem wir etwa einen Meter neben ihm stehen und es mit der Gerte, die wir parallel zu seinem Körper auf Augenhöhe halten, auffordern, die Vorhand zu verschieben.

Ein Berühren der Schulter sollte auch hier wieder die letzte Anfragestufe sein. Wir sollten unser Pferd lieber mit einem Schritt in die angefragte Bewegungsrichtung einladen und es mit unserer Energie auffordern, seine Vorhand zu verschieben. Wie viel Energie wir brauchen, hängt vom Temperament unseres Pferdes ab. Schnalzen kann auch helfen.

Ziel dieser Übung ist, dass unser Pferd sich um seine Hinterbeine herum auf einem Kreis bewegt, ähnlich einem Spin.

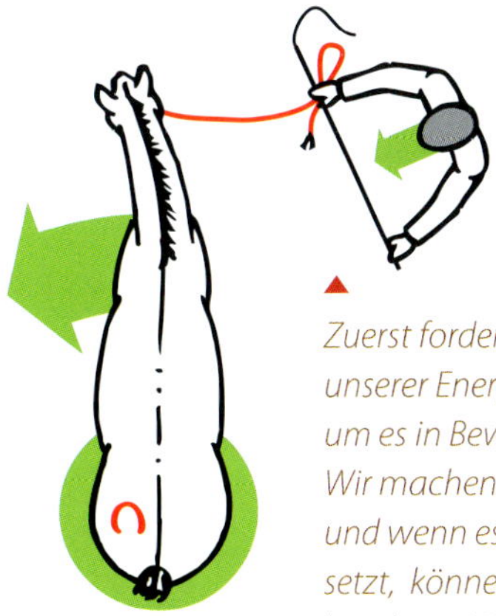

▲ *Zuerst fordern wir das Pferd mit unserer Energie auf und schnalzen, um es in Bewegung zu bringen. Wir machen einen Schritt auf es zu, und wenn es sich nicht in Bewegung setzt, können wir es leicht mit der Gerte berühren. Wenn es vorwärtsgeht, dann treten wir etwas mehr vor das Pferd, um die Vorwärtsbewegung zu blockieren. Wenn es rückwärtsgeht, dann gehen wir mehr auf die Schulter zu.*

C4 Stehen Sie seitlich vom Pferd und bewegen Sie die Vorhand auf sich zu.

Wenn die beiden vorangegangenen Übungen gut klappen und unser Pferd sie wirklich verstanden hat, dann können wir mit der nächsten fortfahren, der Vorübung zum Rollback.

Dafür müssen wir dem Pferd beibringen, seine Vorhand in unsere Richtung zu bewegen. Anfangs wird es etwas schwierig für das Pferd sein, weil es lieber die Hinterhand als die Vorhand bewegen möchte. Arbeiten Sie sehr präzise.

So laden wir das Pferd ein, mit der Vorhand in unsere Richtung zu kommen: Wir stehen links vom Pferd. Während wir etwas rückwärtsgehen, bringen wir gleichzeitig die Gerte unter dem Hals hindurch auf die gegenüberliegende Seite in Richtung Schulter, um die Vorhand zu uns zu bringen. Das Timing ist hier wichtig, beide Bewegungen, das Zeigen der Gerte auf die gegenüberliegende Schulter und das Rückwärtsgehen, erfolgen gleichzeitig. Das Pferd soll das rechte Vorderbein über das linke kreuzen. Die Hinterbeine sollen dabei stehen bleiben.

Das Timing ist hier wichtig. Beide Bewegungen, das Zeigen mit der Gerte auf die gegenüberliegende Schulter sowie das Rückwärtsgehen, erfolgen gleichzeitig.

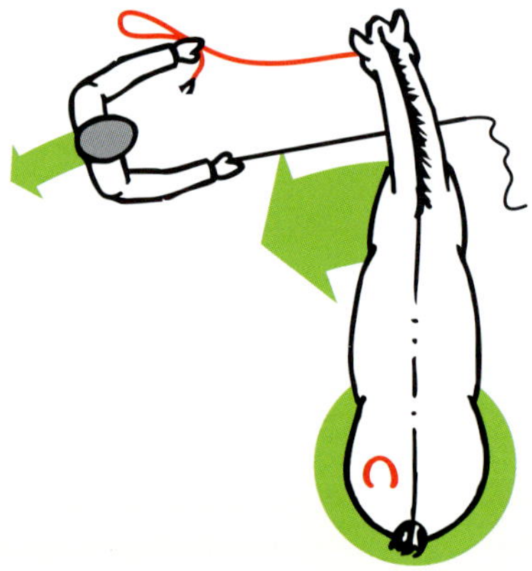

Mit der Verschiebung der Vorhand kann man den Rollback erarbeiten.

Ich muss sehr auf meine Bewegungen achten, damit das Pferd genau weiß, dass ich seine Vorhand verschieben möchte, und nicht seine Hinterhand. Ich schaue dabei auf seine Augen oder seine Vorderbeine.

Pferde, die den Spanischen Schritt können, könnten irritiert vom Gertensignal sein. Alternativ können wir die Schulter mit dem Seil animieren, sich auf uns zuzubewegen, oder mit unserer Körpersprache, indem wir zurückgehen. Ziel ist es, dass das Pferd zu Beginn zwei Schritte auf uns zumacht.

Das ist eine sehr anspruchsvolle Übung, weil es für das Pferd sehr verlockend ist, die Hinterbeine statt der Vorderbeine zu bewegen. Außerdem soll es diesmal auf uns zukommen, statt von uns wegzugehen. Das ist auch neu für das Pferd. Wir brauchen bei dieser Übung sehr viel Geduld.

Vorsicht ist geboten mit sehr dominanten Pferden. Diese Übung kann bei solchen Pferden auch übersprungen werden.

Wenn das Pferd Schwierigkeiten hat, diese Übung in der Mitte des Reitplatzes zu machen, dann stellen Sie Ihr Pferd parallel zum Zaun. Dort kann es sich besser orientieren.

C5 Gehen Sie neben Ihrem Pferd parallel zum Zaun, halten Sie es an und verschieben Sie die Vorhand um 180° (Rollback).

Diese Übung ist eine Kombination von C4 und C2. Unser Ziel ist, beide Übungen fließend miteinander zu verbinden.

Gehen Sie im Schritt, neben dem Pferd, parallel zum Zaun entlang. Wenn wir uns auf der linken Seite des Pferdes befinden, haben wir das Seil in unserer linken Hand und die Gerte in unser rechten. Wir führen die Gerte unter dem Seil durch, um das Pferd anzuhalten. Dann gehen wir rückwärts weg vom Pferd, um die Schulter zu uns zu bringen. Wenn wir das andere Auge des Pferdes sehen, schicken wir die rechte Schulter weg von uns, um die 180°-Drehung zu beenden. Sobald das Pferd den Rollback beendet hat, schicken wir es wieder vorwärts entlang des Zauns.

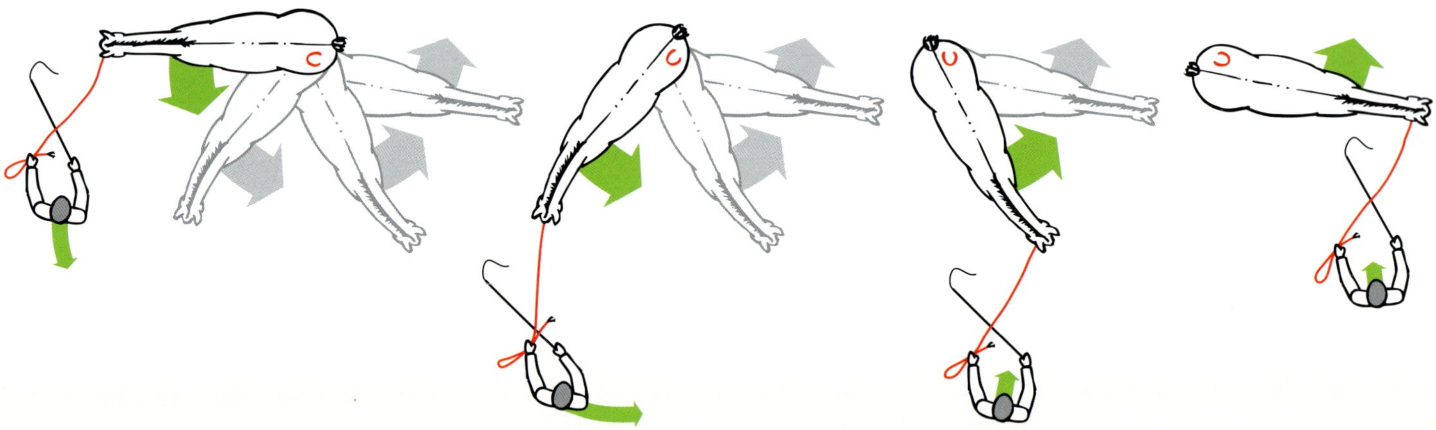

Diesen Rollback machen wir zuerst im Schritt, dann im Trab und wenn es möglich ist, auch im Galopp. Das ist eine Übung, die Pferd und Mensch richtig Spaß macht.

Anhalten und gleich Abdrehen, bevor das Pferd die Energie verliert.

Kombination aus Vor- und Hinterhandverschiebung …

Wir haben bis jetzt die Hinterhandverschiebung und die Vorhandverschiebung getrennt voneinander geübt. Nun wollen wir beide Bewegungen miteinander kombinieren. Diese Übung ist für uns Menschen oft schwieriger als für die Pferde, weil eine gute Koordination nötig ist.

Es ist eine gute Übung, um das Pferd auf die Hinterhand zu setzen und dadurch eine leichtere und beweglichere Vorhand zu bekommen.

C3 Verschieben Sie die Hinterhand des Pferdes, ohne es zu berühren, bis Sie das äußere Auge sehen können. Dann bewegen Sie die Vorhand in einer flüssigen Art und Weise.

Wir beginnen damit, dass wir in einem Halbkreis zügig auf die Hinterhand des Pferdes zugehen, um sie in Bewegung zu setzen. Wenn wir auf der rechten Seite des Pferdes stehen, im Blick seines rechten Auges, beginnen wir einen Kreis im Uhrzeigersinn.

Valentina verschiebt die Hinterhand von Smokey, bis sie seine Vorhand holen kann.

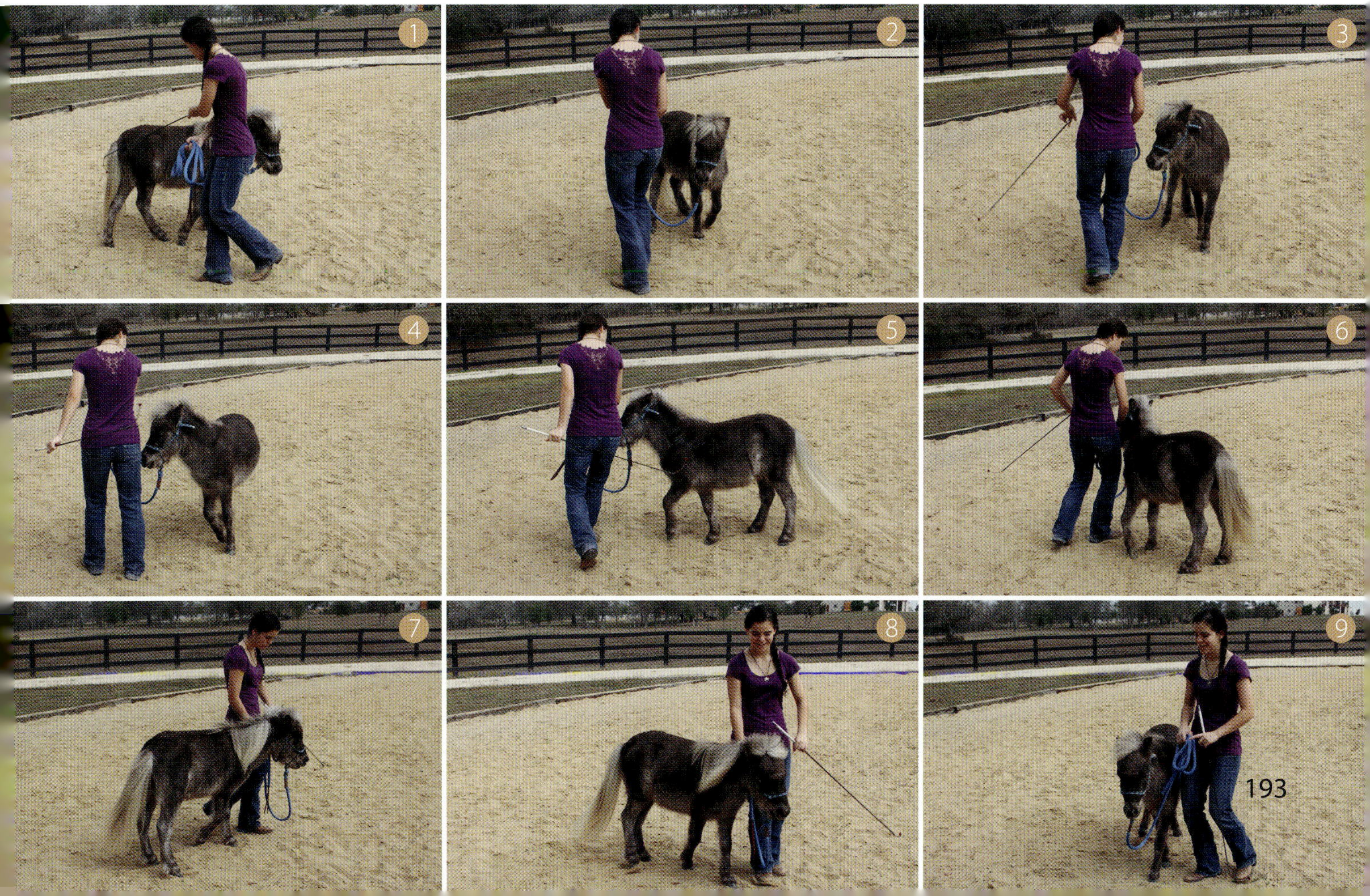

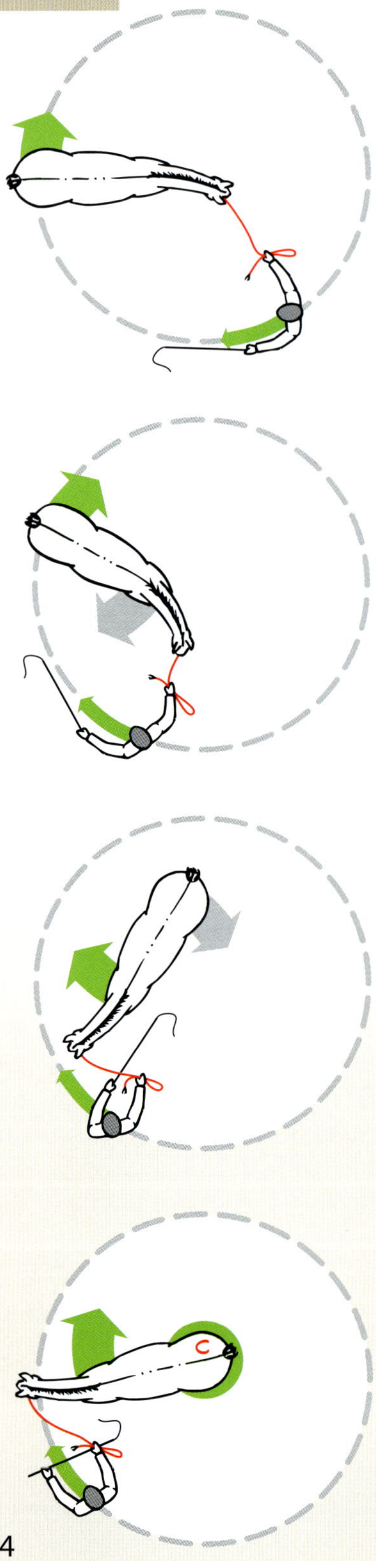

Wir ermuntern das Pferd, sich flüssig zu bewegen. Das Pferd wird in dieser fließenden Bewegung versuchen, uns mit seinem anderen, dem linken Auge, sehen zu können, ohne die Richtung zu ändern. Wenn das Pferd Schwierigkeiten hat, uns mit seinem linken Auge ins Blickfeld zu bekommen, können wir ihm mit dem Seil die Richtung zeigen.

Wir selber sind bei dieser Übung immer in Bewegung. Wir laufen immer im Uhrzeigersinn.

Wenn das Pferd es geschafft hat, uns mit seinem linken Auge zu sehen, befinden wir uns in der richtigen Position, um die Vorhand des Pferdes mit der Gerte oder dem Seil zu verschieben.

Unser Ziel ist, dass das Pferd mit seiner Vorhand um sein rechtes Hinterbein (Pivot-Bein) herumläuft.

C4 Während Sie Ihr Pferd longieren, schicken Sie die Hinterhand flüssig weg, dann verschieben Sie die Vorhand, bis das Pferd wieder auf dem Kreis in die andere Richtung geht.

Wir longieren das Pferd nach rechts. Das Seil ist in unserer linken und die Gerte in unserer rechten Hand. Unsere Hände sind gekreuzt. Wir machen einen Schritt nach links und verschieben die Hinterhand mit der Gerte.

Wenn das Pferd unter den Schwerpunkt tritt, dann wechseln wir die Position der Gerte, unter dem Seil durch, auf die linke Pferdeschulter und schieben seine Vorhand weg, bis es wieder auf dem Kreis ist, diesmal in die neue Richtung.

◂ *Übung C3, Seite 193: Der Schlüssel zu dieser Übung liegt darin, dass wir unseren Schritt verlangsamen können, um dem Pferd zu helfen, das Auge zu wechseln. Wir sollten aber nie stehenbleiben, da wir sonst die Bewegung des Pferdes stoppen.*

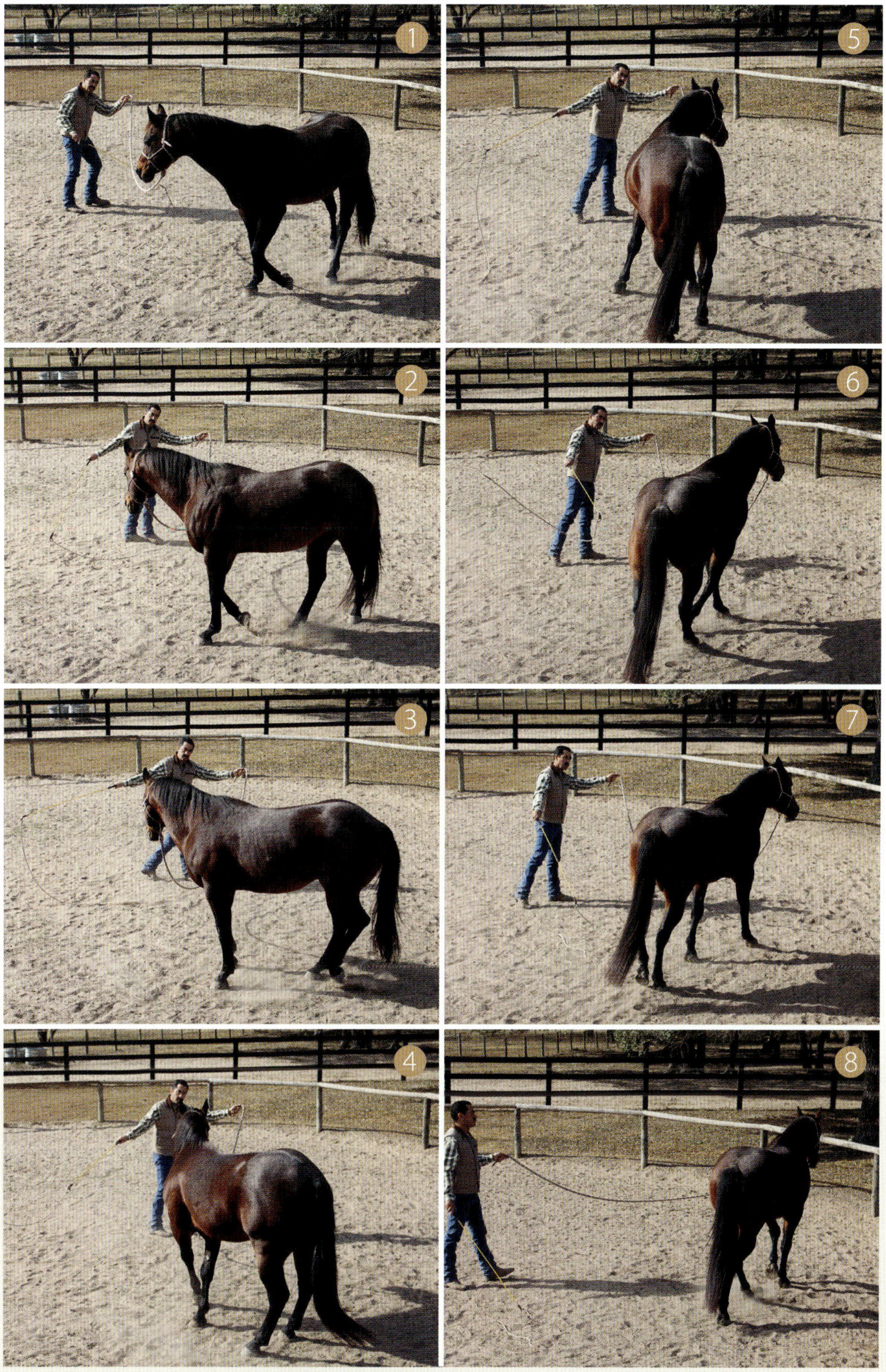

Wir longieren rechts herum, machen einen Schritt nach links und verschieben die Hinterhand. Wenn das Pferd unter den Schwerpunkt tritt, verschieben wir die Vorhand, bis es links herum longiert werden kann.

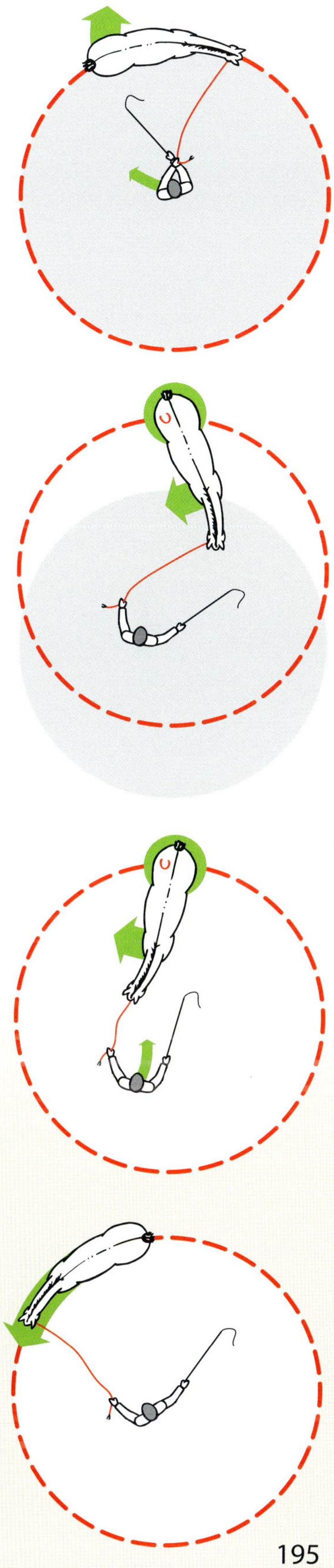

Auch hier ist wichtig, dass die Übung flüssig und unser Timing richtig ist.

Longieren…

Das Longieren ist ein wichtiges Puzzleteil in der Ausbildung des Pferdes.

Das Longieren beginnt, wenn wir unser Pferd nach links und nach rechts schicken können. Dieses einfache Schicken muss sitzen. Sonst haben wir später immer wieder das Problem, dass unser Pferd stehen bleibt oder rückwärtsgeht und so die Arbeit verweigert (*siehe Kapitel 1.10 „Das Pferd nach links und rechts schicken"*).

Anfangs helfen wir dem Pferd, die angefragte Richtung zu finden. Das ist völlig in Ordnung, besonders dann, wenn es sich um ein junges oder ein etwas schwierigeres Pferd handelt. Wir gehen dazu in einem Halbkreis auf die Hinterbeine des Pferdes zu, um es zu ermuntern, sich zu bewegen. Nach einer gewissen Zeit wollen wir jedoch das Pferd schicken können, ohne dass wir uns selber bewegen müssen.

Dieses „Schicken" ist wichtig für spätere Übungen, beispielsweise für das Verladen, oder wenn wir unser Pferd in einem Geschicklichkeitsparcours über oder durch Hindernisse dirigieren wollen.

Beim Longieren in Form einer Acht ist es wichtig, dass meine Tochter Valentina unseren Hengst Cadete fließend wegschickt und wieder zu sich holt. Cadetes Weg erinnert an die Form einer Brezel.

Das Longieren gibt unserem Pferd das Fundament, das es später braucht, um bestimmte Aufgaben zu lösen. Es ist ein wichtiges Puzzleteil in der Ausbildung des Pferdes.

Zum Longieren verwende ich zwei verschiedene Seillängen. Für die Basisübungen in Schritt und Trab verwende ich ein Arbeitsseil mit einer Länge von 4 Metern. Für die Übungen in den höheren Kategorien und sobald der Galopp dazukommt, verwende ich meistens eine Seillänge von 6 bis 7 Metern (*siehe Kapitel: 1.0 „Meine Ausrüstung und wie ich sie gebrauche“*).

Ich öffne meine linke Hand und lasse das Seil in dem Moment durch meine Finger gleiten, in dem Falco nach links weggeht.

Je besser das Pferd ausgebildet ist, umso besser kann es sich versammeln und umso kürzer kann mein Seil sein.

C1 **Longieren Sie Ihr Pferd, ohne Ihren Standplatz zu verlassen. Schicken Sie Ihr Pferd in beide Richtungen. Verschieben Sie seine Hinterhand, um es anzuhalten. (Arbeitsseil 4 Meter)**

Bei dieser Basisübung bleibe ich an einer Stelle stehen und schicke mein Pferd mit Zeichen in die gewünschte Richtung.

Dazu male ich mir einen Kreis in den Sand, der meinen Bewegungsradius kennzeichnet. Diesen Kreis verlasse ich nicht. Von dort aus schicke ich mein Pferd nach links. Meine linke Hand weist auf die Neun-Uhr-Position, und mit meiner rechten Hand mache ich einen

Propeller bei „drei-Uhr". Reagiert das Pferd nicht, steigere ich den Druck weiter und schwinge auf die Zwei-Uhr-Position, dann auf die Ein-Uhr-Position, und bei der Zwölf-Uhr-Position berührt das Lederende des Seils die Schulter meines Pferdes.

Von unserem Standort aus können wir das Pferd in Schritt und Trab nach links und rechts schicken. Wenn das Pferd die Übung richtig macht, loben wir es sofort. So verliert es nie den Spaß an der Arbeit.

Ein häufiger Fehler bei dieser Übung ist, dass wir das Arbeitsseil zu kurz halten und immer noch ziehen, um eine Richtung vorzugeben, obwohl das Pferd schon längst in die gewünschte Richtung geht.

Das ist so, als würde jemand zu Ihnen sagen: „Gehen Sie nach links, nach links, nach links!", obwohl Sie schon lange nach links gehen. Dadurch kann es passieren, dass Sie zögern und sich fragen, ob Sie hier wohl alles richtig machen.

Druck wegnehmen ist die Belohnung, die unser Pferd versteht!

Wenn das Pferd stehen bleibt, dann schicken wir es erneut, aber wir schicken es auf keinen Fall solange, bis es einen Fehler macht. Pferde stumpfen dadurch ab; wir wollen einen fein reagierenden Partner!

Um das Pferd zu stoppen, heben wir die führende Hand, und wenn nötig, gehen wir auf die Hinterbeine zu, damit sie weichen, und wir so den „Motor" ausstellen können.

Gerade bei jungen und schwierigeren Pferden ist diese Hinterhandkontrolle enorm wichtig. Vergewissern Sie sich, dass das Pferd unter seinen Schwerpunkt tritt und sich seine Hinterbeine kreuzen.

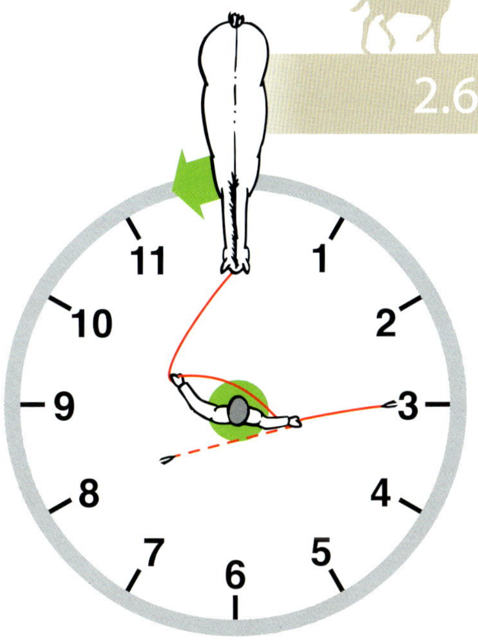

Hier ist es wichtig, dass wir uns nicht von der Stelle bewegen und ***zuerst*** *mit der linken Hand dem Pferd die Richtung anzeigen* ***vor*** *dem Schwingen des Seiles mit der rechten Hand.*

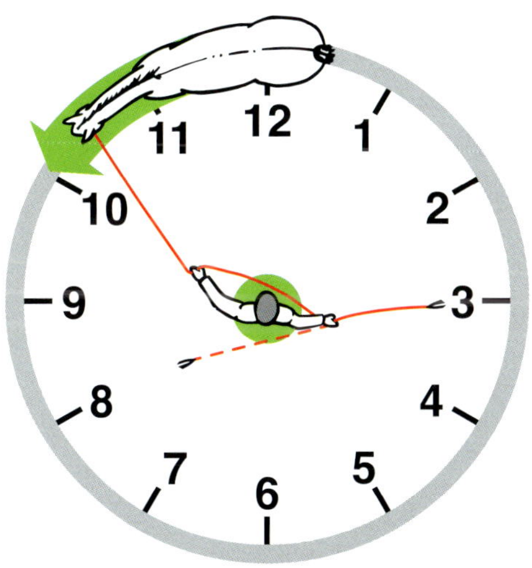

Falls das Pferd auf dem Zirkel stehen bleibt, oder wenn wir es auffordern wollen, das Tempo zu erhöhen, dann beginnen wir Druck in Richtung der Drei-Uhr-Position aufzubauen.

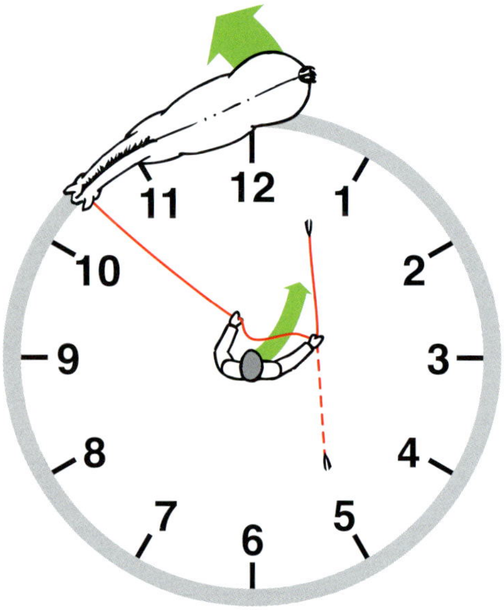

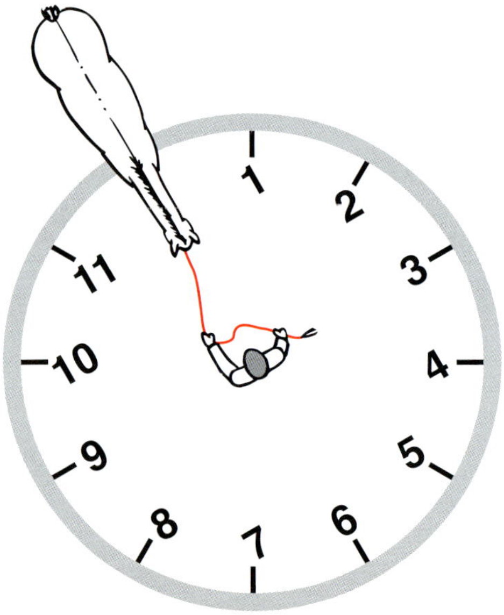

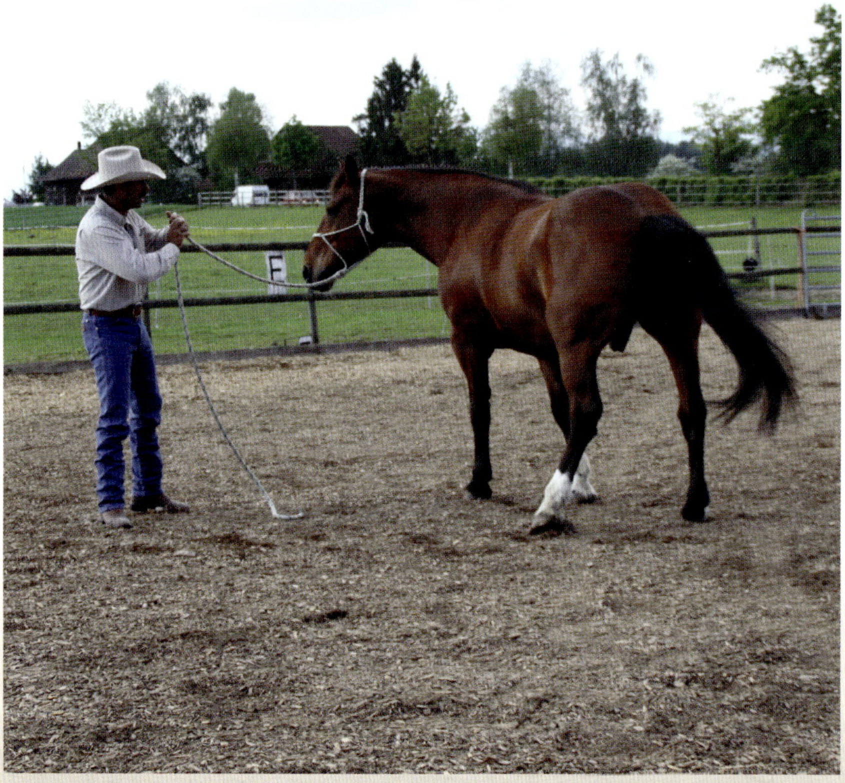

▲ *Um das Pferd zu stoppen, heben wir zuerst die linke Hand, wenn nötig gehen wir einen Schritt auf die Hinterhand zu, und als letzten Schritt würden wir das Führseil in Richtung der Hinterhand schwingen.*

Um Falcos Hinterhand zu verschieben, braucht es nur ein Pendeln mit dem Seil in meiner rechten Hand.

C1 **Sie stehen mit dem Rücken zum Zaun und schicken Ihr Pferd nach rechts. Stoppen Sie es zum Zaun hin ausgerichtet. Dann schicken Sie es auf einen Halbkreis nach links und stoppen es wiederum am Zaun. (Arbeitsseil 4 Meter)**

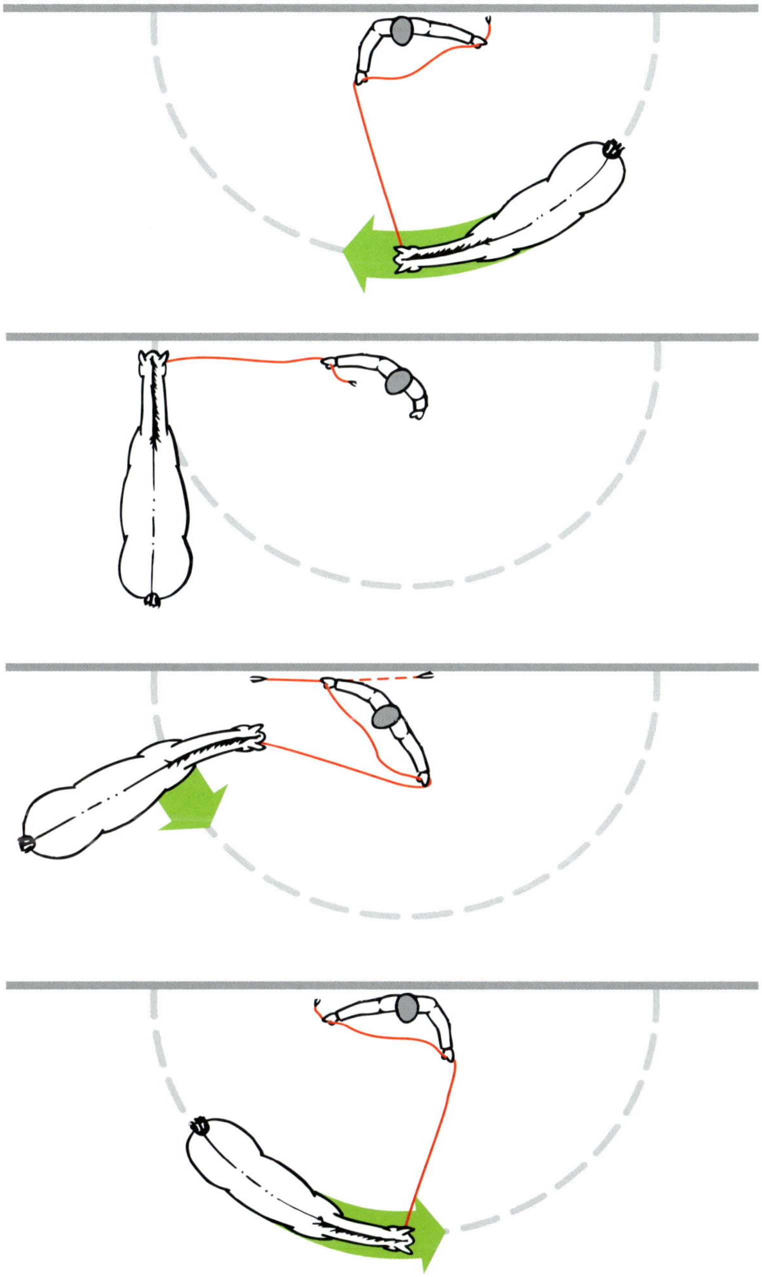

▲

Sobald das Pferd in die neue Richtung geht, müssen wir das Führseil durch die Hand gleiten lassen, damit das Pferd genug Abstand zu uns hat und in einem Kreisbogen zur anderen Seite laufen kann.

Ich schicke Chapel Hill Chexx auf einem Halbkreis von einer Seite zur anderen. Er soll mit dem Kopf zum Zaun hin ausgerichtet stehen bleiben.

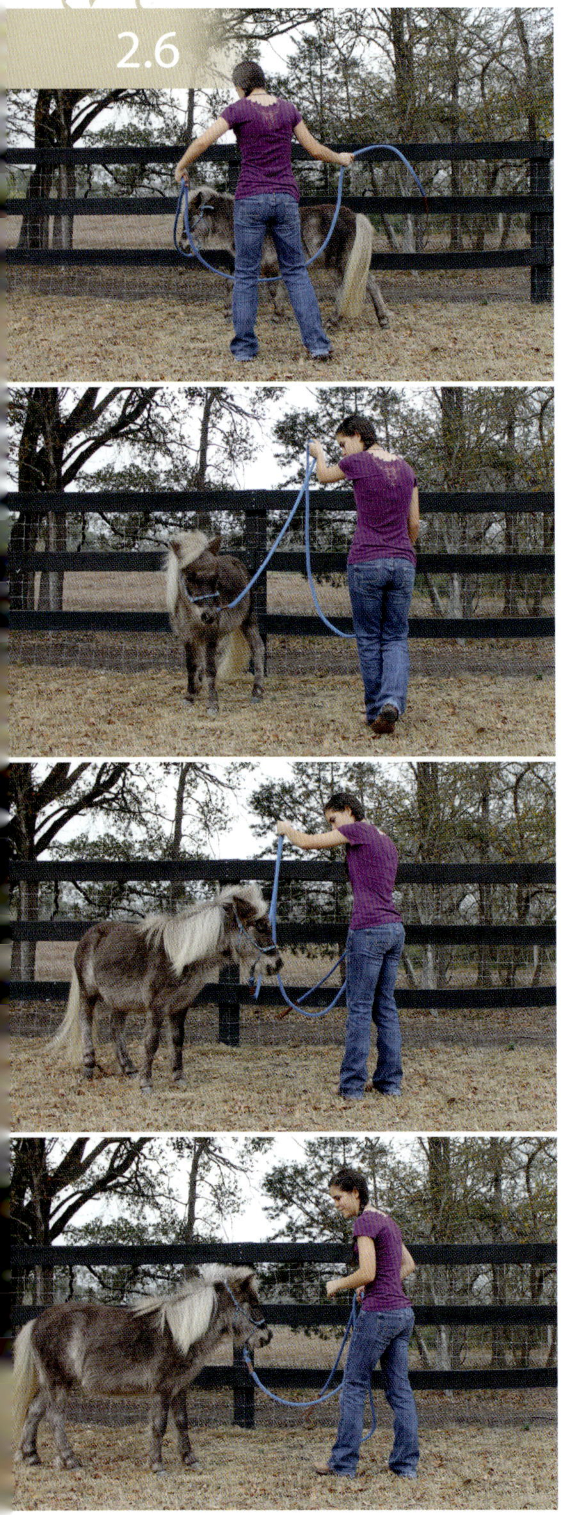

Valentina schickt Smokey durch einen Engpass. Ist er hindurchgegangen, stoppt sie ihn, indem sie seine Hinterhand verschiebt, bis er sie ansieht.

In der nächsten Übung stellen wir uns mit dem Rücken zu einer Wand oder einem Zaun und schicken unser Pferd auf einen Halbkreis bis ans Ende des Seils, sodass es mit dem Kopf zum Zaun hin ausgerichtet steht. Dort lassen wir es mindestens zwanzig Sekunden stehen und schicken es dann zur anderen Seite. Das Pferd sollte sich beim Wechseln der Seiten immer auf einem Halbkreis bewegen und, mit dem Kopf zum Zaun ausgerichtet, anhalten.

Wahrscheinlich wird diese Übung auf einer Seite besser klappen. Wahrscheinlich wird das Pferd auch versuchen, wenn es vor dem Zaun zum Stehen kommt, sich zu drehen, um uns mit beiden Augen zu sehen. Am Anfang ist das in Ordnung. Unser Ziel ist aber, das Pferd zur Wand anhalten zu können, und wir korrigieren dies, indem wir die Vorhand verschieben, bis es wieder zur Wand hinschaut.

Manche Pferde reagieren bei dieser Übung nervös, sie fangen an zu rennen, zu springen oder treten aus, weil sie ungern zu einer bestimmten Seite gehen. Bleiben Sie ruhig und beharren Sie mit liebevoller Konsequenz auf Ihrer Anfrage.

C2 **Schicken Sie Ihr Pferd zwischen sich und dem Zaun hindurch. Hat es diesen Engpass durchquert, verschieben Sie seine Hinterhand, damit es stehen bleibt und Sie ansieht. (Arbeitsseil 4 Meter)**

Bei dieser Übung möchte ich mein Pferd durch einen engen Durchgang zwischen mir und dem Zaun schicken. Ich wähle die Distanz zwischen mir und dem Zaun so, dass ich mich sicher fühle. Mit einer Hand gebe ich die Richtung an, und mit der anderen Hand schwinge ich das Ende des Seiles, um das Pferd vorwärtszuschicken. Ist es durch diesen Engpass gegangen, stoppe ich es, indem ich seine Hinterhand verschiebe.

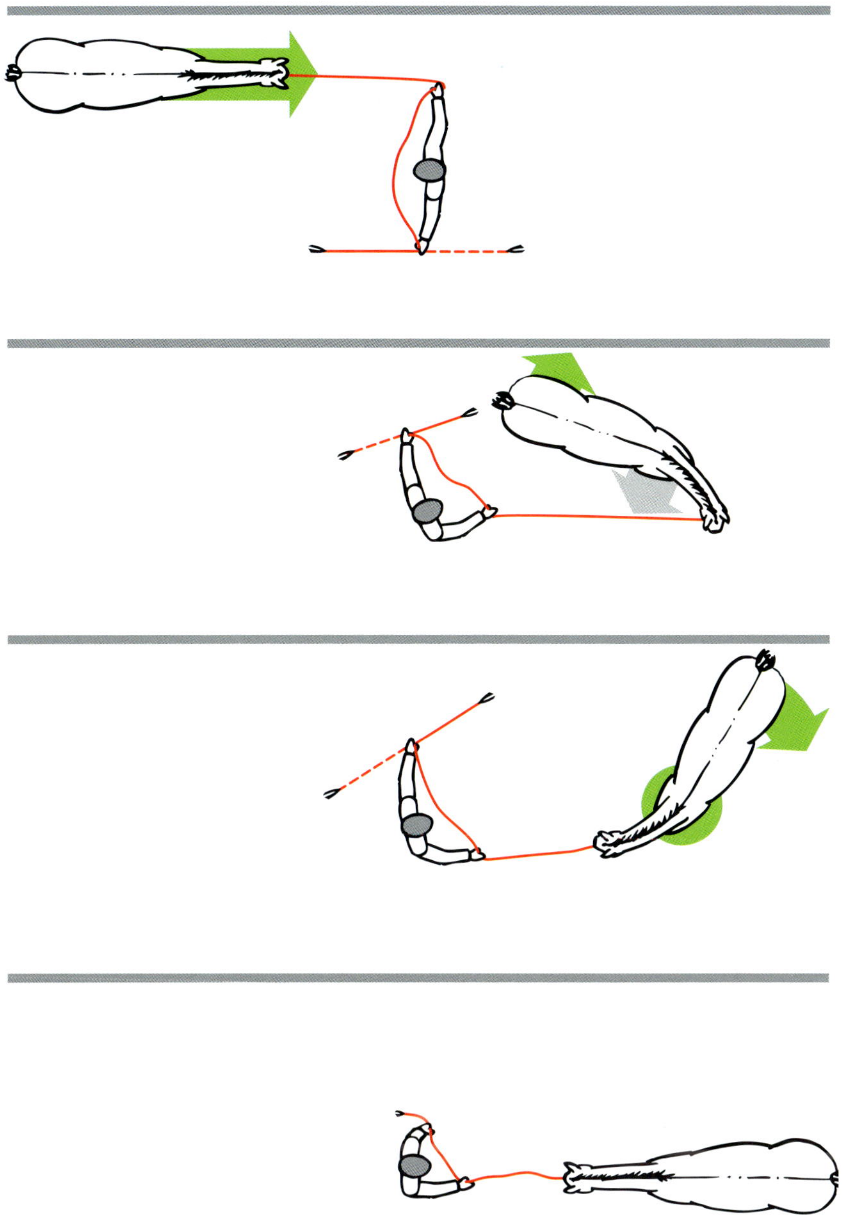

Wenn das Pferd den Engpass durchgangen hat, verkürzen wir das Führseil, um die Hinterhand zu verschieben und es so anzuhalten.

Ich finde diese Übung sehr wichtig, weil wir unserem Pferd – das ja von Natur aus klaustrophobisch ist – so die Angst vor engen Gassen und schmalen Räumen nehmen können.

Um unser Pferd an enge Durchgänge zu gewöhnen, können wir auch mithilfe von Tonnen oder Autoreifen eine Gasse bauen und unser Pferd hindurchschicken. Ausführlicher gehe ich in Kapitel 2.13 *„Geschicklichkeitsparcours"* darauf ein.

Unser Pferd sollte keine Angst vor Enge haben, denn es kann immer mal sein, dass wir bei einem Ausritt einen engen Weg oder eine Brücke passieren müssen, unter einem schräg liegenden Baum hergehen müssen, oder unser Weg schlicht durchs Unterholz führt. Das Leben ist ja bekanntlich voller Überraschungen. Wappnen Sie Ihr Pferd.

C2 Machen Sie Übergänge zwischen Schritt und Trab. Leiten Sie jeden Übergang mit einem Stimmkommando ein. (Arbeitsseil 4 Meter)

Als nächstes wollen wir an den Übergängen arbeiten. Dazu longieren wir unser Pferd im Schritt. Um unser Pferd in den Trab zu schicken, gibt es viele Kommandos, die alle gut sind. Das Kommando, das ich zuerst gebrauche, ist ein Stimmkommando. Dann gebe ich dem Pferd zwei bis drei Sekunden Zeit, und wenn es nicht reagiert, setze ich, wenn ich nach links longiere, Druck an der Drei-Uhr-Position an, dann an der Zwei-Uhr-Position, dann an der Ein-Uhr-Position. Wenn das Pferd immer noch nicht reagiert, dann zögere ich nicht, das Pferd mit dem Lederende des Seils leicht an der Hinterhand zu berühren. Sobald ich die gewünschte Reaktion erhalten habe, höre ich auf, Druck zu machen. Wenn das Pferd nicht angetrabt ist, beginne ich nochmals von vorne, mit dem Stimmkommando.

Ich pariere Vanilla durch, indem ich die Gerte vor mir kreuze und diese so vor Vanilla bringe.

Für den Übergang vom Trab in den Schritt beginne ich wieder zuerst mit dem Stimmkommando. Wenn das Pferd nicht reagiert, dann mache ich einen Schritt in Richtung der Neun-Uhr-Position vor das Pferd, wenn das Pferd immer noch nicht reagiert, mache ich leichte Wellenbewegungen mit dem Seil. Die Wellenbewegungen kann ich verstärken, bis ich eine Antwort erhalte.

Es kann sein, dass Ihr Pferd dabei schneller wird, dann empfehle ich die Variante mit der Gerte. Sie beginnen wieder mit dem Stimmkommando und geben dem Pferd drei Sekunden Reaktionszeit. Wenn das nicht funktioniert, führen Sie die Gerte unter dem Seil nach vorn: wenn Sie nach links longieren, zeigen Sie auf die Neun-Uhr-Position. Wenn das Pferd immer noch nicht reagiert, dann bewegen Sie das Seilchen an der Gerte. Wenn das nichts nützt, dann machen Sie einen Schritt in Richtung vor das Pferd.

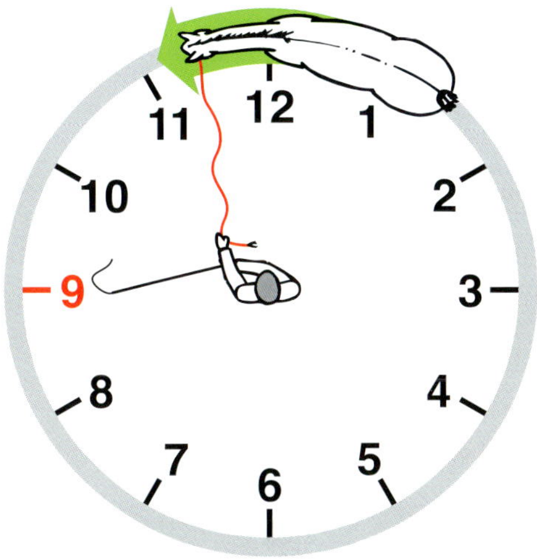

Zuerst geben wir das Stimmkommando für den Übergang vom Trab zum Schritt. Dann halten wir die Gerte in Richtung der Neun-Uhr-Position.

Wenn das Pferd darauf nicht reagiert, schütteln wir das Seilchen der Gerte. Wird es immer noch nicht langsamer, schütteln wir das Führseil.

Bei der Wahl der Stimmkommandos ist zu beachten, dass sie sich gut im Klang voneinander unterscheiden und so klar für das Pferd sind. Es ist auch wichtig, dass man für die gleiche Übung immer dasselbe Kommando gebraucht.

C3 Lassen Sie Ihr Pferd auf einem Kreis traben, ohne dass Sie sich mitdrehen. (Arbeitsseil 4 Meter)

Unser Ziel ist, dass unser Pferd auf einem Kreis um uns herum trabt, ohne dass wir uns mitbewegen. Wir wechseln das Seil hinter unserem Rücken oder über unserem Kopf, während das Pferd für kurze Momente hinter uns trabt.

Longieren, ohne sich mitzudrehen: So lernt unser Pferd, Eigenverantwortung zu übernehmen und dass es Übungen gibt, wo es nicht mit uns in Blickkontakt steht.

Unser Pferd lernt mit dieser Übung, Verantwortung zu übernehmen. Idealerweise bleibt es in der vorgegebenen Gangart und Richtung, ohne dass wir es ständig treiben müssen.

Wenn wir ein Pferd haben, das immer wieder hinter unserem Rücken stehen bleibt oder langsamer wird, unterstützen wir es weiter mit der Gerte. Es kann dem Pferd helfen, wenn wir es mit der Gerte vorwärtsschicken bis zur Sieben-Uhr-Position (unser Pferd geht links herum). Anschließend führen wir die Gerte vor uns vorbei und strecken unseren Arm nach hinten zur Fünf-Uhr-Position, um es dort wieder anzutreiben. Die Gerte bleibt immer in der rechten Hand.

Machen Sie diese Übung erst, wenn Ihr Pferd sich ruhig longieren lässt und die Gangartenwechsel sicher beherrscht.

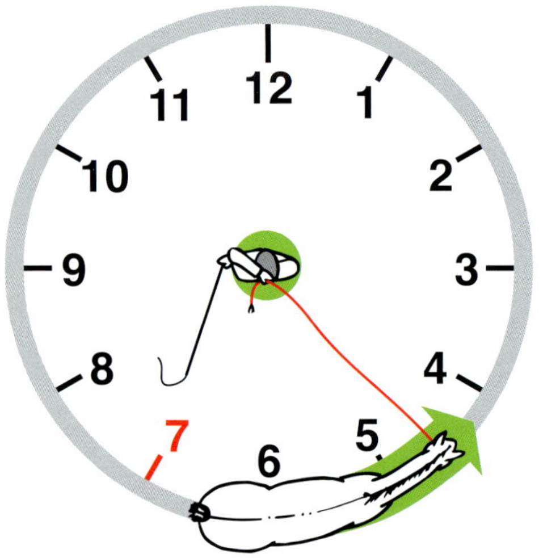

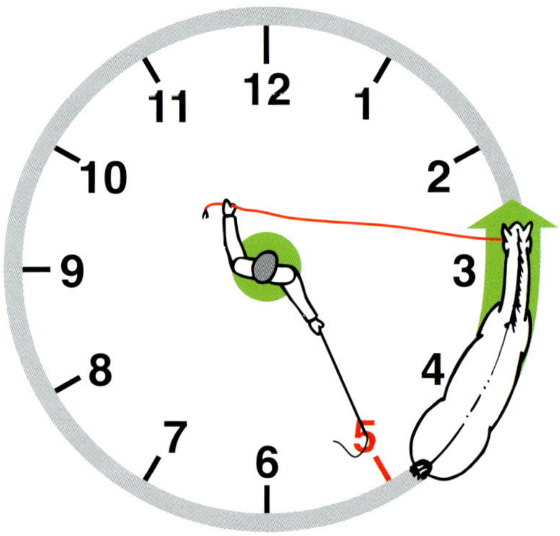

Wenn ich mein Pferd longiere, ohne mich mitzudrehen, setze ich so die Gerte ein, wenn das Pferd hinter mir langsamer wird.

C3 Machen Sie Übergänge zwischen Schritt, Trab und Galopp. Leiten Sie jeden Übergang mit einem Stimmkommando ein. (Longe 7 Meter)

Nun wollen wir das Pferd in allen drei Gangarten longieren. Hat unser Pferd Probleme, in den Galopp zu springen, dann sollten wir den Galopp immer an derselben Stelle anfragen. Es hilft auch, an diese Stelle eine Pylone oder eine Tonne zu stellen. Durch diese Markierung weiß das Pferd: „Okay, gleich werde ich wieder nach Galopp gefragt, ich kann mich also mental darauf einstellen."

Fragen wir dann nach Galopp und unser Pferd galoppiert an, ist das wunderbar. Schafft es den Übergang in den Galopp noch nicht, nehmen wir den Druck sofort weg und lassen es ruhig traben, bis es wieder an die „Galoppstelle" kommt. Dann fragen wir erneut.

Würden wir es ununterbrochen mit Druck auffordern zu galoppieren, dann würde sein Körper länger und länger, es würde auseinanderfallen. Es wäre viel zu wenig versammelt, um überhaupt noch angaloppieren zu können, und wenn es angaloppieren würde, dann könnte es den Galopp nicht lange halten.

Unser Pferd sollte immer aus einem ruhigen Trab heraus angaloppieren. Rennt es in den Galopp hinein, verliert es an Körperspannung.

Es gibt noch einen Trick, den ich anwende, wenn sich Pferde wirklich schwer beim Übergang in den Galopp tun. Bei Kaltblütern mache ich das sehr gerne. Ich stelle auf der Kreislinie zwei Pylonen im Abstand von sechs oder sieben Metern auf, um zu markieren, wo das Pferd angaloppieren soll und wo es wieder aufhören kann. Die Pylonen markieren sozusagen die Galoppstrecke. Die Pferde denken sich dann: „Okay, diesen kurzen Abschnitt versuche ich mal zu galoppieren."

Mithilfe dieses psychologischen Tricks gelingt es dem Pferd vielleicht, innerhalb von einem oder zwei Monaten, einen ganzen Zirkel oder mehr durchzugaloppieren.

Ich empfehle, gerade bei jungen Pferden, nie zu viel auf einmal zu verlangen. Wenn wir dem Pferd die Zeit lassen, die einzelnen Schritte gut zu verstehen, dann bekommen wir ein ruhigeres gefestigtes Endergebnis. Unser Ziel ist, bei dieser Übung nur das Stimmkommando gebrauchen zu müssen. Die Schritte zu diesem Ziel wurden in C2, „Machen Sie Übergänge zwischen Schritt und Trab", erklärt.

C3 Longieren Sie Ihr Pferd in Form einer Acht um zwei Pylonen. (Arbeitsseil 4 Meter)

Wenn unser Pferd an der Longe rechts- und linksherum gehen kann, können wir damit beginnen, Richtungswechsel in Form einer Acht zu üben. Dazu stellen wir zwei Pylonen im Abstand von 6 bis 8 Metern auf und kennzeichnen für uns ein Rechteck, innerhalb dessen wir uns bewegen dürfen.

Wir schicken unser Pferd, von der Mitte beider Pylonen aus gesehen, außen um die linke Pylone, dann gehen wir rückwärts, damit das Pferd auf uns zugeht. Während wir rückwärtsgehen, schicken wir es sofort nach rechts außen um die rechte Pylone, dann gehen wir wieder rückwärts, das Pferd kommt auf uns zu, trifft wieder auf die Mitte der Acht und geht weiter um die linke Pylone. Wenn das Pferd dies ein paar mal fließend ausgeführt hat, geben wir ihm eine Pause.

Die Linie des Pferdes erinnert an die Form einer Brezel.

Valentina schickt Cadete auf eine Linie in Form einer Acht. Sie muss sehr präzise arbeiten, um auf engstem Raum und in schnellem Wechsel Cadete wegzuschicken, zu sich zu holen und ihm die Richtung zu weisen, ohne ihr Rechteck zu verlassen.

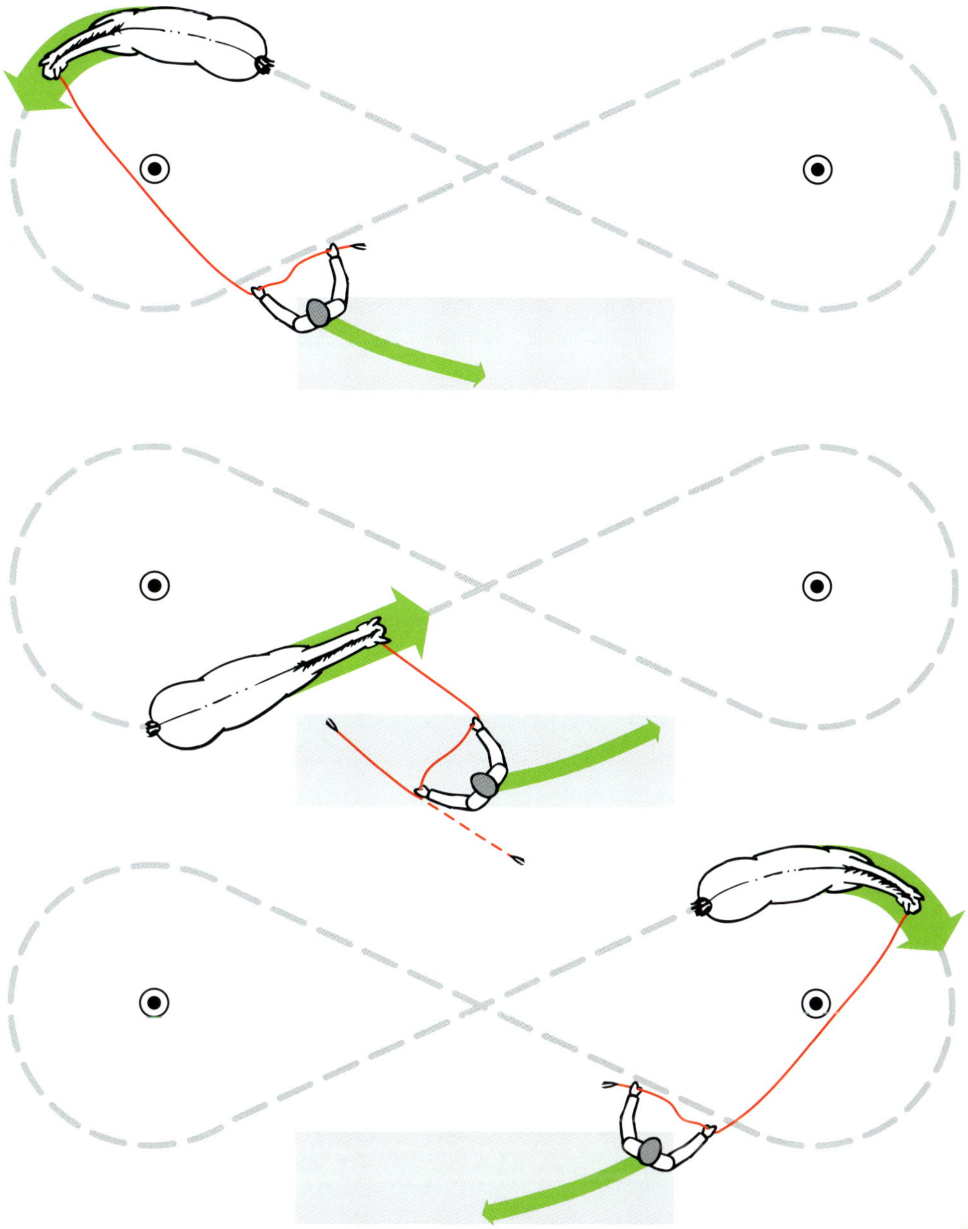

Ziel dieser Übung ist, dass wir geschickter mit unseren Hilfsmitteln werden. Damit die Übung gelingt, muss das Timing für das Rückwärtsgehen und den gleichzeitigen Wechsel der Seilhand beim Richtungswechsel perfekt sein.

Diese Übung ist sehr gut für unsere Koordination: Wir müssen unsere Körpersprache, unsere Füße und die Hände aufeinander abstimmen. Wir müssen den richtigen Rhythmus zwischen Rückwärtsgehen, Richtungweisen und Druckmachen finden. Wir lernen bei dieser Übung sehr gut, unser Pferd zu uns zu holen und es wieder wegzuschicken, auf kleinstem Raum und in minimalen Zeitabständen. Wenn die Übung im Schritt gut klappt, versuchen wir sie im Trab.

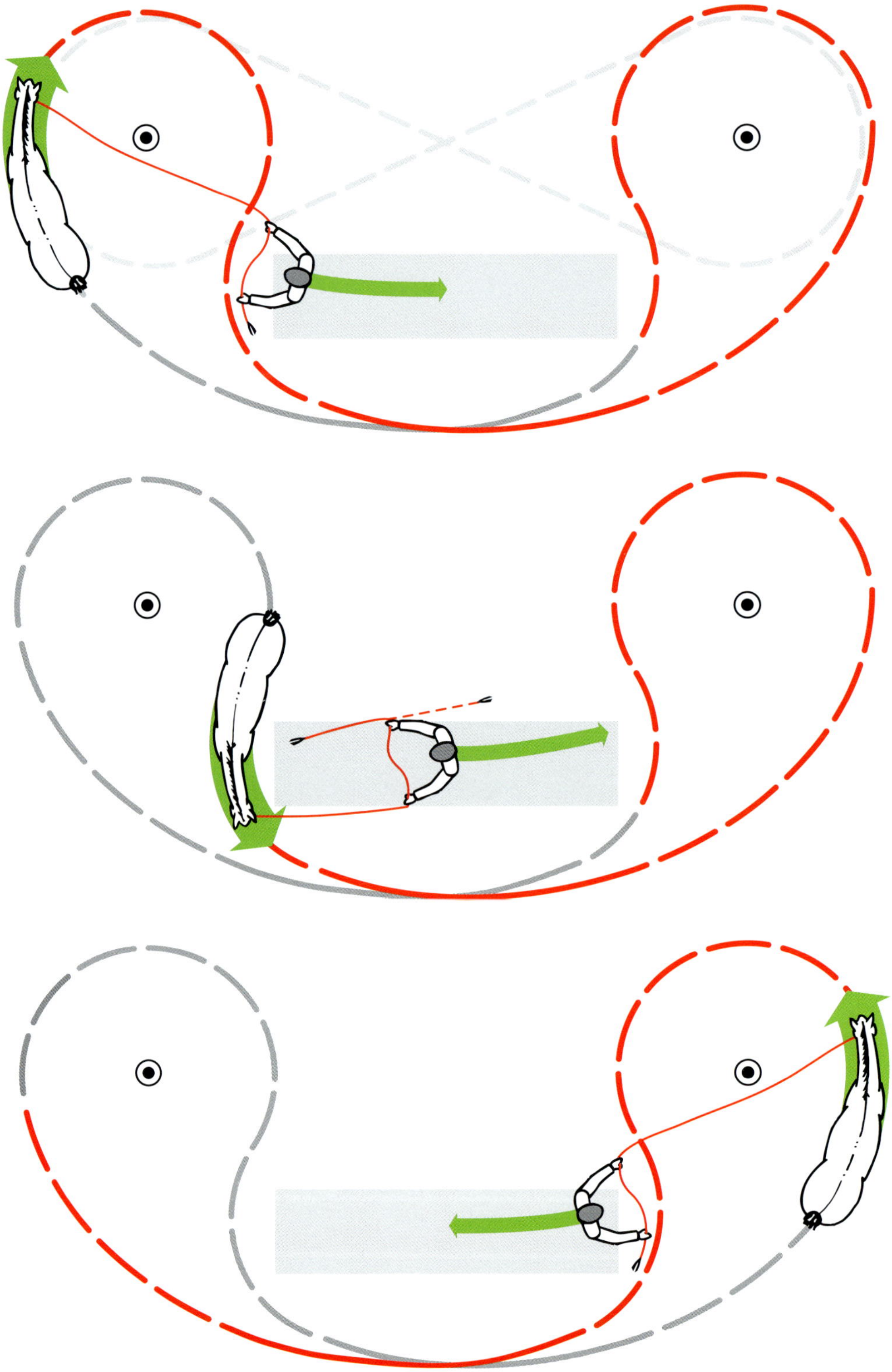

Diese Variante ist noch anspruchsvoller. Die Pylonen als optische Hilfsmittel erleichtern es dem Pferd und Ihnen, den richtigen Weg zu finden.

Mein Merksatz bei allen Übungen ist:

Beständigkeit ist das Instrument des Unterrichtens, und Abwechslung ist die Würze des Lebens. Zu viel Beständigkeit ist langweilig, und zu viel Abwechslung ist der Mangel an Beständigkeit.

Wenn diese Übung gut klappt, gibt es eine zweite Variante mit der gleichen Pylonen- und Rechteck-Aufstellung: Wir beginnen mit dem Pferd zwischen den Pylonen und schicken es nach links um die linke Pylone. Das Pferd geht ganz um uns und das Rechteck herum, geht weiter um die rechte Pylone und wechselt dann die Richtung nach rechts, wieder um uns und das Rechteck herum.

C4 Machen Sie Übergänge zwischen Schritt, Trab, Galopp, Trab, Schritt und halten Sie Ihr Pferd an. Leiten Sie jeden Übergang mit einem Stimmkommando ein. (Longe 7 Meter)

Gehen Sie nun die „Gangartentonleiter" rauf und wieder runter. Achten Sie darauf, dass das Pferd beim Wechseln der Gangart nicht auseinanderfällt. Ein guter Rhythmus in jeder Gangart und flüssige Übergänge sollten Ihr Ziel sein. Diese Übung wurde bereits ausführlich in C2 und C3 beschrieben. Nun kommt das Halten hinzu. Hier ist unser Ziel, dass das Pferd auf der Kreislinie anhält und **nicht** die Hinterhand verschiebt, um uns anzusehen. Wenn das Pferd damit Probleme hat, dann können wir das Anhalten am Zaun üben. Wenn das klappt, probieren wir es mit einem Abstand von einem Meter vom Zaun entfernt, bis wir es in der Mitte des Reitplatzes ausführen können.

Hält das Pferd gerade auf der Kreislinie an, gelingt das Antraben oder Angaloppieren besser.

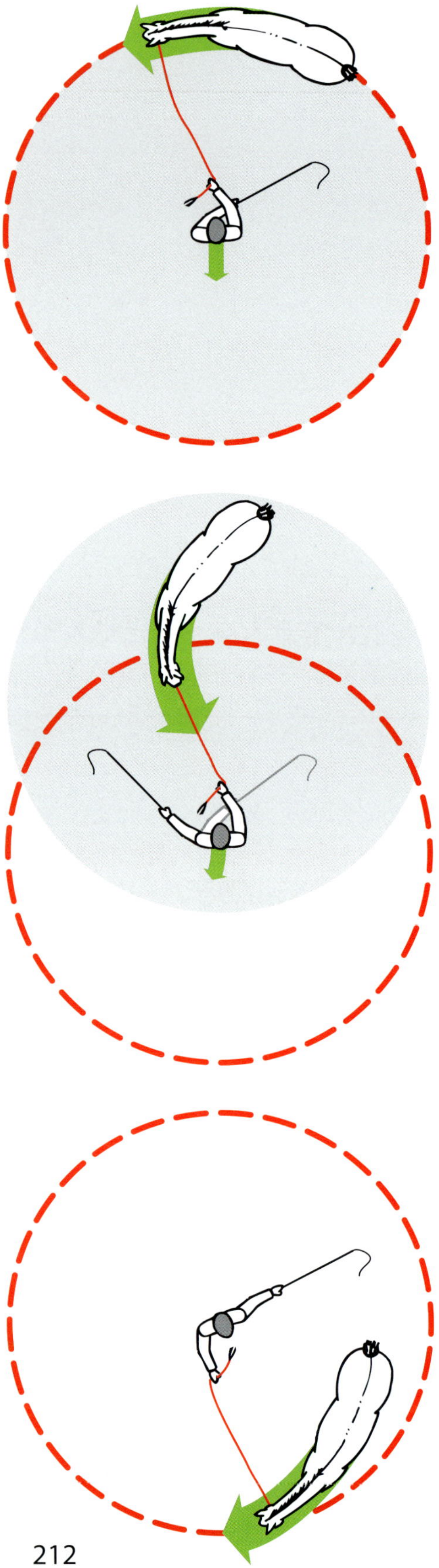

Wenn wir das Pferd gerade anhalten können, dann ist es in einer besseren Position für das Antraben oder Angaloppieren.

Versuchen Sie, die Übergänge mithilfe der Stimme anzufragen. Immer seltener sollten wir die Gerte oder das Seil benutzen müssen.

C4 Machen Sie im Trab einen Handwechsel, ohne dass das Pferd dabei die Gangart wechselt. (Longe 7 Meter)

Hier möchte ich das Pferd in einer flüssigen Art und Weise auffordern, die Hand zu wechseln, sodass es nicht langsamer wird oder gar die Gangart wechselt.

Beim Richtungswechsel an der Longe ist es wichtig, mit unserer Ausrüstung gut umgehen zu können. Für diese Übung benutze ich gerne die Gerte: Wenn das Pferd auf der linken Hand läuft, halten wir die Longe in der linken Hand, die Gerte in der rechten. Sie ist unser Gaspedal.

Bei einem Handwechsel wechseln wir zuerst beide Ausrüstungsgegenstände: Wir nehmen die Longe in die rechte und die Gerte in die linke Hand. Das Pferd läuft weiterhin auf der linken Hand. Die Gerte zeigt nach wie vor auf die Hinterhand des Pferdes, unter dem Seil durch. Ich empfehle, unser Pferd nach dem Wechsel der Ausrüstungsgegenstände von der einen in die andere Hand, erst einmal weiter auf dem Zirkel laufen zu lassen, bevor wir einen Handwechsel anfragen. So ahnt es den Wechsel nicht voraus.

Der Wechsel sieht dann so aus: Wir laden unser Pferd ein, zu uns zu kommen, indem wir rückwärtsgehen. In dem Moment, in dem wir das andere Auge sehen, in diesem Fall das rechte, bewegen wir das Seilchen unserer Gerte rollend auf das Pferd zu. Wenn das Pferd

◂ *Um das Pferd in die neue Richtung zu schicken, wechseln wir die Gerte von unserer rechten zur linken Seite, in dem Moment, in dem wir das rechte Auge des Pferdes sehen können.*

uns beim Wechsel zu nahe kommt, deutet unsere Gerte in Richtung Schulter. Haben wir eine größere Distanz zum Pferd, deutet unsere Gerte in Richtung des Rippenbogens.

Für die Zukunft sollten wir uns ein Stimmkommando für den Handwechsel überlegen. Das ist klarer für das Pferd. Dieses Wort wird dann nur für den Handwechsel gebraucht. So weiß das Pferd im Voraus, ob es für eine Pause oder für einen Richtungswechsel zu uns kommt.

Es ist wichtig, dass wir unserem Pferd durch unser Rückwärtsgehen genug Platz schaffen, um es in Form einer Acht flüssig die Hand wechseln zu lassen, ohne dass es in eine langsamere Gangart fällt.

Wenn Ihr Pferd Schwierigkeiten beim Wechseln der Hand hat, dann nehmen Sie einen Zaun oder die Bande zu Hilfe. So kann das Pferd nicht ausweichen und muss wechseln. Wenn das Pferd problemlos wechselt, können wir zurück in die Mitte des Reitplatzes gehen.

Geben Sie Ihrem Pferd die Zeit, die es braucht. Üben Sie den Handwechsel im Schritt sehr gut, und versuchen Sie es dann im Trab.

C4 Longieren Sie Ihr Pferd im Trab. Verkleinern und vergrößern Sie dabei den Kreis, ohne dass das Pferd die Gangart wechselt. (Arbeitsseil 4 Meter)

Die nächste Übung besteht darin, unser Pferd im Trab auf einem Kreis zu longieren. Hat unser Pferd Rhythmus und Tempo gefunden, versuchen wir, den Kreis für eine Runde zu verkleinern und vergrößern den Kreis dann wieder. Dabei soll unser Pferd sich die ganze Zeit über flüssig bewegen.

Das Pferd muss für diese Übung eine gute Innenstellung haben. Es sollte nicht auf die innere Schulter fallen und sich nicht zu langsam bewegen. Wir müssen ganz genau erfühlen, wie klein der Kreis für unser Pferd sein kann, damit es sich weiterhin nach innen gebogen und im gleichen Takt wie auf dem großen Kreis bewegen kann.

Durch mein Rückwärtsgehen lade ich Vanilla ein, zu mir zu kommen, dann weise ich ihr mit meiner Hand an der Longe die neue Richtung, in die sie laufen soll.

Gaby verkleinert den Zirkel, indem sie ihre Schulter parallel zu Spirits Schulter dreht, und ihn so einlädt, zu ihr zu kommen. Dabei verkürzt sie langsam Ihr Arbeitsseil.

Meine Körpersprache sollte eindeutig sein: Ich verkleinere den Kreis, indem ich meine Schulter so drehe, dass meine Schulter und die Schulter des Pferdes parallel in eine Richtung zeigen. Dann gehe ich in dieser Position näher zum Pferd, bleibe etwas hinter der Schulter des Pferdes und drehe meine Schulter noch weiter, um das Pferd einzuladen, näher in die Mitte zu kommen. Wenn es näherkommt, verkürze ich mein Arbeitsseil, um die Länge dem neuen Radius anzupassen.

Wenn nötig, schicken wir das Pferd flüssig vorwärts, damit es seinen Rhythmus nicht verliert.

Am Anfang fordern wir vom Pferd nur einen einzigen kleinen Kreis und schicken es wieder auf den großen Kreis. Wir schicken es hinaus, indem wir mit unserem Bauchnabel wieder auf das Pferd zeigen und es seitwärts mit der Gerte hinaustreiben. Vergewissern Sie sich, dass Sie dabei das Seil durch Ihre Hand gleiten lassen.

Ich achte dabei sehr genau darauf, welcher Radius möglich ist. Vielleicht kann ich einen acht Meter großen Kreis auf sechs Meter verkleinern. Mit einem wirklich gut ausbalancierten Pferd kann ich sogar einen noch kleineren Kreis machen. Diese Übung eignet sich nicht für ein junges Pferd, seine Sehnen und Gelenke sind noch nicht kräf-

Ich vergrößere mit Kaya den Zirkel, indem ich ihr meine Vorderseite zuwende und sie so hinausschicke. Das Seil gleitet dabei durch meine Hand.

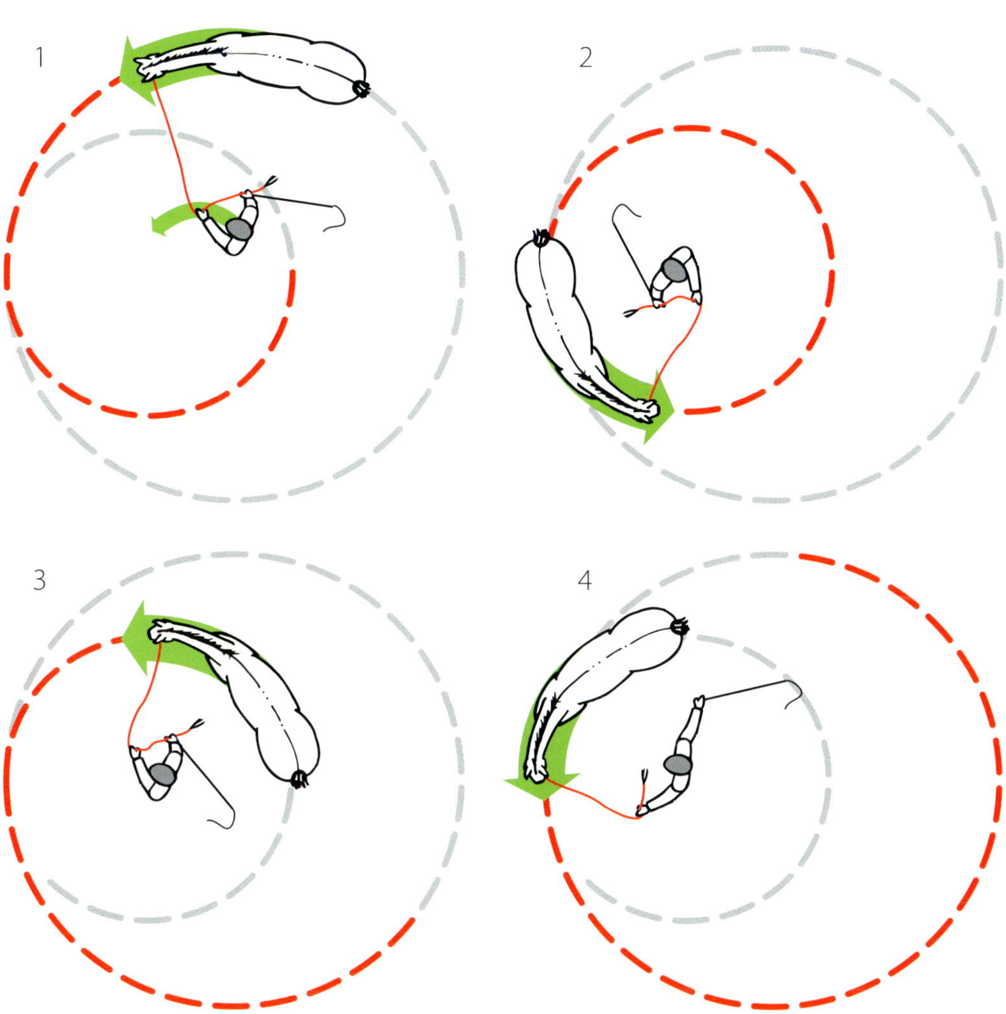

Wenn wir unsere Körperpostion konsequent und bewusst einsetzen, dann müssen wir mit der Zeit nicht mehr näher an das Pferd herangehen, um es aufzufordern, einen kleineren Kreis zu laufen. Das Pferd wird mit der Zeit zu uns kommen, wenn wir es mithilfe unserer Körperposition dazu einladen.

tig genug. Lange können Pferde nicht so eng um uns herumzirkeln. Bevor unser Pferd langsamer wird, sollten wir es wieder hinausschicken. Wir müssen hier gute Beobachter sein und unser Pferd genau lesen. Halten Sie Maß!

C5 Machen Sie Übergänge zwischen Schritt, Trab, Galopp, Trab, Schritt. Halten Sie Ihr Pferd an und schicken Sie es rückwärts. Leiten Sie jeden Übergang mit einem Stimmkommando ein. (Longe 7 Meter)

Beim Gangartenwechsel kommt nun noch ein Schritt hinzu: Wenn Sie Ihr Pferd angehalten haben, dann schicken Sie es ein paar Schritte rückwärts. Achten Sie darauf, dass es gerade rückwärtsgeht.

Ich schicke Falco rückwärts. Er soll sich gerade nach hinten schreitend bewegen.

Inzwischen sollte Ihr Stimmkommando gut funktionieren. Aber, da wir eine neue Bewegung, das Rückwärtstreten aus Distanz und ohne optische Begrenzung dazunehmen, könnte es sein, dass wir unsere Anfrage mit dem Seil oder der Gerte unterstützen müssen. Wenn Sie nach den Kategorien gearbeitet haben, kennen Sie Ihr Pferd nun gut und wissen, wo es noch Unterstützung braucht.

Das Galoppieren kleiner Kreise kann zu einer Verbesserung der Balance führen.

C5 Longieren Sie Ihr Pferd im Galopp. Verkleinern und vergrößern Sie dabei den Kreis, ohne dass das Pferd die Gangart wechselt. (Longe 7 Meter)

Wenn unser Pferd die Übung im Trab verstanden hat und sich wirklich taktrein und versammelt auf einem so kleinen Kreis bewegen kann, dann können wir einen Schritt weitergehen und diese Übung im Galopp versuchen. Für diese Übung muss Ihr Pferd gut ausbalanciert sein. Es sollte in der Lage sein, einige Runden entspannt und gelöst auf dem großen Kreis zu galoppieren.

Beginnen Sie zuerst auf einem großen Kreis, dann drehen Sie Ihrem Pferd die Schulter zu, sodass Ihre Schulter parallel zu seiner ist. Das Ziel ist, dass unser Pferd bereits, wenn wir unsere Schulter drehen, versteht, dass es reinkommen kann. Wenn Sie sich ein Stimmkommando ausgedacht haben, können Sie es hier anwenden.

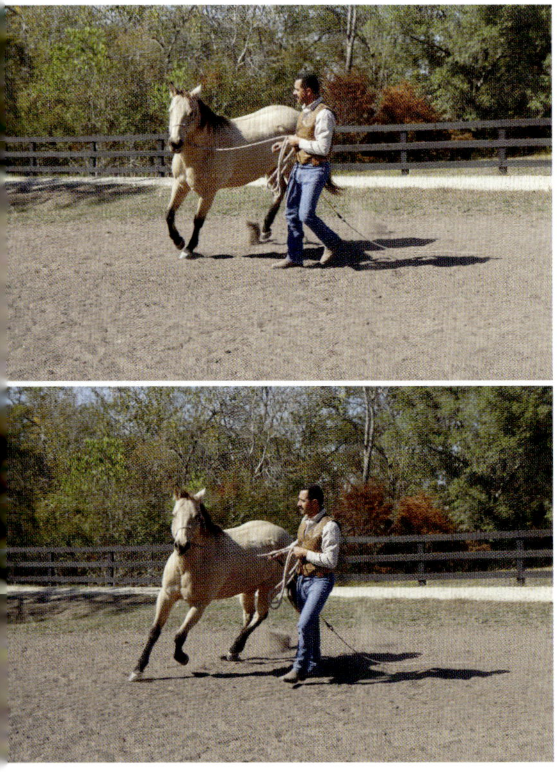

Ich lade Vanilla ein, immer näher zu mir zu kommen, indem ich ihr meine Schulter zuwende.

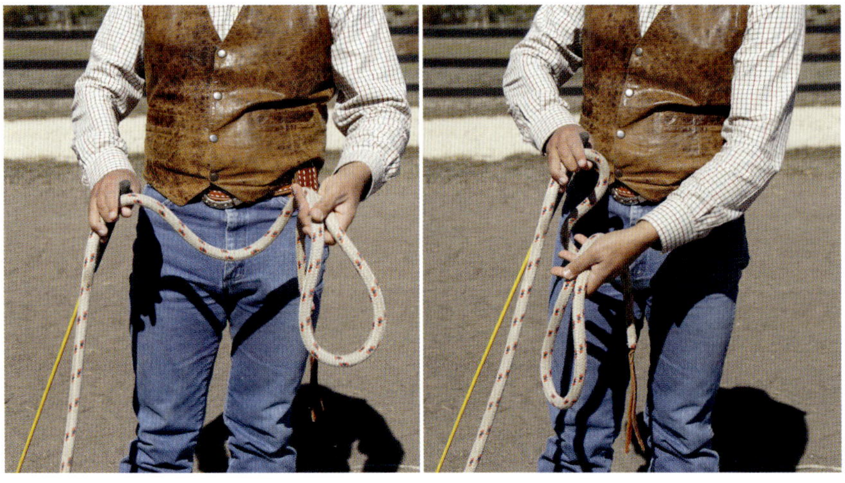

So verkürzen Sie das Seil beim Zirkelverkleinern korrekt.

Verkürzen Sie die Longe flüssig, und achten Sie darauf, dass das Pferd seinen Takt beibehält. Merken Sie, dass ihm der kleinere Radius schwer fällt, vergrößern Sie den Kreis wieder.

C5 Legen Sie das Seil einmal um den Pferdehals. Longieren Sie das Pferd im Schritt und lassen Sie es eine volle Drehung machen. Es geht anschließend in derselben Richtung weiter (Walzer). (Longe 7 Meter)

Diese Übung ist erfrischend und spaßig für Mensch und Pferd, verlangt aber auch präzises Arbeiten. Wir müssen unser Pferd genaustens dirigieren können, und es muss uns vertrauen. Wenn Sie nach den Kategorien gearbeitet haben, dann haben Sie bereits alle Puzzleteile erarbeitet, und Sie und Ihr Pferd brauchen diese jetzt nur zusammenzufügen.

Wenn wir auf der linken Seite unseres Pferdes stehen, legen wir das Seil von unserer Seite aus über den Hals und führen es wieder unter dem Hals durch. So „verpackt" longieren wir unser Pferd.

Valentina und Smokey zeigen den Walzer im Schritt. Die Handhabung der Gerte und der Longe sind hier sehr gut zu sehen.

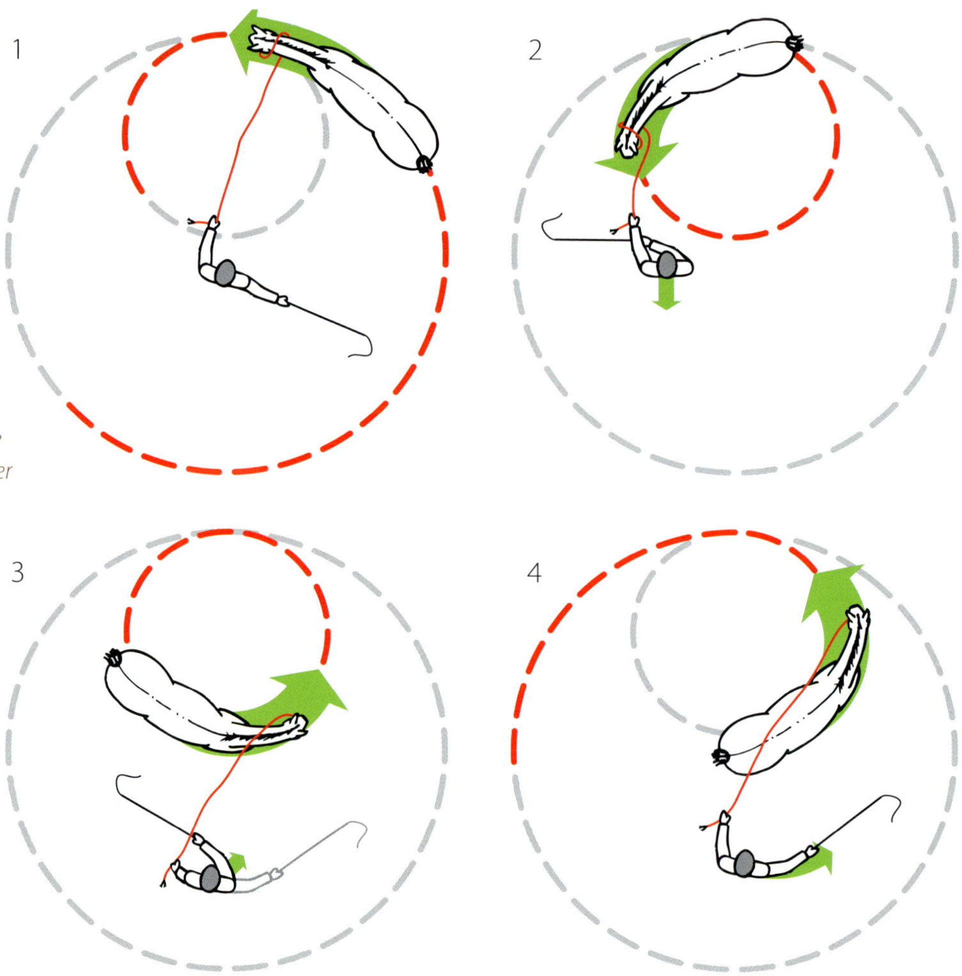

Um einen gelungenen Walzer zu erhalten, müssen wir unsere Bewegungsrichtung mehrere Male anpassen. Ebenso wichtig bei dieser Übung ist das exakte Timing des Gerteneinsatzes.

Geht das Pferd auf der linken Hand, halten wir unsere Gerte in der rechten Hand. Bei dieser Übung bleibt die Gerte immer in derselben Hand.

Wir beginnen die Drehung, indem wir die Hinterhand des Pferdes wegschicken, dann führen wir die Gerte unter der Seilhand durch, gehen etwas zurück, und zeigen mit der Gerte auf die rechte Schulter des Pferdes. Wenn die rechte Schulter vor uns vorbeigeht, dann wechseln wir die Gerte auf unsere rechte Seite, um die Schulter weitertreiben zu können und die Drehung zu vollenden. Am Besten ist es, wenn das Pferd die ganze Drehung in einem flüssigen Schritt ausführt.

Wenn das Pferd die Drehung gemacht hat, schicken wir es weiter flüssig vorwärts. Bei dieser Übung sollten wir vermeiden, an der Longe zu ziehen. Das könnte das Pferd verwirren.

Wenn das Pferd bei der Drehung einmal nicht weiter weiß, können wir das Seil über seine Hinterbeine werfen, um ihm zu helfen, die Drehung zu beenden.

Hier hilft es, die Übung zuerst in einer Ecke zu machen. Das erleichtert es dem Pferd zu verstehen, was wir von ihm wollen.

Eine andere Variante ist: Die Drehung zu beginnen, indem Sie rückwärtsgehen, um das Pferd zu sich zu bringen und die Schulter mit der Gerte herumzuschicken.

Wir Menschen brauchen bei diesem Walzer auch ein paar Tanzschritte: Wenn wir die Gerte zur rechten Schulter führen, gehen wir ein bisschen rückwärts und gleichzeitig nach links. Und wenn das Pferd beginnt, sich zu drehen, gehen wir immer weiter nach rechts.

C6 Longieren Sie Ihr Pferd im Galopp und machen Sie einen Handwechsel mit fliegendem Galoppwechsel. (Longe 7 Meter)

Der Handwechsel im Galopp mit fliegendem Wechsel funktioniert so: Lassen Sie Ihr Pferd linksherum galoppieren. Wechseln Sie Ihre Gerte von der rechten zur linken Hand, wie wir es in C4 gemacht haben. Gehen sie zügig rückwärts, und wenn Sie das rechte Auge des Pferdes sehen, dann rollen Sie das Seilchen der Gerte auf die rechte Schulter des Pferdes und schnalzen kurz. Dieser akustische Impuls wird dem Pferd helfen, umzuspringen.

Wenn das Pferd ausbalanciert ist, wird es den Galoppwechsel am Anfang des Richtungswechsels machen. Pferde, die sich weniger versammeln können, wechseln den Galopp normalerweise nach dem Richtungswechsel.

Manche Pferde werden nicht wechseln; wenn das der Fall ist, parieren wir in den Trab und probieren es nochmal.

Vanilla macht einen fliegenden Galoppwechsel. Sie wird jedoch noch etwas schnell beim Umspringen.

Wenn Sie ein etwas trägeres Pferd haben, dann beschleunigen Sie es vor dem Handwechsel. Wenn Sie ein gut vorwärtsgehendes Pferd haben, dann gestatten Sie ihm, langsamer zu gehen, wenn Sie es auffordern, die Richtung zu wechseln.

C6 Longieren Sie Ihr Pferd im Trab über zwei Cavaletti, ohne die Gangart zu wechseln. (Longe 7 Meter)

Als gute Zusatzübung für Versammlung und mentale Fitness kann man mit Cavaletti arbeiten. Ich lege erst eines auf die niedrige Seite und longiere mein Pferd auf dem Kreis über das Hindernis. Ich lege mir manchmal bis zu vier niedrige Cavaletti auf diese Kreislinie.

Klappt das, erschwere ich die Aufgabe: Ein Cavaletti lege ich auf die niedrige Seite, das nächste so, dass es höher steht, das nächste wieder niedrig, das vierte wieder hoch. Mein Pferd sollte trotz der Höhenunterschiede immer flüssig und ruhig über die Cavaletti traben.

Klappt das gut, probiere ich es im Galopp, beginne aber wieder mit nur einem Cavaletti. Auch hier möchte ich, dass mein Pferd in der angefragten Gangart bleibt. Das Pferd sollte die Beine heben, anstatt schneller und flacher zu werden. Das verlangt Körpereinsatz von unserem Pferd. Diese Übung stärkt die Bauchmuskeln unseres Pferdes und verfeinert sein Rhythmusgefühl.

Bei der Cavaletti-Arbeit lernen wir, auf den Rhythmus des Pferdes zu achten.

C6 Legen Sie das Seil einmal um den Pferdehals. Longieren Sie das Pferd im Trab und lassen Sie es eine volle Drehung machen. Das Pferd geht anschließend in derselben Richtung weiter (Walzer). (Longe 7 Meter)

Die Walzerdrehung im Schritt sollte sehr fließend ablaufen, und das Pferd sollte alle Hilfen gut verstehen, bevor Sie es im Trab probieren. Hier ist es hilfreich, ein 7-Meter-Seil zu verwenden. Bringen Sie Ihr Pferd in einen lebendigen Trab, bevor Sie die Drehung abfragen. Vergewissern Sie sich, dass Sie Ihrem Pferd genug Raum geben und Ihre Körpersprache sowie Ihre Hilfen weich und fließend sind. Das Pferd sollte in der Lage sein, einen kleinen Kreis vor Ihnen zu machen, ohne in den Schritt zurückzufallen.

Es kann sein, dass wir hier manchmal ein anderes Ergebnis erhalten: Eine volle Drehung auf der Hinterhand. Manche Leute mögen diese Variante lieber. Der Unterschied zwischen diesen beiden Varianten kann darin liegen, dass wir ein Pferd mit mehr Energie haben oder, dass wir am Ende der Drehung mehr eigene Energie einsetzen. Beide Varianten sind gut, es kommt nur darauf an, was uns besser gefällt.

C6 Legen Sie das Seil zweimal um den Pferdehals und laden Sie das Pferd zu zwei Drehungen auf der Hinterhand ein (Spin). (Longe 7 Meter)

Diese Übung hat eine ähnliche Hilfengebung wie der Walzer. Der Unterschied ist: Beim Walzer geht das Pferd zuerst auf dem Kreis vorwärts, dann soll es einen kleinen Kreis vor uns machen und geht dann wieder auf den großen Kreis. Es ist dabei immer in einer Vorwärtsbewegung. Im Spin steht es vor uns, macht eine oder mehrere Drehungen auf der Hinterhand, und beendet die Übung wieder vor uns stehend.

Wir wickeln das Seil zweimal um den Pferdehals: Wenn wir den Spin linksherum beginnen, dann geht das Seil vom Halfter an der linken Halsseite hinauf, über den Hals, und unten durch. Das Pferd steht vor uns, und die Gerte befindet sich in unseren rechten Hand. Wir

Hier kann man gut erkennen, wie das Seil um den Pferdehals gelegt werden muss, damit die Übung funktioniert. Es ist wichtig, dass das Seil vom Fiador-Knoten über den Mähnenkamm nach unten unter dem Hals hindurch zu uns führt.

schicken die rechte Schulter des Pferdes weg von uns, bis das Pferd um 180° gewendet hat. Dann machen wir einen Schritt nach links und zurück, um das Pferd wieder zu uns zu bringen. Während wir rückwärtsgehen, führen wir die Gerte unter dem Seil durch, um die Schulter erneut zu schicken und die zweite Drehung zu machen. Wir gehen also auf das Pferd zu, um die Schulter wegzuschicken, und rückwärts, um das Pferd wieder zu uns zu holen. Dieser Bewegungsablauf hilft, die Hinterhand auf einer Stelle zu fixieren.

Hier kann man gut sehen, wie man das Seil einsetzen kann, um dem Pferd zu helfen, die Drehung zu vollenden.

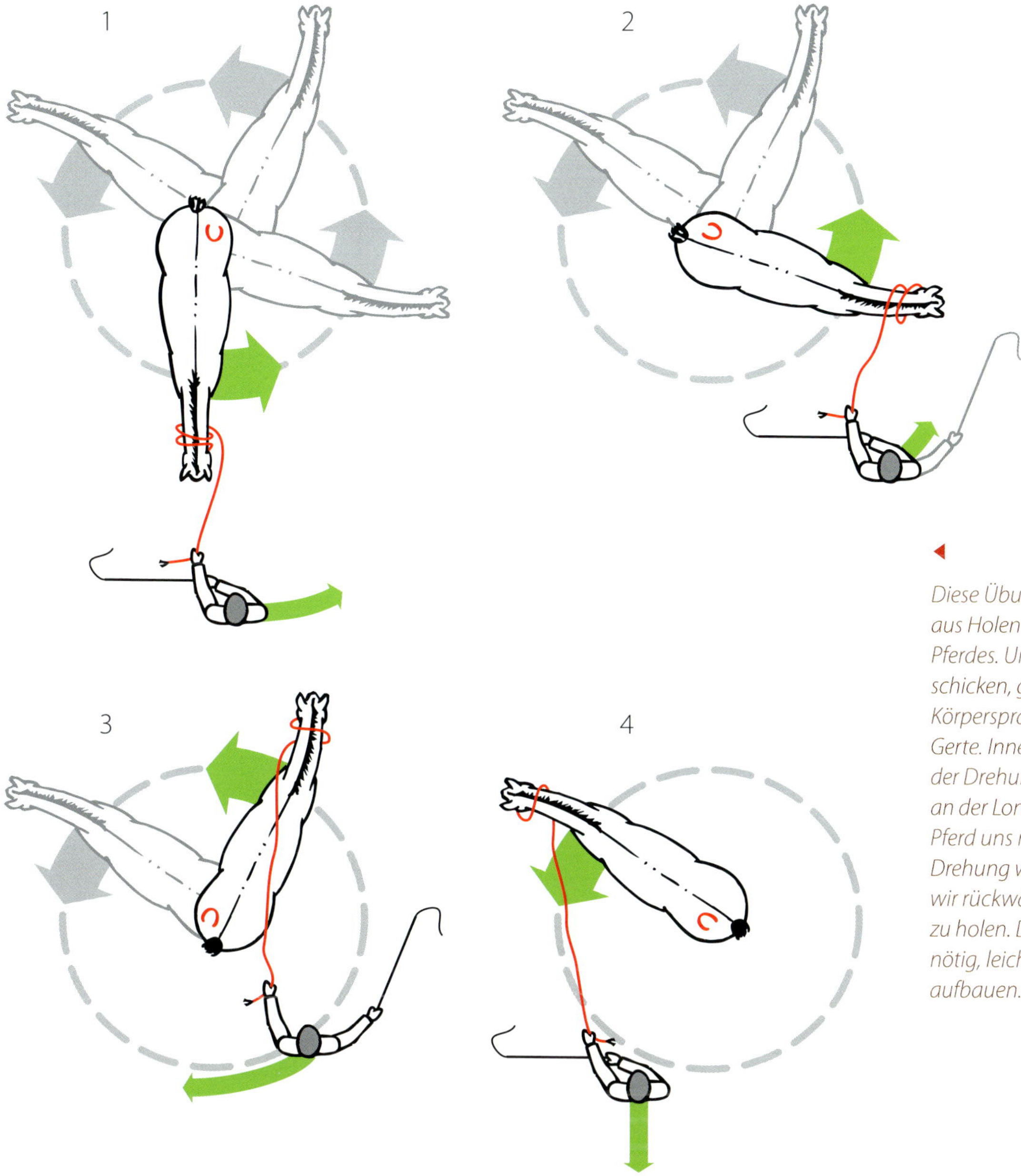

Diese Übung ist eine Kombination aus Holen und Wegschicken des Pferdes. Um das Pferd wegzuschicken, gebrauchen wir unsere Körpersprache und wenn nötig die Gerte. Innerhalb der ersten 180° der Drehung sollten wir keinen Zug an der Longe aufbauen. Wenn das Pferd uns nach den ersten 180° der Drehung wieder sehen kann, gehen wir rückwärts, um es wieder zu uns zu holen. Dabei können wir, falls nötig, leichten Zug an der Longe aufbauen.

C7 **Legen Sie das Seil einmal um den Pferdehals. Longieren Sie das Pferd im Galopp und lassen Sie es eine volle Drehung machen. Das Pferd geht anschließend in derselben Richtung weiter (Walzer). (Longe 7 Meter)**

Diese Übung ist Teil des Finales, um unser Können zu testen; unsere Koordination mit Seil und Gerte sowie unser Timing für die korrekten Hilfen, um die fließenden Bewegungen des Pferdes nicht zu stören, sind hier ausschlaggebend.

Hier benutzen wir ein 7-Meter-Seil. Wie bei vielen der Übungen machen wir den Walzer erst im Schritt, dann im Trab. Wenn die Walzerdrehung in diesen beiden Gangarten gut klappt, versuchen wir sie im Galopp. Das ist dann schon eine kleine Pirouette. Wegen der höheren Geschwindigkeit ist es gut möglich, dass das Pferd hier eine schnelle Drehung auf der Hinterhand macht, wie wir in C6 bereits erklärt haben.

C7 Longieren Sie gleichzeitig zwei Pferde mit Halfter und Führseil, machen Sie einige Übergänge, und holen Sie die Pferde zu sich herein. Viel Spaß! (Arbeitsseil 4 Meter)

Eines unserer Ziele ist, dass wir unsere Fähigkeiten zum Wohl unserer Pferde erweitern und dabei auch Spaß haben! In dieser Übung bringen wir beides zusammen. Wir selbst müssen in der Lage sein, uns auf unsere Arbeit zu konzentrieren und unsere Signale müssen auf die Pferde abgestimmt sein.

Hier gilt: Das Richtige zu machen, ist oft einfach. Aber das Richtige im richtigen Moment und in der richtigen Dosis zu machen, ist eine Herausforderung.

Mit zwei Pferden gleichzeitig zu arbeiten ist eine gute Probe für ihr Können!

Diese Übung gebrauche ich oft, wenn ich ein neues Pferd in die Herde einführen möchte. Hier habe ich Kontrolle und kann sie einander vorstellen.

Wir sollten sicher sein, dass wir beide Pferde gut unter Kontrolle haben und die Pferde nicht von sich aus aufeinander zulaufen und dabei vielleicht in Streit geraten.

Juana und Casca Nuezes warten auf weitere Aufgaben.

Das Interessante an dieser Arbeit ist, dass wir mit unterschiedlichen Energielevels arbeiten müssen. Das eine Pferd braucht vielleicht mehr Druck, das andere weniger. Auch die Pferde lernen hier, darauf zu achten, wem von ihnen ich gerade eine Frage stelle oder ein Kommando gebe. Sie können zum Beispiel versuchen, beide Pferde gleichzeitig zu sich hereinzuholen, Übergänge anzufragen, beide Pferde gleichzeitig rückwärtsgehen zu lassen.

Die Arbeit mit zwei Pferden verlangt an beiden Enden der Longe höchste Konzentration. Aber genießen Sie diese ungewöhnliche Arbeit auch!

Das Pferd zu sich holen …

Mich erinnert Das-Pferd-zu-sich-holen immer ein wenig ans Angeln. Hat der Fisch angebissen und ich will sehen, wie er aussieht, hole ich ihn ja auch über die Angelschnur zu mir. Vielleicht hilft Ihnen dieses Bild bei den folgenden Übungen.

Arien zeigt, wie das Seil beim Reinholen verkürzt wird.

C1 **Gehen Sie in einer geraden Linie rückwärts und bringen Sie Ihr Pferd im Schritt zu sich. Halten Sie es vor sich an. (Arbeitsseil 4 Meter)**

Zu Beginn stellen wir uns an der langen Seite des Reitplatzes mit etwas Abstand vor unser Pferd, sodass wir es anschauen. Dann bewegen wir uns rückwärts, um das Pferd zu uns einzuladen. Während es sich in unsere Richtung bewegt, verkürzen wir das Führseil vorsichtig, ohne daran zu ziehen. Es ist eine völlig fließende Bewegung.

Wir lassen das Seil locker durch unsere Hände gleiten, wenn wir den Abstand zum Pferd vergrößern wollen.

Wenn das Pferd nicht gleich auf unser Rückwärtsgehen reagiert, gehen wir ganz bis zum Ende des Seils rückwärts und lassen das Seil dabei locker durch unsere Hand gleiten. Manche Pferde brauchen etwas länger, um auf unser Rückwärtsgehen zu reagieren.

Diese Übung ist eine hervorragende Vorübung für Richtungswechsel beim Longieren und bei der Freiarbeit. Wir können auch hier wieder Vokabeln für unsere Körpersprache lernen.

Pferde, die etwas schüchtern sind, trauen sich oft nicht, zu uns zu kommen, wenn wir rückwärtsgehen und sie dabei ansehen. Normalerweise schaue ich mein Pferd bei dieser Übung im Ganzen an, bei den Schüchternen sehe ich aber oft nur auf die Hufe, um ihnen das Kommen zu erleichtern. Sie trauen sich dann eher, zu uns zu kommen.

Ich lade Chapel Hill Magic mit freundlicher Miene ein – und er kommt gerne.

Unsere Körperhaltung sollte beim Reinholen des Pferdes nicht zu entspannt, aber freundlich sein. Schließlich soll sich das Pferd ja eingeladen fühlen.

Bei dominanteren Pferden müssen wir darauf achten, dass sie unseren Raum respektieren und etwa einen, besser eineinhalb Meter vor uns anhalten. Dann gehen wir zu ihnen hin und streicheln sie. So verhindern wir, dass sie in unseren Raum kommen – wir ergreifen die Initiative.

Wie groß unser persönlicher Raum ist, hängt vom Temperament des Pferdes und von unseren Befindlichkeiten ab. Ich habe gern so etwa einen Meter Abstand zwischen mir und dem Pferd. Bei einigen Hengsten kann der Abstand auch etwas größer sein, etwa zwei Meter.

Kommt mir ein Pferd zu nahe, schicke ich es rückwärts, bis wir beide wieder in unserem eigenen Raum sind. Wenn ich nicht will, dass das Pferd in meinen Raum kommt, gehe ich in seinen. Möchte ich es in meinem Raum haben, lade ich es ein. Aber ich bestimme, wer in wessen Raum geht. Das ist entscheidend.

Finden Sie heraus, wo Ihr persönlicher Raum beginnt. Sie sollten sich in Gegenwart eines Pferdes immer sicher fühlen.

Arien gibt Casca Nuezes streng, aber freundlich zu verstehen: Bis hierhin und nicht weiter.

C2 „Traben“ Sie in einer geraden Linie rückwärts, bringen Sie Ihr Pferd im Trab zu sich und halten Sie es vor sich an. (Arbeitsseil 4 Meter)

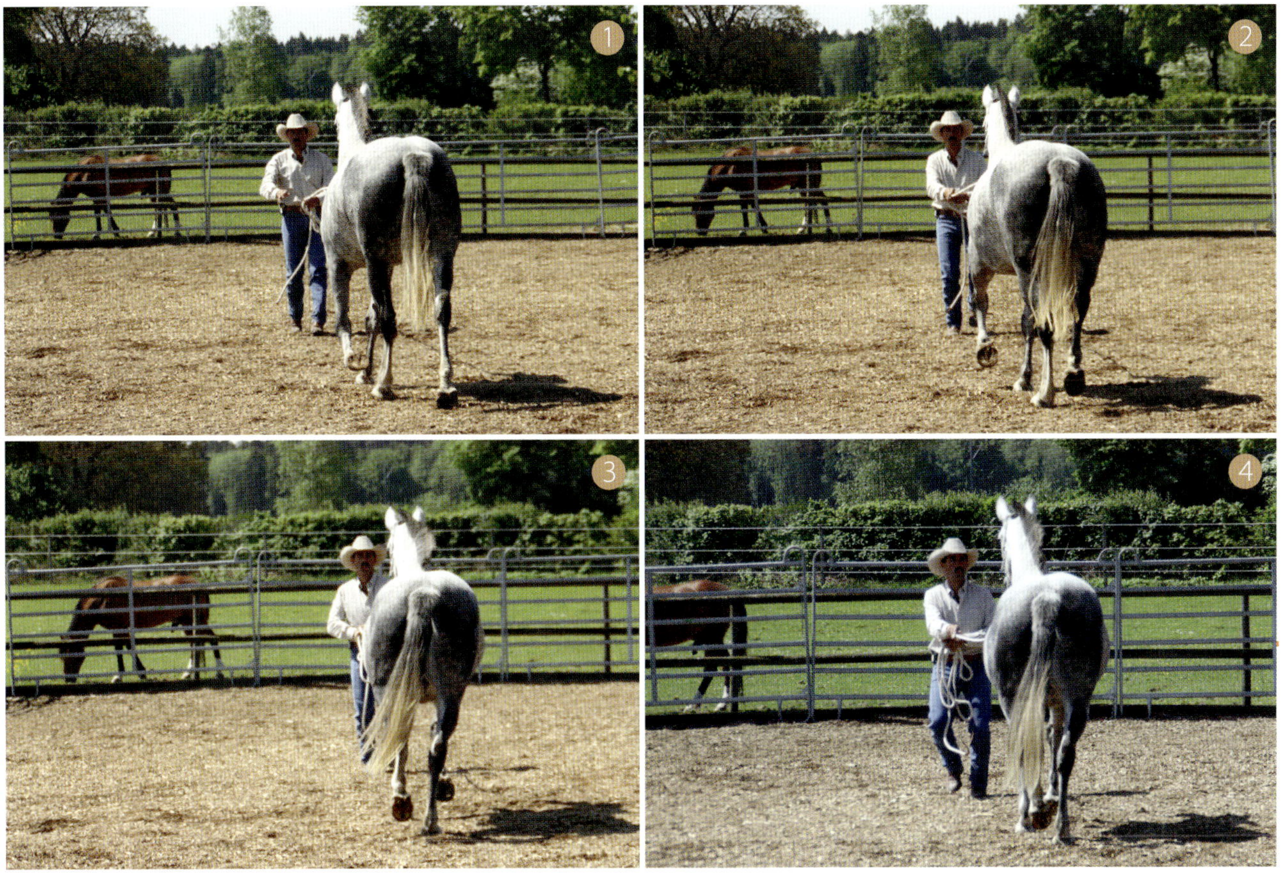

Wir sollten beim Reinholen nicht am Seil ziehen, sondern unser Pferd mit unserem Körper einladen.

Wenn C1 gut klappt und die Grenzen klar abgesteckt sind, stelle ich mich wie bei C1 beschrieben mit etwas Abstand vor mein Pferd und lade es ein, zu mir zu kommen, indem ich rückwärtsgehe. Sobald das Pferd im Schritt zu mir kommt, „trabe“ ich rückwärts und versuche, das Pferd im Trab zu mir zu bringen. Trabt das Pferd nicht an, kann man es mit Schnalzen oder der Gerte dazu auffordern.

Ich empfehle, diese „Reinhol-Übung“ unbedingt auch im Trab zu machen, damit wir später flüssige Richtungswechsel an der Longe, oder in der Freiarbeit machen können. Wenn wir beim Richtungswechsel rückwärtsgehen, dann hat das Pferd mehr Platz und kann eine wunderbare S-Kurve laufen, um die Hand zu wechseln.

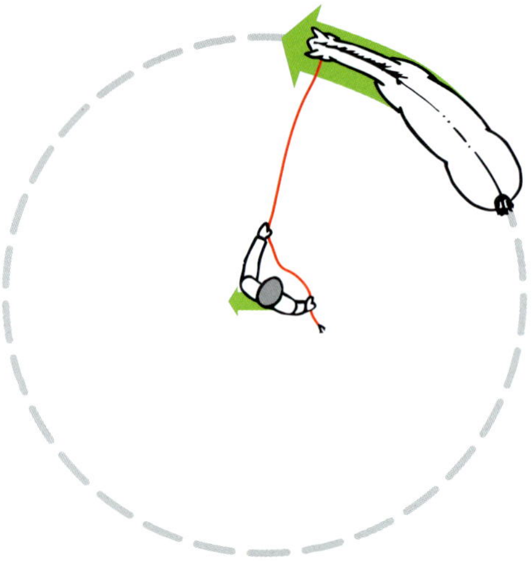

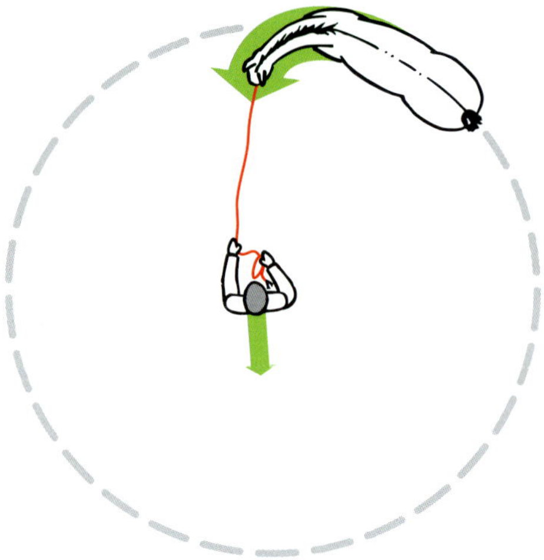

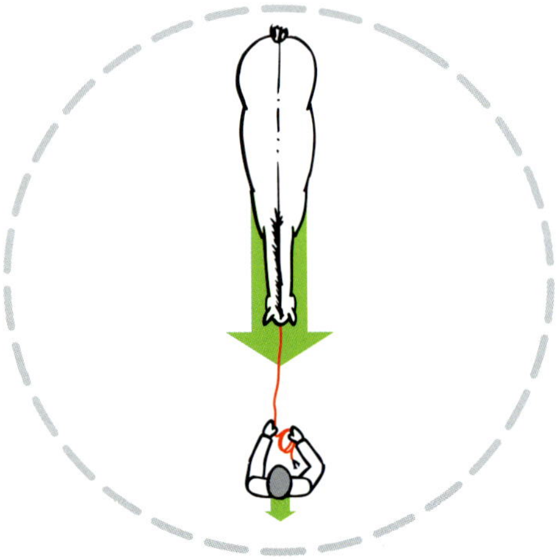

C3 Longieren Sie Ihr Pferd im Trab. „Traben" Sie in einer geraden Linie rückwärts, und bringen Sie Ihr Pferd im Trab zu sich. Halten Sie es vor sich an. (Arbeitsseil 4 Meter)

Wir longieren unser Pferd im Trab und bringen es aus dem Kreis fließend zu uns, ohne dass es in den Schritt fällt.

Bei manchen Pferden drehe ich, in der Mitte stehend, meine Schulter ein bisschen weg, um ihre Aufmerksamkeit zu erhalten, und gehe dann rückwärts. Bei anderen Pferden gehe ich erst ein wenig in ihre Vorwärtsbewegung, um ihre Aufmerksamkeit zu bekommen, und dann rückwärts. Bei wieder anderen Pferden reicht ein einziger Rückwärtsschritt und sie biegen sofort in meine Richtung ab.

Manche Leute halten ihre Gerte in die Laufrichtung des Pferdes, und führen es quasi mit der Gerte zu sich hin, oder schnipsen mit den Fingern und das Pferd läuft zu ihnen. Ich habe auf meinen Kursen schon so viele Varianten gesehen.

Lesen Sie Ihr Pferd, und probieren Sie aus, was zu Ihnen beiden passt. Legen Sie fest, wie Sie Ihr Pferd auffordern möchten, zu Ihnen zu kommen. Wenn Sie ein Zeichen gefunden haben, das funktioniert, sollten Sie immer das gleiche gebrauchen.

C4 Longieren Sie Ihr Pferd im Galopp. Gehen Sie in einer geraden Linie schnell rückwärts, und bringen Sie Ihr Pferd im Galopp zu sich. Halten Sie es vor sich an. (Longe 7 Meter)

Die Königsdisziplin beim Thema „Reinholen des Pferdes" ist, das Pferd im Galopp zu uns zu holen. Für viele Pferde ist es sehr schwer, beim Abbiegen in unsere Richtung im Galopp zu bleiben. Das Pferd muss in der Lage sein, sehr versammelt zu galoppieren, und es sollte sehr

◂ *Es ist wichtig, dass Sie die Aufmerksamkeit Ihres Pferdes erhalten, ohne am Arbeitsseil zu ziehen. Eine kleine Verschiebung Ihres Standpunktes vor das Pferd kann dafür bereits ausreichen. Stimmen Sie Ihre Geschwindigkeit beim Rückwärtsgehen mit der Ihres Pferdes ab.*

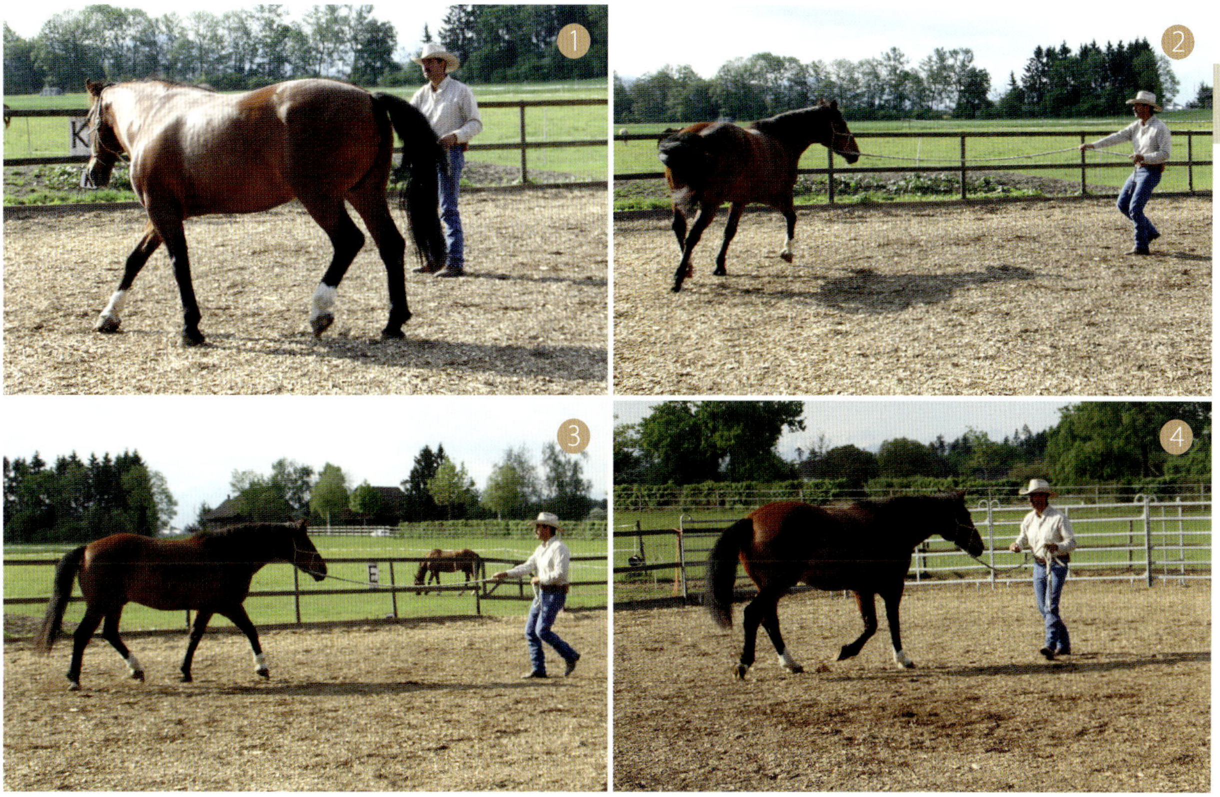

Schnalzen hilft, damit das Pferd nicht in eine langsamere Gangart fällt, wenn es von der Kreislinie zu uns kommt.

gut im Trab zu uns kommen. Wenn wir ein Stimmkommando für das Hereinholen haben, ist das großartig.

Wollen wir das Pferd im Galopp zu uns holen, sollten wir uns am Anfang mit zwei, drei Sprüngen in unsere Richtung zufriedengeben.

Das Hereinholen-im-Galopp ist eine wichtige Vorübung für die Handwechsel im Galopp an der Longe, und bei der Freiarbeit.

Tasten Sie sich an die Übung heran. Manche Pferde werden im Galopp etwas übermütig beim Hereinkommen.

Führen und Schicken …

Ein Pferd zu führen, ist eine ganz selbstverständliche Sache, aber es kann mitunter auch eines der schwersten Dinge sein, die wir mit Pferden machen müssen. Ein Pferd zu führen, das diese Grundlage nicht gelernt hat, ist keine leichte Aufgabe (*siehe Kapitel 1.5 „Das erste Führen"*).

Es gibt zwei Führvarianten: Bei der einen Variante führen Sie das Pferd, indem Sie vor ihm hergehen. Bei der anderen Variante gehen Sie neben dem Pferd her.

Unser Pferd sollte beide Varianten kennen. Ich selber bevorzuge es, neben dem Pferd zu gehen und es am durchhängenden Strick zu führen. Es gibt allerdings Situationen, in denen wir unser Pferd sehr kurz halten müssen, beispielsweise wenn wir mit dem Pferd durch eine Menschenmenge gehen oder es entlang einer Straße führen. Auf solche Situationen müssen wir unser Pferd vorbereiten. Wir können es nicht einfach aufhalftern und losmarschieren.

Für ein korrektes Führen ist es wichtig, dass das Pferd gut neben oder hinter uns herläuft, anhält und rückwärtsgeht. Für manche Pferde kann es eine große Hilfe sein, wenn wir eine Gerte zur Unterstützung dabei haben.

Eines ist mir beim Führen ganz wichtig: Das Pferd darf sich erschrecken, aber es muss meinen Raum respektieren, wenn es vor Schreck durch die Gegend springt. Es darf **nie** in mich hineinlaufen, sondern muss den Weg um mich herum finden. Wenn ein Pferd in meinen Raum eindringt, dann gebe ich ihm zu verstehen, dass das nicht in Ordnung ist.

Ich für meinen Teil respektiere aber auch seinen „privaten Raum". Ich würde in diesen auch nicht ungefragt hineingehen. So funktioniert doch Partnerschaft – dass jeder seinen eigenen Raum hat, und der andere diesen respektiert.

Wir müssen die Distanz zwischen uns und dem Pferd beim Führen von seinem Charakter abhängig machen. Ist mein Pferd ein Tier, das lieber etwas mehr eigenen Raum hat, oder macht es ihm nichts aus, wenn wir sehr dicht nebeneinander hergehen?

C1 Gehen Sie im Schritt parallel zum Zaun neben Ihrem Pferd her, halten Sie es an und schicken Sie es rückwärts.

Zu Beginn üben wir, mit unserem Pferd an der langen Seite des eingezäunten Reitplatzes synchron entlangzugehen, gemeinsam zu stoppen und gemeinsam rückwärtszugehen.

Ich fordere Jalea mit meinem Oberkörper auf, anzutreten und unterstütze sie anschließend mit der Gerte. In dem Moment, in dem das Pferd antritt, nehme ich die Gerte wieder runter.

Um anzuhalten, führe ich die Gerte zuerst in einer tieferen Position vor das Pferd und nehme sie dann langsam höher, bis Jalea reagiert. Die Gerte sollte mit genügend Abstand zum Pferd eingesetzt werden, damit das Pferd sie sehen kann.

Das ist die richtige Gertenhaltung, wenn wir unser Pferd anhalten und rückwärtsgehen lassen wollen.

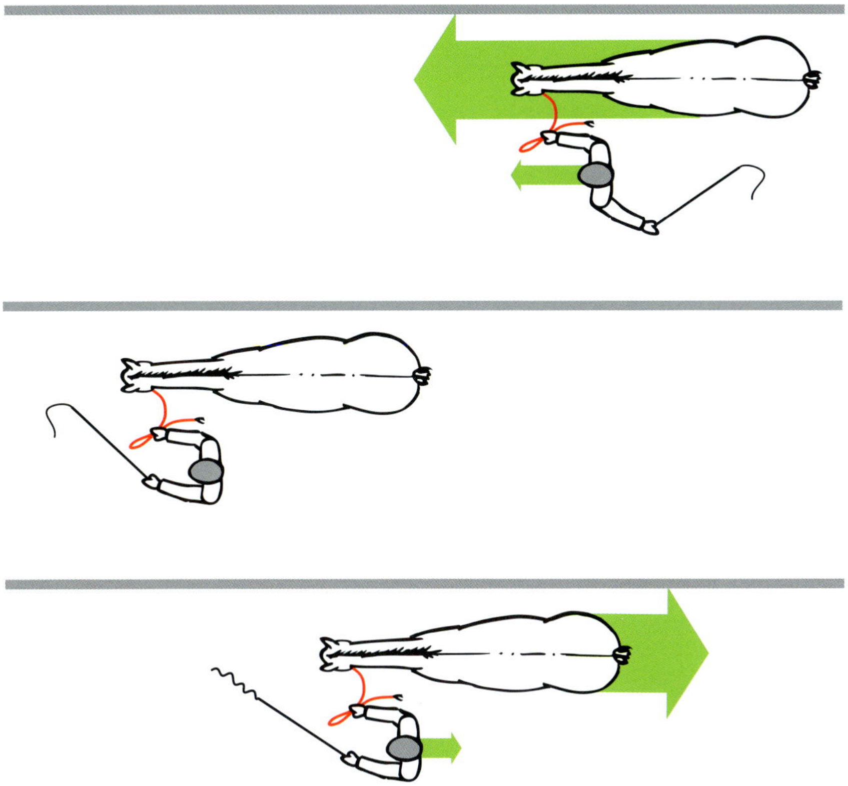

Achten Sie darauf, dass Sie immer die gleiche Position neben Ihrem Pferd beibehalten, auch während der Übergänge. Warten Sie auf Ihr Pferd, und bewegen Sie sich synchron mit ihm, dann wird Ihnen diese Übung korrekt gelingen.

Wenn sich das Pferd zwischen Ihnen und dem Zaun zu sehr eingeengt fühlt, dann geben Sie ihm etwas mehr Raum.

So lädt man ein Pferd ein, anzutreten: Arien neigt seinen Oberkörper nach vorne und hilft Casca Nuezes mit dem Seil.

Ich führe mein Pferd nicht eher im Freien, sprich im Gelände, bis es auf einem eingezäunten Platz ruhig und flüssig neben mir hergeht, anhält und sich rückwärtsrichten lässt.

Und so funktioniert das gemeinsame Bewegen: Wenn wir auf der linken Seite des Pferdes stehen, dann haben wir das Führseil durchhängend in der rechten Hand, und in unserer linken Hand befindet sich unsere Gerte oder das Seilende, welches uns hilft, unsere Anfragen zu unterstützen. Wenn wir vorwärtsgehen wollen, dann beugen wir unseren Oberkörper leicht nach vorne, um die Bewegung einzuleiten. Wenn das Pferd nicht mitkommt, dann zeigen wir mit dem Strick oder der Gerte nach hinten, auf die Hinterhand.

Wenn wir anhalten wollen, neigen wir unseren Oberkörper ein wenig zurück, unsere Füße bewegen sich jedoch noch, weil wir gleichzeitig

Arien macht Wellenbewegungen mit dem Seilchen der Gerte, um Casca Nuezes zum Rückwärtsgehen aufzufordern.

Wichtig! Üben Sie das Führen und Anhalten von rechts und links!

mit dem Pferd anhalten wollen. Reagiert es nicht auf den Oberkörper, halten wir unsere Gerte nach vorne und heben sie hoch, auf Augenhöhe des Pferdes, sodass unser Pferd die Gerte gut sehen kann. Wenn es immer noch nicht anhält, können wir das Seilchen an der Gerte wellenartig bewegen. Erst wenn das Pferd anhält, halten wir auch an.

C2 Gehen Sie im Schritt und im Trab parallel zum Zaun neben Ihrem Pferd her, halten Sie es an und schicken Sie es rückwärts.

Ziel ist es hier, die Übergänge: Schritt, Trab, Anhalten und Rückwärts, mit unserem Pferd zusammen zu machen. In dieser Kategorie gebrauchen wir immer noch den Zaun zur Orientierung. Falls das Pferd schneller wird, wenn wir es in den Trab schicken, und uns zuvorkommen will, zögern wir nicht und gebrauchen das Seil, um es zu bremsen.

Wir vergewissern uns, dass wir nicht antraben, bevor das Pferd trabt. Ansonsten geraten wir zu weit vor das Pferd. Das Gleiche gilt für die Übergänge in den Schritt und das Anhalten: Wir schlagen den Übergang zuerst mit unserem Körper vor. Wenn das Pferd nicht langsamer wird, helfen wir mit dem Seil oder der Gerte, und in dem Moment, in dem es den Übergang macht, gehen auch wir in den Schritt über oder halten an.

Die beste Position ist neben der Pferdeschulter.

Immer seltener wollen wir dabei das Seil oder die Gerte zu Hilfe nehmen.

C3 **Gehen Sie im Schritt und im Trab neben Ihrem Pferd her, halten Sie es an, schicken Sie es rückwärts, und machen Sie Richtungsänderungen überall auf dem Reitplatz.**

Synchrones Stoppen aus dem Trab. Arien setzt die Gerte nur noch sparsam ein.

In dieser Kategorie knote ich das Führseil gerne mit einem speziellen Knoten um den Pferdehals. So erhalte ich einen Halsring, der sich nicht zuziehen kann.

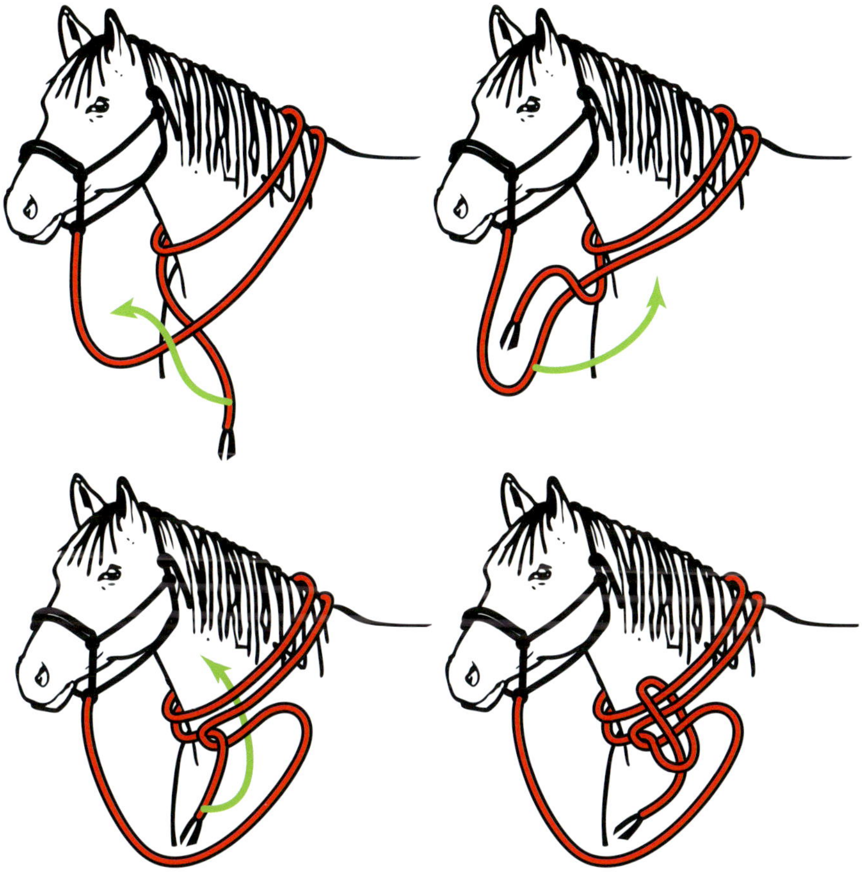

Gebrauchen Sie zuerst die Gerte, und unterstützen Sie das Pferd nur dann mit dem Führseil, wenn es nicht reagiert.

So mache ich den Knoten für den Halsring: Ich lege das Seil zweimal um den Pferdehals. Dann führe ich das Seilende unter dem Teil des Seiles, welches zum Halfter geht, durch und wieder über das Seil. Nun falte ich den Teil des Seiles, der zum Halfter geht so, dass sich eine kleine Schlaufe bildet, und ergreife ihn ebenfalls mit meiner rechten Hand.

Jetzt führe ich das Seilende unter dem „Seilpaket", das ich in meiner rechten Hand habe, durch, und zum Schluss von oben nach unten durch die zuletzt entstandene Schlaufe.

2.8

Beginnen Sie erst mit einem kleinen Kreis, um anfangs von der Bande wegzugehen. Wenn das gut klappt, können Sie eine Gerade versuchen.

Bei dieser Übung bewegen wir uns auf dem gesamten Reitplatz, im Schritt und im Trab. Ein Zaun dient uns nicht länger als Orientierung. Das Pferd sollte sich immer unseren Bewegungen und unserem Tempo anpassen. Es sollte immer auf der Höhe unserer Schulter bleiben. Wenn das Pferd seine Position verliert, dann greifen wir in den Halsring, um es zu korrigieren. Wenn das Pferd zu übermütig ist, ist es besser, keinen Knoten zu machen und das Seil in der Hand zu halten. Wir können dann Handwechsel machen, gemeinsam eine Acht und Slalom laufen. Wir bleiben plötzlich stehen und gehen rückwärts, ohne dass das Pferd von unserer Seite weicht.

Beim Anhalten sollten Sie darauf achten, dass das Pferd wirklich parallel zu Ihnen stehen bleibt, ohne seine Hinterhand zu bewegen.

Für den Richtungswechsel zu uns hin, vergewissern wir uns, dass wir unseren Schritt verlangsamen, sodass das Pferd nicht zurückbleibt. Für den Richtungswechsel von uns weg, ist es am Anfang hilfreich, die Gerte an der Vorhand einzusetzen, um das Pferd abdrehen und weichen zu lassen. Auch müssen wir hier unseren Schritt beschleunigen, um nicht zurückzufallen.

C5 **Gehen Sie im Schritt, im Trab und im Galopp neben Ihrem Pferd her, halten Sie es an, schicken Sie es rückwärts, und machen Sie Richtungsänderungen überall auf dem Reitplatz.**

Jetzt kommt der Galopp dazu. Wir befinden uns wieder in der Mitte des Reitplatzes und fragen das ab, was wir schon können: den gemeinsamen Schritt, Trab, das Anhalten und das gemeinsame Rückwärtsgehen.

Den Galopp fragen wir am besten an, während wir mit unserem Pferd auf einem kleinen Kreis laufen und zur Sicherheit den Kopf des Pferdes in unsere Richtung biegen. Beim Angaloppieren müssen wir viel Fingerspitzengefühl haben, denn das Pferd könnte bei zu viel Druck treten oder davonstürmen. Das tun besonders die Pferde, die noch nicht so gut ausbalanciert sind. Deshalb warten wir mit dieser

Übung, bis das Pferd etwas weiter ausgebildet ist. In der Kategorie C5 sollte unser Pferd mental und körperlich gut im Gleichgewicht sein, sodass es in der Lage ist, dicht neben uns zu galoppieren.

Ich lasse mein Pferd erst auf einem kleinen Zirkel mithilfe meines schon etablierten Stimmkommandos angaloppieren (das Gute am Stimmkommando ist, dass man nicht zu viel Druck machen kann). Nach ein paar guten Sprüngen pariere ich es wieder durch. Klappt das Galoppieren auf dem Zirkel gut, versuche ich es auf einer Geraden, ein paar Sprünge lang. Dann gehe ich wieder auf eine Zirkellinie. Sie können versuchen, Geraden mit kleinen Zirkeln abzuwechseln.

Es braucht ein eingespieltes Team, um die Gerade auch im Galopp zu bewältigen.

◀ *Ich benutze die Ecke zum Angaloppieren. Hier tritt Falco gut unter und kann so besser angaloppieren.*

Ich mag all diese Übungen sehr, weil das Pferd lernt, auf unsere Körpersprache zu achten. Es folgt unseren Bewegungen, und das ist eine schöne Sache, um die Verbindung zwischen mir und meinem Pferd zu stärken.

Ich geh' mit Dir, wohin Du willst...

Seitwärtsbewegungen …

Bevor wir mit den Seitwärtsbewegungen beginnen, sollte unser Pferd die Verschiebung der Vorhand und der Hinterhand verstanden haben (*siehe Kapitel 2.3 „Verschiebung der Hinterhand" und 2.4 „Verschiebung der Vorhand"*).

Diese Grundlagen müssen sitzen. Ihr Pferd sollte zudem keine Angst vor Ihren Ausrüstungsgegenständen haben und sich überall am Körper berühren lassen (*siehe Kapitel 1.4 „Das Pferd überall berühren"*).

Ich stelle Ihnen im Folgenden vierzehn Seitwärtsbewegungen vor, die aufeinander aufbauen und kombiniert werden können. Alle Übungen werden von beiden Seiten ausgeführt.

Die korrekte Handhaltung. Mit unserer Hand am Fiador-Knoten gleichen wir die Bewegungen des Pferdes wie mit einem Joystick aus.

C1 Das Pferd steht mit dem Kopf zum Zaun. Ihr Bauchnabel zeigt in Richtung der Schulter des Pferdes. Wir schicken es mit Fingerdruck seitwärts von uns weg.

Bei der ersten Seitwärtsbewegung steht unser Pferd mit dem Kopf zum Zaun oder zur Bande hin ausgerichtet. Wenn wir links neben ihm stehen, umfasst unsere linke Hand den Fiador-Knoten des Halfters. Wir wollen nun entlang des Zaunes gehen. Unsere Füße bewegen sich dabei ziemlich nah an dieser Begrenzung. Wir stehen ein wenig zwischen Zaun und Pferd.

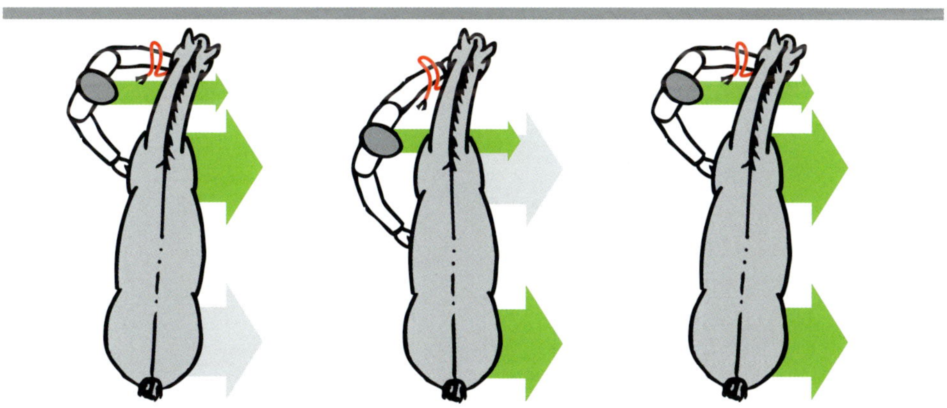

Wir schicken das Pferd seitwärts von uns weg. Wichtig ist hier, dass die Hand am Halfter das Pferd in Bewegung bringt und wir dann sofort entlang der Bande mitlaufen. Wenn das Pferd in Bewegung ist, korrigieren wir wenn nötig die Hinterhand oder die Vorhand.

Die Seitwärtsbewegung leiten wir ein, indem wir die Bewegungsrichtung mit der Hand am Halfter vorgeben (unsere Hand fungiert wieder als Joystick) und so die Vorhand verschieben. Manche Pferde

Ich verschiebe Jaleas Hinterhand etwas, um ein flüssigeres Seitwärtstreten zu erhalten.

verschieben durch diese Hilfe schon die Vorhand, andere brauchen noch den Impuls durch unsere Finger an ihrer Schulter.

Ist das Pferd in Bewegung, wechseln wir mit der Vorhand- und Hinterhandverschiebung ab, sodass unser Pferd immer mit dem Kopf zum Zaun ausgerichtet ist und nicht versucht, eine parallele Position zum Zaun hin einzunehmen.

Wie wir die Berührungen dosieren, hängt vom Pferd ab. Manch ein Pferd braucht mehr die „Vorhandverschiebungshilfe" (Finger an der Schulter), ein anderes mehr die „Hinterhandverschiebungshilfe" (Finger am Rippenbogen, dort wo später unser Bein liegt, um die Hinterhand vom Sattel aus zu verschieben).

Die Position meiner Finger bei der Hinterhandverschiebung.

Braucht unser Pferd nur Unterstützung bei der Verschiebung der Vorhand, liegt unsere rechte Hand auf der Schulter (wenn wir links vom Pferd stehen). Braucht es Unterstützung bei der Verschiebung der Hinterhand, bleiben unsere Finger in der Mitte des Rippenbogens liegen.

Wieder andere Pferde müssen wir gar nicht berühren. Wir setzen sie mit unserer Hand am Fiador-Knoten in Bewegung, und sie halten allein Kurs entlang des Zauns.

Klappt die seitliche Verschiebung mit den Fingern nicht, weil das Pferd nicht weichen will oder versucht auszuschlagen, können wir stattdessen das Seilende oder eine Gerte benutzen.

Worauf wir achten müssen, ist, dass unsere Hand am Fiador-Knoten das Pferd nicht aus Versehen zu uns zieht. Das würde unser Pferd verwirren.

Diese erste Seitwärtsbewegung mache ich mit freundlichen, umgänglichen Pferden. Ist das nicht der Fall oder arbeite ich mit einem jungen Pferd, das übersprudelnde Energie hat, beginne ich lieber mit der nächsten Variante der Seitwärtsbewegungen und probiere danach diese Variante.

Manchmal ist es besser, die Stimme, und wenn nötig das Ende des Seiles, zu gebrauchen, um zu viel Druck mit den Fingern zu vermeiden.

C1 Stehen Sie am Zaun, schicken Sie Ihr Pferd auf einen Halbkreis und lassen Sie es seitwärts entlang des Zauns von sich weggehen.

Bei Pferden, zu denen ich erst einmal ein wenig Abstand haben möchte, mache ich diese Übung, die unser Pferd bereits aus Kapitel 2.6 *„Longieren"* C1 kennt.

Sie erinnern sich bestimmt: Bei dieser Longierübung standen wir mit dem Rücken zum Zaun und haben unser Pferd in einer Halbkreisbewegung von links nach rechts geschickt, wobei es am Ende zum

Wenn wir das Pferd in einem Halbkreis zur Bande schicken, ist es bereits in Bewegung und kann so einfacher in die Seitwärtsbewegung übergehen als aus dem Stand. Wir müssen darauf achten, dass wir früh genug an der Bande entlang auf das Pferd zugehen und es seitwärtsschicken, bevor es an der Bande ankommt und stehen bleibt.

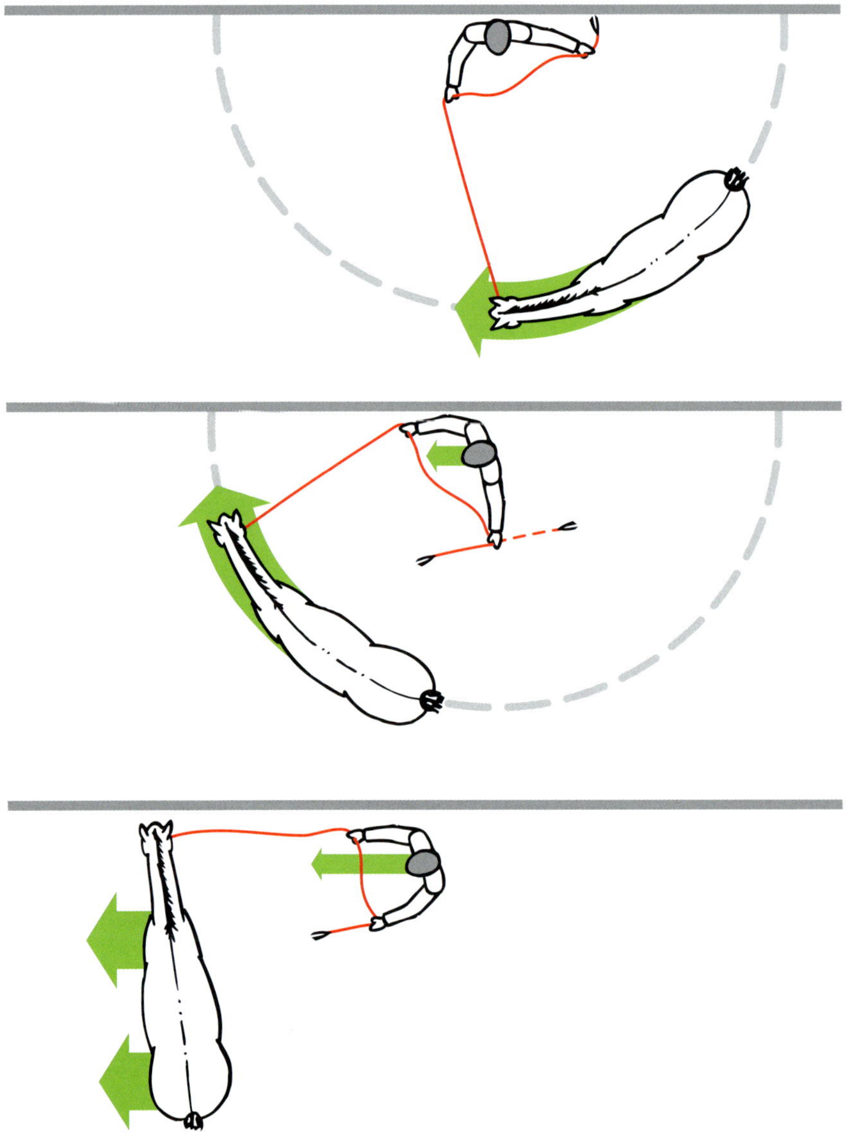

Wir schicken unser Pferd auf einem Halbkreis von links nach rechts. ***Kurz bevor*** *es den Zaun erreicht, gehen wir auf es zu und bewegen es seitwärts.*

Zaun hin ausgerichtet stehen blieb. Das wollen wir jetzt wieder tun, allerdings fügen wir eine entscheidende Variante hinzu: Wenn unser Pferd fast am Zaun angelangt ist, gehen wir auf es zu, üben dabei Druck mit Seil oder Gerte aus und ermuntern es so, seitwärts dem Zaun entlang weiterzugehen.

Unser Timing ist hier sehr wichtig: Sekundenbruchteile, bevor das Pferd vor dem Zaun anhalten würde, setzen wir uns in Bewegung und bauen sanften Druck auf, damit das Pferd sich seitlich weiterbewegt. Steht unser Pferd erst einmal, ist es schwieriger, aus dem Stand heraus in die Seitwärtsbewegung zu kommen. Wir müssen die Bewegung des Pferdes ausnutzen und sie nahtlos in die andere Richtung fließen lassen. So wird es dann wie von selbst in die Seitwärtsbewegung finden.

Lassen Sie Ihr Pferd einige Schritte seitwärtsgehen, damit es seinen Rhythmus findet und weiß, dass es sich anstrengen muss.

Wichtig! Passen Sie in dem Moment, in dem Ihr Pferd aus dem Halbkreis Richtung Zaun geht, auf, dass Sie bei der nun kommenden seitlichen Verschiebung den Druck dort ansetzen, wo das Pferd ihn braucht. Ein häufiger Fehler ist, dass man zu viel Druck auf die Hinterhand macht, das Pferd seine Hinterhand dreht und uns, anstelle des Zaunes, anschaut. Dosieren Sie hier ganz genau!

Es ist wichtig, dass wir das Seil locker lassen, damit wir das Pferd beim Seitwärtstreten nicht behindern.

Ich schicke Cadete seitwärts bis ans Ende des Seils.

Und noch etwas: Kommen Sie bei dieser Übung den Hinterbeinen nicht zu nahe. Ein Pferd kann bei zu viel Druck auch mal ausschlagen. Sorgen Sie dafür, dass Sie einen guten Abstand zum Pferd haben, auch in dem Moment, in dem Sie in die Seitwärtsbewegung übergehen. Auch Ihr Pferd braucht Raum, um die seitliche Bewegung gut machen zu können.

C2 **Das Pferd steht mit dem Kopf zum Zaun. Ihr Bauchnabel zeigt in Richtung der Schulter des Pferdes. Schicken Sie es seitwärts bis an das Ende des Seils, ohne dass Sie mitgehen.**

Hier ist es unser Ziel, dass wir unser Pferd entlang des Zaunes, in einer Seitwärtsbewegung von uns weg, bis an das Ende des Seils schicken. Der Abstand zwischen uns und unserem Pferd sollte am Ende drei-

Bei der Seitwärtsbewegung bis an das Ende des Seiles müssen wir darauf achten, das Seil so zu handhaben, dass wir das Pferd nicht aus Versehen bremsen und es sich uns zudreht.

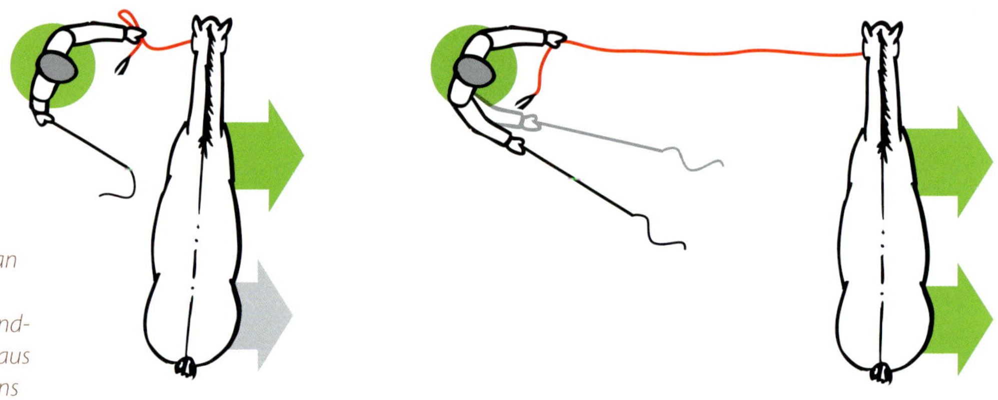

Falco braucht die Unterstützung durch die Gerte nicht, um seitwärts bis ans Ende des Seiles zu gehen. Es ist wichtig, dass wir unser Pferd am Ende des Seiles stehen lassen und es dort belohnen.

einhalb bis vier Meter betragen. Bei dieser Übung ist es hilfreich, eine Gerte oder eine Fahrpeitsche zu benutzen, um einen verlängerten Arm zu haben und damit den gewünschten Abstand herzustellen.

Um diese Übung zu beginnen, verschieben wir zuerst die Vorhand des Pferdes, und wenn diese in Bewegung ist, gleichen wir die Hinterhand aus. Am Anfang ist es in Ordnung, wenn wir ein oder zwei Schritte mitlaufen.

Betrug bei den ersten Übungen der Winkel des Pferdes zum Zaun circa 70°, dann sollte unser Pferd nun langsam die Übung im 90° Winkel absolvieren.

Wenn Sie bei dieser Übung Start-Schwierigkeiten haben, können Sie das Pferd einen Meter rückwärts weg von der Bande schicken. Anschließend schicken Sie es vorwärts zur Bande und dann seitwärts.

Seitwärts ohne die Bande.

C3 **Fassen Sie das Halfter am Fiador-Knoten. Ihr Bauchnabel zeigt dabei in Richtung Hinterhand. Gehen Sie mit dem Pferd seitwärts, ohne den Zaun zu benutzen.**

Bei dieser Übung ist es wichtig, dem Pferd mit unserer Hand am Fiador-Knoten die Richtung vorzugeben. Ich habe den Fiador-Knoten zwischen meinem Daumen und meinem Zeigefinger. Wenn nötig, schließe ich meine Hand, um zu korrigieren, öffne aber meine Finger wieder nach der Korrektur.

Die Reihenfolge ist wichtig: Erst erfolgt die Richtungsangabe durch meine Hand, dann schreite ich mit meinem Fuß unter den Hals des Pferdes. Reicht das nicht, um es in Gang zu bringen, mache ich Druck mit Gerte oder Seilchen. Ich bewege das Seilchen meiner Gerte kreisförmig auf das Pferd zu. Erst ohne es zu berühren; erhalte ich jedoch keine Antwort, kommt das Seil dem Pferd immer näher, bis es antwortet. Oft muss es gar nicht zu einer Berührung kommen, weil das Pferd dem kreisenden Seil schon früher ausweichen will.

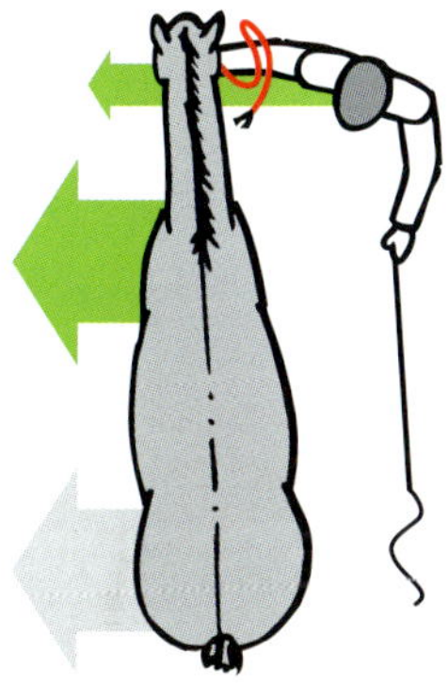

*Die Hand am Fiador-Knoten beginnt das Pferd in Bewegung zu setzen und dosiert den Druck so, dass das Pferd mit dem rechten Vorderfuss **vor** dem linken kreuzt.*

Wenn das Pferd bei dieser Übung nicht seitwärts-, sondern vorwärtsgehen will, dann schicken wir es erst rückwärts und dirigieren es aus dieser Bewegung heraus seitlich. Wenn sich das Pferd daraufhin seitlich bewegt, belohnen wir es, indem wir die Übung beenden.

Seitwärts von uns weg: Die Hand ist wie ein Joystick und gibt die Richtung an, die Gerte setzen wir zur Unterstützung ein.

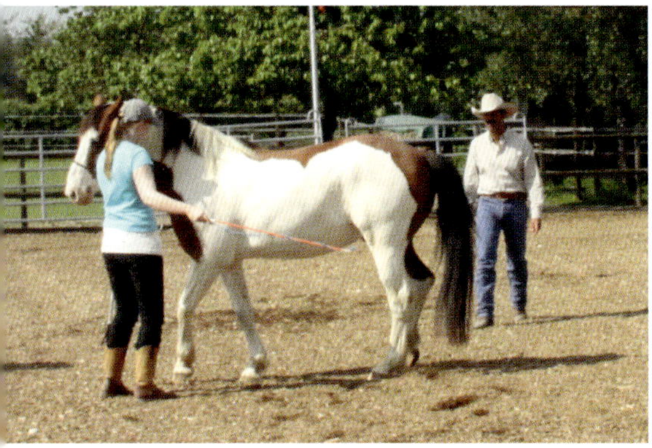

Hat das Pferd Probleme mit dieser Übung, biege ich seinen Kopf in meine Richtung und erlaube ihm, auf einer Kreislinie ein oder zwei Schritte seitwärtszutreten, um ihm noch einmal zu erklären, was ich will. Ich habe dabei nur das Gewicht des Fiador-Knotens in meiner Hand. Diese Hand gleicht die Bewegungen des Pferdes nur aus, wenn es nötig ist.

C4 Fassen Sie das Halfter am Fiador-Knoten. Sie schauen in dieselbe Richtung wie das Pferd. Gehen Sie mit dem Pferd seitwärts, ohne den Zaun zu benutzen.

Bei dieser Variante ist die Seitwärtsbewegung die gleiche wie bisher, aber ich schaue diesmal in dieselbe Richtung wie das Pferd. Wenn ich auf der linken Seite meines Pferdes stehe, ist meine rechte Schulter neben der linken Schulter meines Pferdes.

Beim Seitwärtstreten setzen wir die Gerte – je nachdem, wo das Pferd mehr Unterstützung braucht – einmal vorne und dann wieder hinten ein. Wenn das Pferd zu sehr nach vorne geht, ist der Einsatz der Gerte vorne hilfreicher als zu starkes Ziehen am Halfter. ▸

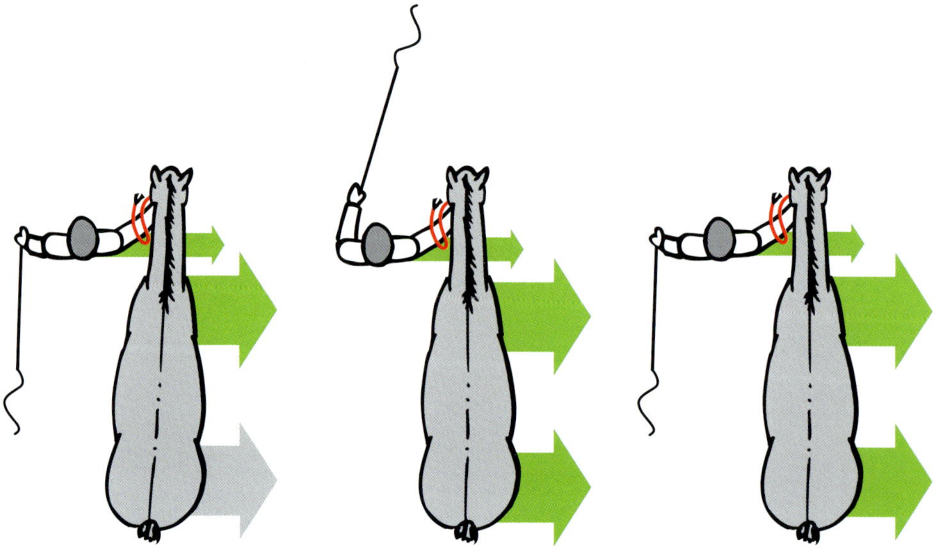

Meine rechte Hand umfasst den Fiador-Knoten, und das Führseil liegt in der Hälfte gefaltet über meinem rechten Arm. Meine linke Hand führt die Gerte.

Dadurch, dass die Gerte in meiner linken Hand liegt, ist der Abstand zwischen ihr und dem Pferd größer. Das beruhigt manche Pferde. Aus diesem Abstand heraus kann das Pferd die Gerte auch besser „lesen".

Wir beginnen die Übung, indem wir die Richtung mit der Hand am Fiador-Knoten steuern, und die Gerte hilft, die Hinterhand zu verschieben.

Wir können die Gerte variierend einsetzen. Geht das Pferd nach vorne, stoppen wir es mit der Gerte, indem wir sie nach vorne nehmen, geht es rückwärts, touchieren wir seine Hinterhand, um es wieder vorwärtszuschicken.

Während ich mein Pferd seitwärtsschicke, gehe ich auch seitwärts und kreuze meine Beine. Wie schon gesagt – Pferde lieben synchrone Bewegungen.

Wir üben diese Seitwärtsbewegungen selbstverständlich in beide Richtungen.

Manche Pferde fühlen sich wohler, wenn unsere Hand etwas mehr Distanz zum Fiador-Knoten hat.

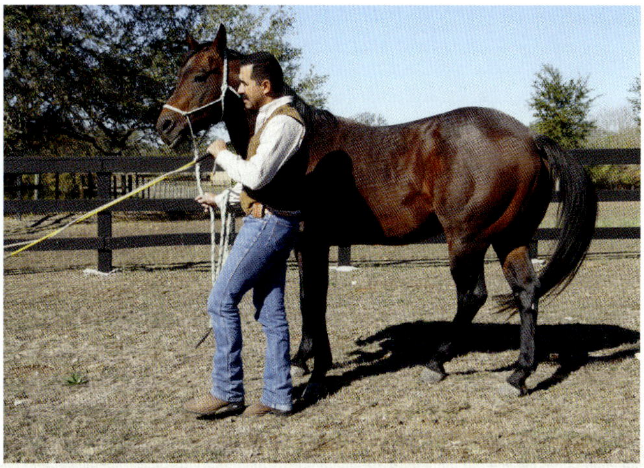

Nun schauen Cadete und ich in dieselbe Richtung. Die Gerte setze ich zum Ausgleichen seiner Bewegungen mal vorne, mal hinten ein, damit Cadete seitwärtsgeht.

C4 Fassen Sie das Halfter am Fiador-Knoten. Sie schauen in dieselbe Richtung wie das Pferd. Gehen Sie mit dem Pferd seitwärts auf sich zu, ohne den Zaun zu benutzen.

Bitte Vorsicht! Dies ist die erste Übung, in der wir das Pferd fragen, auf uns zuzugehen. Wenn das Pferd sehr dominant ist, Angst vor der Gerte hat oder unter großer Platzangst leidet, ist diese Übung vielleicht noch zu früh. Bitte, schätzen Sie die Lage genau ein.

Wie bei der vorhergegangenen Übung stehen wir Schulter an Schulter mit dem Pferd und schauen in dieselbe Richtung. Wir wollen, dass es jetzt seitlich auf uns zugeht.

Wenn wir auf der rechten Seite des Pferdes stehen, dann halten wir mit der linken Hand den Fiador-Knoten. Wir beginnen die Bewegung, indem wir mit der Hand am Fiador-Knoten die Richtung zu uns vorgeben und selbst beginnen seitwärtszugehen. Unsere rechte Hand kreuzt vor unserem Körper und führt unter dem Hals des Pferdes her die Gerte zur anderen Seite. Dort bewegen wir das Seilchen in Richtung der Hinterhand.

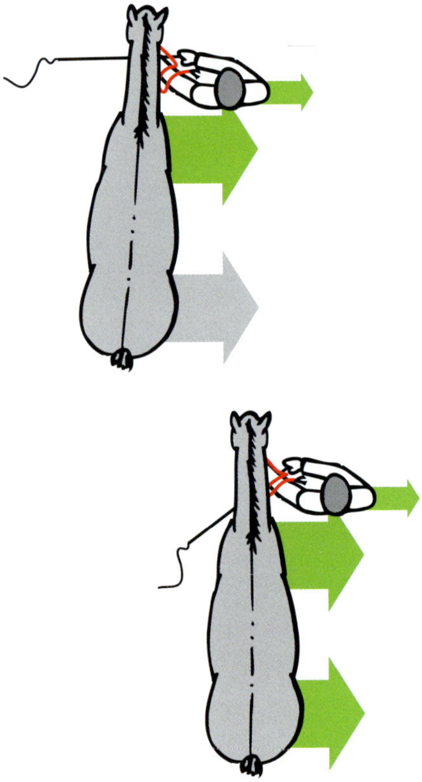

▲ *Um das Pferd seitwärts zu uns zu bringen, ist es wichtig, dass wir zuerst seitwärts vom Pferd wegtreten, bevor wir die Gerte benutzen.*

So ermuntere ich Cadete, auf mich zuzugehen. Dosieren Sie den Druck bei dieser Übung vorsichtig, sonst steht das Pferd schnell auf Ihren Füßen.

Dosieren Sie den Druck vorsichtig, denn wenn das Pferd allzu eilig wird, rennt es Sie über den Haufen. Stellen Sie sich beim Druckmachen einen unbekannten Fluss vor, in dem sie stehen – hier bewegen Sie Ihre Beine auch sehr vorsichtig nacheinander, um genau zu fühlen, wo sie hintreten.

Wenn Ihr Pferd aufgrund der Gerte etwas unruhig wird, hilft es, dass wir nicht Schulter an Schulter mit unserem Pferd stehen, sondern ihm mit unserer Vorderseite etwas zugewandter und mehr vor ihm sind.

Zu Beginn ist es sicherer, wenn wir nicht parallel zum Pferd stehen, sondern etwas mehr vor ihm.

C4 Das Pferd steht mit dem Kopf zum Zaun. Fassen Sie das Halfter am Fiador-Knoten. Bringen Sie das Pferd mithilfe der Gerte an der Kruppe zu sich.

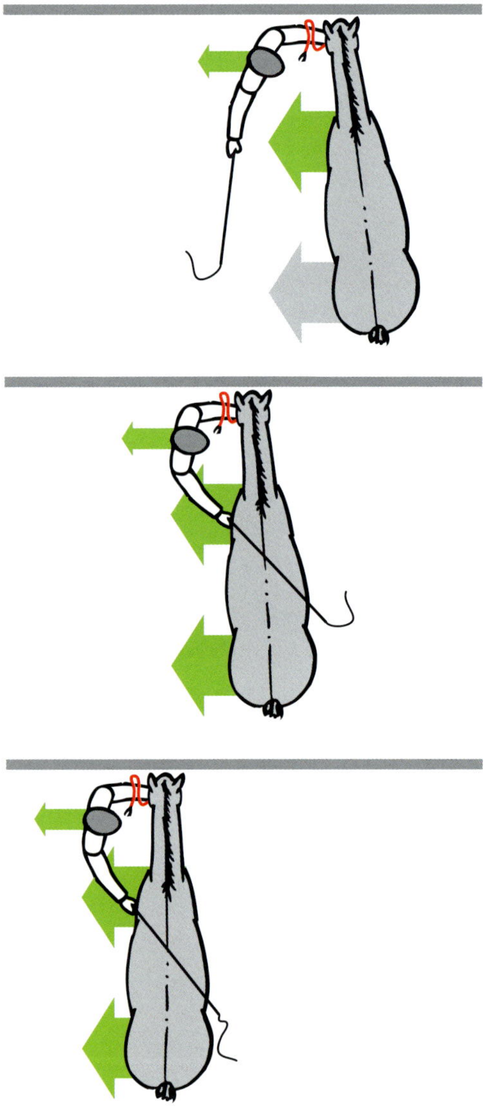

▲
Seitwärts zu uns mit der Gerte: Ausschlaggebend ist, dass wir so nah wie möglich an der Bande gehen und die Gerte zuerst auf unserer Seite, weg vom Pferd, hochnehmen. Falls nötig, führen wir sie dann auf die gegenüberliegende Seite.

Die folgende Übung bereitet unser Pferd auf Lektionen wie das Travers oder die Traversale vor. Diese Übung gleicht der vorherigen ein wenig, diesmal wollen wir aber eine andere Technik anwenden.

Bitte auch hier Vorsicht! Wenn das Pferd sehr dominant ist, Angst vor der Gerte hat oder unter großer Platzangst leidet, ist diese Übung vielleicht noch zu früh. Bitte, schätzen Sie die Lage genau ein.

Das Pferd steht mit dem Kopf zum Zaun. Wir stehen neben dem Pferd, halten mit unserer linken Hand den Fiador-Knoten und fordern das Pferd auf, in unsere Richtung zu kommen, indem wir rückwärtsgehen. Unsere linke Hand bremst die Vorhand ein wenig, und die Gerte in der rechten Hand treibt die Hinterhand auf der gegenüberliegenden Seite sanft zu uns.

Casca kommt seitwärts auf mich zu, ohne dass ich ihn mit der Gerte berühren muss.

Es ist dabei wichtig, dass wir so nah wie möglich am Zaun bleiben. Dass ist der sicherste Ort, um zu vermeiden, dass uns das Pferd auf die Füße tritt.

Ganz sensible Pferde gehen schon seitwärts auf uns zu, wenn wir uns rückwärtsbewegen und schnalzen. Wenn wir die Gerte gebrauchen, vergewissern wir uns, dass wir sie zuerst weg vom Pferd halten und nur näher an die Hinterhand bringen, wenn nötig. Hier stellt sich heraus, ob wir unsere Hausaufgaben gut gemacht haben und unser Pferd keine Angst vor unseren Ausrüstungsgegenständen hat (*siehe Kapitel 1.4 „Das Pferd überall berühren"*).

Diese Übung eignet sich auch hervorragend, wenn wir von einer Aufstiegshilfe aus auf unser Pferd aufsteigen wollen: Wir heben einfach die Hand, unser Pferd kommt seitlich auf uns zu, und wir sind nah genug dran um aufzusitzen.

Es braucht Timing und Koordination, damit das Seitwärtstreten zu uns klappt: Wir bremsen die Vorhand am Halfter, damit die Hinterhand aufholen kann.

C5 Das Pferd steht parallel zum Zaun. Fassen Sie das Halfter am Fiador-Knoten. Bringen Sie das Pferd mithilfe der Gerte an der Kruppe zu sich, weg vom Zaun.

Hier haben wir keinen Zaun, der das Pferd vom Vorwärtsgehen abhält. Also muss unsere Hand am Fiador-Knoten diese Aufgabe übernehmen. Wir müssen uns jedoch vor Augen halten, dass das Seitwärtstreten ein „Seitwärts-Vorwärts" ist, damit das Pferd mit den Vorderbeinen richtig kreuzen kann.

In dieser Kategorie sollten wir beginnen, den Kopf des Pferdes leicht in Bewegungsrichtung zu biegen, sodass wir an der Position der Traversale arbeiten.

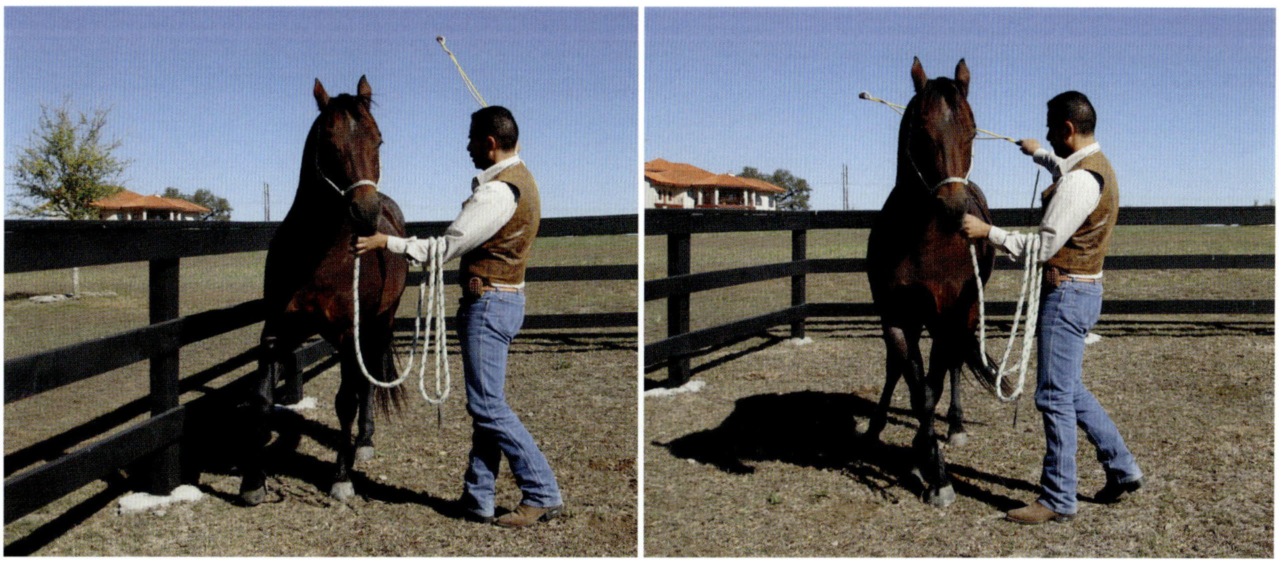

Seitwärts weg von der Bande. Cadetes Kopf zeigt in die Bewegungsrichtung.

Es kann sein, dass das Pferd die ersten Seitwärtstritte vom Zaun weg sehr gut macht, jedoch plötzlich merkt, dass die Unterstützung durch den Zaun fehlt und deshalb von uns weggeht, anstatt auf uns zuzukommen.

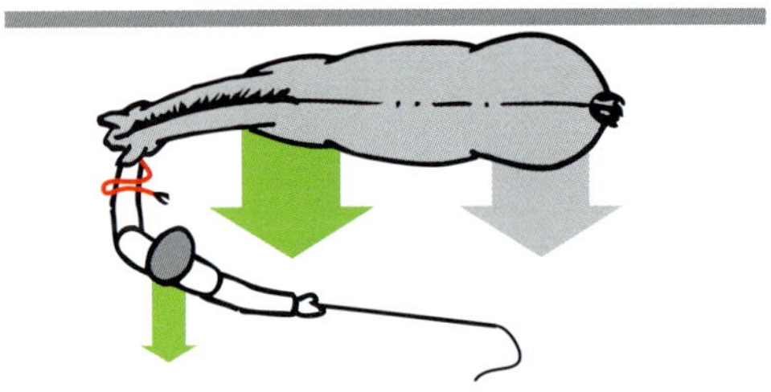

So weit sollten wir es nicht kommen lassen – wenn das Pferd ein paar gute Seitwärtstritte gezeigt hat, sollten wir es anhalten, loben und eine Pause machen. Dann gehen wir zurück zum Zaun, nehmen die Ausgangsposition wieder ein und wiederholen die Übung.

C5 **Das Pferd steht mit dem Kopf zum Zaun. Ihr Bauchnabel zeigt in Richtung der Schulter des Pferdes. Schicken Sie es seitwärts bis an das Ende des Seils, ohne dass Sie mitgehen. Dort lassen Sie es eine Weile stehen und bringen es dann wieder seitwärts auf sich zu.**

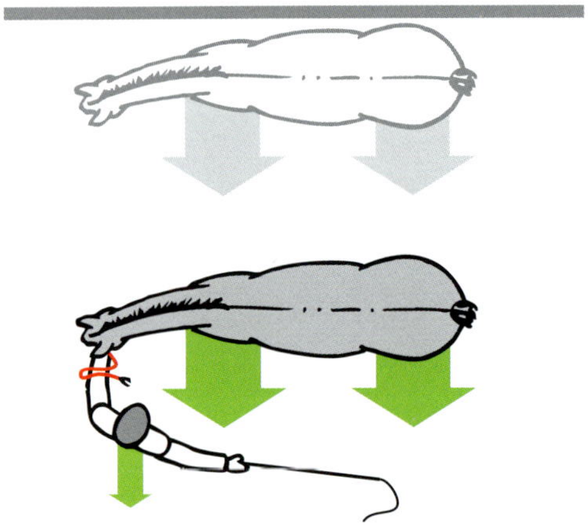

▲ *Vergewissern Sie sich, dass Sie die Gerte nur so viel einsetzen wie nötig. Wenn das Pferd bereits seitwärts weg von der Bande auf Sie zukommt, wenn Sie die Gerte nur hochhalten, dann ist das großartig!*

Hier kombinieren wir das Seitwärts-Wegschicken und das Seitwärts-zu-sich-Holen, ohne uns von der Stelle zu bewegen. Unser Pferd hat bereits gelernt, sich seitwärts von uns weg zu bewegen, bis das Ende des Seils erreicht ist (C2). Außerdem hat es gelernt, aus einer geringen Distanz, sich in einer Seitwärtsbewegung auf uns zuzubewegen (C4).

Wir wollen beide Bewegungen nun kombinieren und das Zu-sich-Holen von einer größeren Distanz abfragen. Das sieht so aus: Wir selber bleiben an einem Punkt stehen und schicken unser Pferd von

Ich bleibe an einem Punkt stehen, schicke Cadete seitwärts weg und vergewissere mich, dass das Seil locker bleibt, ...

... dann hebe ich die Gerte, um ihm zu signalisieren, dass er jetzt in einer Seitwärtsbewegung wieder auf mich zukommen soll.

da aus seitwärts entlang des Zaunes (unser Pferd steht in Blickrichtung zum Zaun).

Am Anfang sollten wir unser Pferd nur bis zur Mitte des Seils seitwärtsgehen lassen, sodass es immer noch in Reichweite unserer Gerte ist und wir es korrigieren könnten. Dann lassen wir es einen Moment am Endpunkt stehen, heben unsere Gertenhand und fordern unser Pferd so auf, sich wieder seitwärts auf uns zuzubewegen.

Wenn das gelingt, machen wir sofort eine Pause und loben unser Pferd.

Wenn Sie Ihr Pferd ganze vier Meter von Ihnen weg seitwärts bis ans Ende des Seils schicken können, und es dann mit einer Seitwärtsbewegung wieder zu sich holen können, haben Sie Ihr Ziel erreicht.

Der nächsthöhere Schwierigkeitsgrad ist, unsere Kontrolle über das Pferd aus größerer Distanz zu testen.

C6 **Ihr Bauchnabel zeigt in Richtung der Schulter des Pferdes. Schicken Sie es seitwärts bis an das Ende des Seils, ohne dass Sie mitgehen und ohne den Zaun zu benutzen.**

Bei dieser Übung ist die Herausforderung die, dass wir keinen Zaun haben, der das Pferd vom Vorwärtsgehen abhält.

Wir können unser Pferd langsam daran gewöhnen, keinen Zaun zur Unterstützung zu haben, wenn wir es erst einmal einen Meter parallel zum Zaun hinstellen und von da aus das seitliche Weggehen von uns anfragen.

Wir stehen auf der linken Seite des Pferdes, ihm zugewandt, und halten das Seil in der linken und die Gerte in der rechten Hand. Wir schicken das Pferd seitwärts mit der Gerte, indem wir zuerst die Vorhand verschieben und dann die Hinterhand. Oftmals genügt es, die Gerte unter dem Seil hin- und herzuführen. Wenn unser Pferd versucht, vorwärtszugehen, dann können wir versuchen, es mit der Gerte und dem Seilchen, oder dem Führseil, daran zu hindern.

Falco geht seitwärts von mir weg. Meine Gerte zeigt immer in die Richtung des Körperteiles, welchen ich verschieben möchte.

Diese Übung regt unsere Pferde zum Denken an. Ich finde es immer sehr wichtig, ihnen neue Herausforderungen zu bieten, damit es ihnen nicht langweilig wird.

Eine andere Variante ist, das Pferd in der Mitte des Reitplatzes seitwärts zu uns zu bringen. Diese Übung machen wir zuerst mit dem Führseil und später mit der Longe.

Kombination Seitwärts, Vorwärts, Seitwärts: Diese Übung ist eine gute Vorbereitung auf die Arbeit am langen Zügel. Hier ist es wichtig, an fließenden Übergängen zu arbeiten. Dazu müssen wir genau dosieren, um wieviel wir die Schulter wegschicken und diese dann wieder bremsen, um die Hinterhand zu verschieben, sodass wir erneut ein flüssiges Seitwärtstreten erhalten. ▸

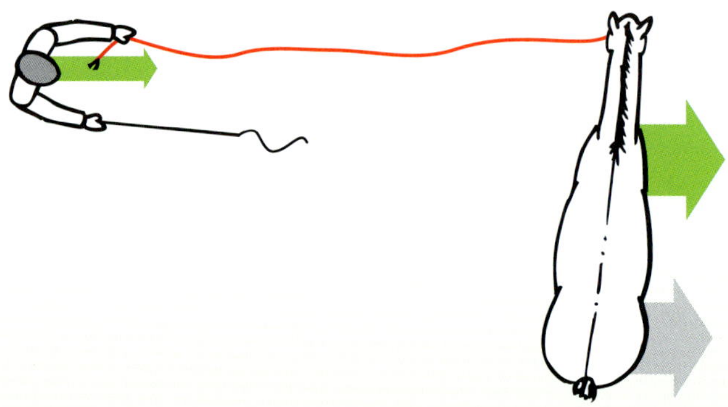

C6 Lassen Sie Ihr Pferd im Schritt seitwärts entlang des Zaunes gehen, dann vorwärts parallel zum Zaun und dann wieder seitwärts entlang des Zaunes.

Für diese Übung empfehle ich ein Seil, das zwischen fünf und sechs Meter lang ist. So müssen wir den Hinterbeinen des Pferdes nicht allzu nahekommen, während es vorwärtsgeht und wir hinter ihm herschreiten.

In dieser Variante der Seitwärtsbewegungen schicken wir unser Pferd (es blickt erst in Richtung Zaun) entlang der Begrenzung seitwärts von uns weg. Wir gehen dabei mit. Es ist wichtig, dass Sie drei bis vier Meter Abstand haben.

Wir vergewissern uns, dass das Führseil locker ist, und schicken die Vorhand mehr von uns weg, mit einem fließenden Übergang, bis es vorwärts, parallel zum Zaun geht. Wir befinden uns jetzt hinter dem Pferd, in einer Position, die wir auch einnehmen, wenn wir unser Pferd am langen Zügel arbeiten.

Nach dieser Vorwärtsbewegung am Zaun entlang, nehmen wir das Seil ein wenig in unsere Richtung an, sodass unser Pferd seine Vorderbeine langsamer bewegt. Mit einem fließenden Übergang verschieben wir nun die Hinterhand, bis es wieder in einer Seitwärtsbewegung ist.

Das Pferd bewegt sich zuerst parallel zum Zaun und geht dann in das Seitwärtstreten über: ein perfekter fließender Übergang.

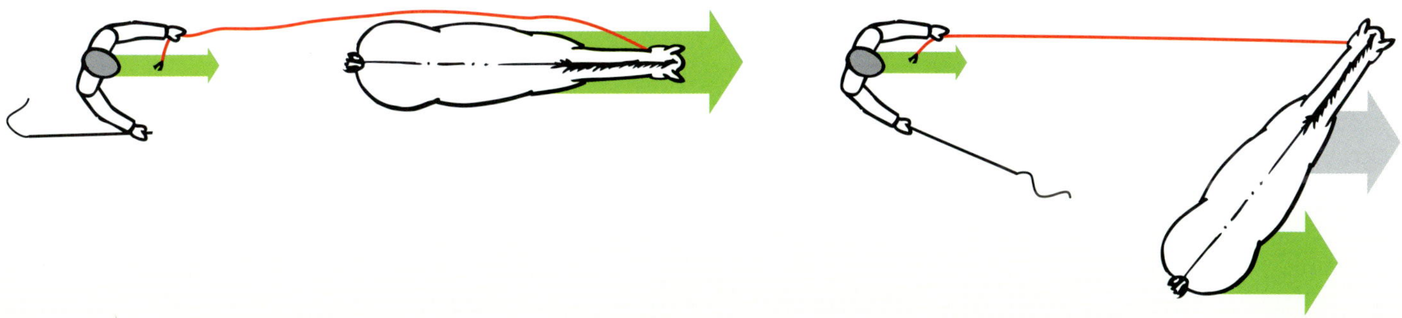

Manchmal braucht es für diese Übung wirklich nur etwas Nehmen und Geben am Führseil, zusammen mit der richtigen Dosis Körperenergie. Ich mag diese Übung sehr, weil sie das Pferd ein weiteres Mal zum Denken anregt.

Es könnte sein, dass das Pferd, wenn wir es in Richtung Zaun aufstellen, automatisch schon seitwärtsgeht. Darum ist es wichtig, dass wir abwechseln und nicht bloß Knöpfe drücken, die es roboterhaft abspult. Ich möchte eine Kommunikation zwischen mir und meinem Pferd, eine Interaktion. Wir sollten mit dieser Variante spielen, bevor die Seitwärtsbewegungen zu sehr automatisiert sind.

Damit das Pferd an der Bande seitwärtstraben kann, sollte der Winkel zur Bande nicht mehr als 45° betragen.

C7 Lassen Sie Ihr Pferd im Trab seitwärts entlang des Zaunes gehen, dann vorwärts parallel zum Zaun und dann wieder seitwärts entlang des Zaunes.

Dies ist die gleiche Übung wie C6, nur machen wir sie nun im Trab. Bevor wir dies probieren, sollte die Übung im Schritt flüssig und ohne Probleme funktionieren.

Der Winkel zum Zaun sollte hier ca. 70° haben, damit das Pferd gut kreuzen kann und sich nicht an den Beinen verletzt. Es ist auch wichtig, dass Sie nah am Zaun bleiben, aus Sicherheitsgründen. Es könnte sein, dass unser Pferd beim Traben etwas „frisch" wird und wir selbst in einer höheren Gangart nicht immer so genau arbeiten können.

Kombination Seitwärts, Rückwärts, Seitwärts: Während das Pferd seitwärtsgeht, verschieben wir die Hinterhand etwas mehr, bis es parallel zur Bande rückwärtstritt. Dann kombinieren wir das Rückwärtstreten mit Vorhandverschieben, bis es wieder seitwärtstritt. Eine Herausforderung für Mensch und Pferd, da diese Übung Timing und Einfühlungsvermögen erfordert. Das Ziel sind fließende Übergänge.

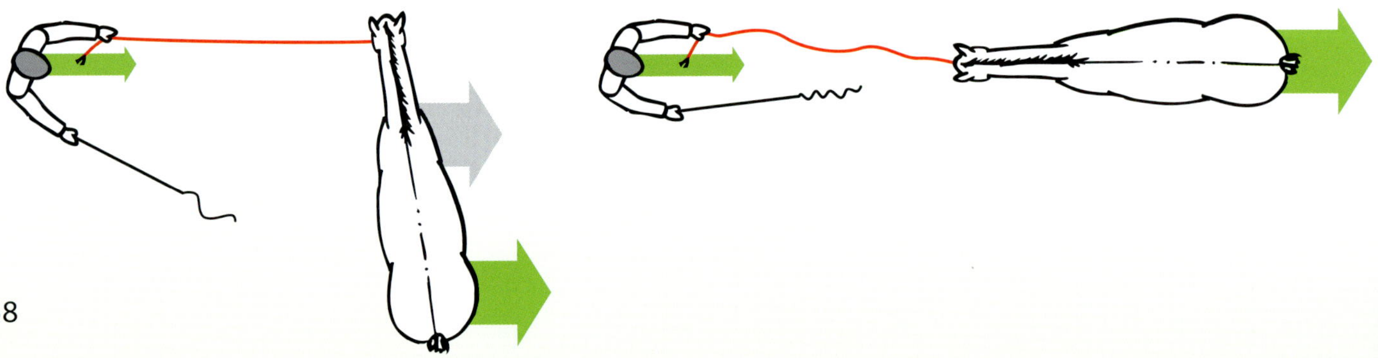

Bei dieser Übung habe ich den größten Erfolg, wenn ich das Pferd zuerst vorwärts- und erst dann seitwärtsschicke.

C8 Lassen Sie Ihr Pferd im Schritt seitwärts entlang des Zaunes gehen, dann rückwärts parallel zum Zaun und dann wieder seitwärts entlang des Zaunes.

Bei dieser Variante stellt sich heraus, wie fein wir arbeiten können. Wir wollen hier Wegweiser für unser Pferd sein, ohne es in seinen Bewegungen zu stören.

Unser Pferd schaut Richtung Zaun, wir lassen es seitwärtsgehen, mit etwa vier Metern Abstand zu uns. Dann schauen wir auf die Hinterbeine und bewegen sie von uns weg, sodass das Pferd auf der Vorhand wendet. Sobald es parallel zur Bande ist, schicken wir es für einige Tritte rückwärts. Dann bewegen wir seine Schulter von uns weg, um es wieder in eine Seitwärtsbewegung zu bringen.

Ziel dieser Übung ist, dass wir das Pferd seitwärtsschicken, und während es seitwärtsgeht, bewegen wir die Hinterhand. Es wendet auf der Vorhand, dann schicken wir es rückwärts. Während es rückwärtsgeht, bewegen wir die Vorhand und unser Pferd geht wieder seitwärts.

Bei dieser Übung lernt das Pferd, seine Vorderbeine und seine Hinterbeine zu bewegen und bekommt ein Gefühl dafür, wo sich welches Bein gerade befindet. Das ist eine große koordinatorische Leistung.

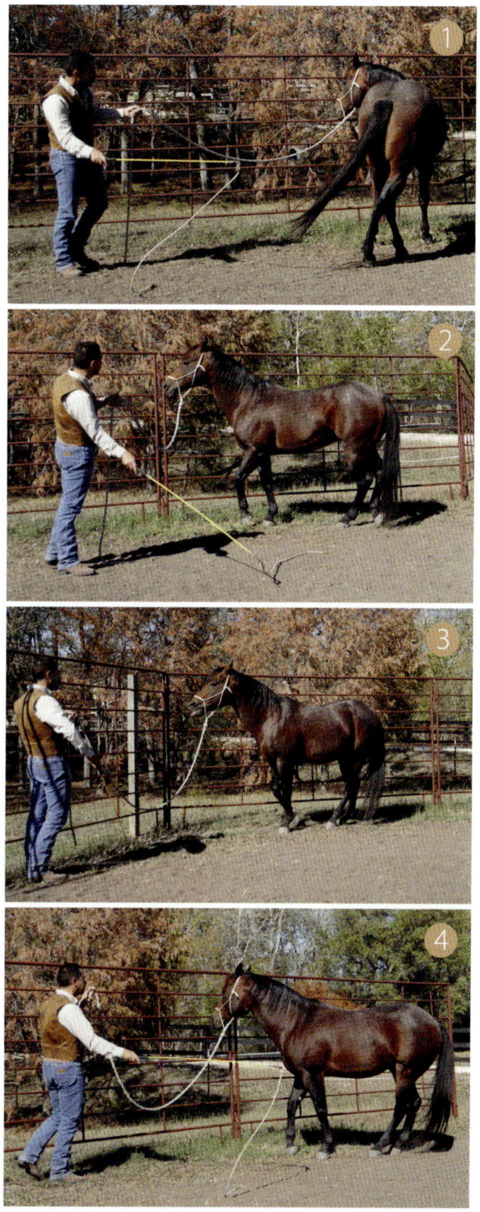

1 | *Ich schicke Cadete erst seitwärts von mir weg …*
2 | *… und verschiebe dann seine Hinterhand,*
3 | *… bis er rückwärtsgeht, …*
4 | *… anschließend verschiebe ich seine Vorhand, damit er wieder mit dem Kopf in Richtung Zaun seitwärtsgeht.*

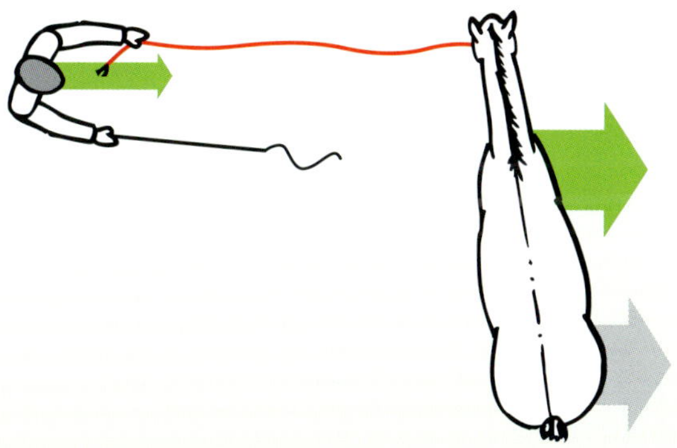

C8 Fassen Sie das Halfter am Fiador-Knoten. Gehen Sie mit dem Pferd im Schritt vorwärts-seitwärts über die Diagonale (Traversale).

Zuerst geht Spirit gerade seitwärts, dann vordere ich ihn auf, den Kopf etwas mehr zu senken und biege ihn in Bewegungsrichtung. Gleichzeitig unterstütze ich mit der Gerte seine Hinterhand, damit er untertritt. So erhalten wir eines Tages eine schöne Traversale.

Bei dieser letzten Variante kombinieren wir die Seitwärtsbewegung mit der Vorwärtsbewegung, sodass wir eines Tages eine Traversale ausführen können.

Ich gehe dafür sehr gerne in die Mitte des Platzes. Nach ein paar Schritten geradeaus, fange ich an, seitwärtszugehen und vergewissere mich, dass ich dabei die Vorwärtsbewegung nicht verliere.

Wenn ich auf der rechten Seite des Pferdes bin, dann ist meine linke Hand am Fiador-Knoten. Mit dieser Hand vergewissere ich mich, dass der Kopf so gerade wie möglich ist oder gar in Bewegungsrichtung zeigt. Ich möchte auf jeden Fall vermeiden, ihn zu mir zu ziehen. Mit der Gerte in der rechten Hand, kann ich die Hinterhand beim „Seitwärtstreten" unterstützen.

Hier hilft es, wenn man die Übung in separate Schritte einteilt: Einen Schritt vorwärts, einen Schritt seitwärts usw., da hier die Gefahr besteht, dass man zu viel seitwärtsgeht und die Vorwärtsbewegung verliert. Die Folge ist ein Rhythmusverlust.

Beim Seitwärts über die Diagonale ist es wichtig, dass wir die Vorwärtsbewegung nicht verlieren und der Kopf leicht in die Bewegungsrichtung zeigt.

Wenn bei dieser Übung der Kopf des Pferdes gerade oder leicht zu uns gebogen ist, dann ist es ein Schenkelweichen. Sind der Kopf und auch der Körper in die Bewegungsrichtung gebogen, dann ist es eine Traversale. Für die richtige Kopfhaltung und die Bewegungsrichtung sorgt unsere Hand.

Wir wollen diese Übung auch im Trab probieren, und eines Tages können wir sie vielleicht auch im Galopp machen. Wer viel Bodenarbeit macht, hat eine Chance, dieses Ziel zu erreichen. Und er wird viel Spaß mit seinem Pferd dabei haben!

Freiarbeit …

Freiarbeit ist eines der großartigsten Dinge, die man mit einem Pferd machen kann. Sich mit kleinsten Zeichen zu verständigen, das Pferd mit unserem Körper zu lenken und dabei mitzuerleben, wie das Band zwischen uns und unserem Pferd immer stärker wird – das ist ein großartiges Gefühl.

Ich werde oft gefragt, ob man für die Freiarbeit unbedingt einen Roundpen benötigt. Für mich findet Freiarbeit überall dort statt, wo ich etwas mit meinem Pferd ohne Halfter und Führstrick unternehme. Also ist es bereits Freiarbeit, wenn ich seinen Stall betrete oder auf die Weide gehe, um es einzufangen.

Natürlich ist es von Vorteil, wenn ich einen Roundpen habe. Aber auch ein Reitplatz (20 x 40 Meter) kann halbiert werden, um einen geeigneten Ort für die Freiarbeit zu erhalten.

Die Ziele der Freiarbeit können vielfältig sein.

Worauf man bei der Freiarbeit in einem Viereck besonders achten muss, ist, dass man dem Pferd in den Ecken nicht den Weg abschneidet. Die „Türen" müssen sozusagen offen sein, damit sich unser Pferd flüssig bewegen kann. Dagegen können Ecken uns wiederum helfen, wenn wir das Pferd anhalten oder wenden wollen.

Doch auch im Roundpen müssen wir mit Bedacht arbeiten: Wir dürfen das Pferd auf keinen Fall mit unserer Körperposition aus Versehen bremsen. Oft geht es dabei nur um einen halben Schritt, und schon versperrt man dem Pferd den Weg.

Hauptziel bei der Freiarbeit ist, die Körpersprache des Pferdes lesen zu lernen. Zu spüren, wie unsere Körperposition das Pferd beeinflusst, sowie der Aufbau einer gemeinsamen Sprache. Es gibt hier keine strikten Regeln oder fixe Rezepte; man muss sich immer dem einzelnen Pferd anpassen. Die Prinzipien bleiben aber immer die gleichen, nur die Technik kann sich ändern.

Aber Vorsicht: Wenn Sie mit Ihrem Pferd zum ersten Mal Freiarbeit machen oder an einem neuen oder unbekannten Ort frei arbeiten wollen, ist es eine gute Idee, das Pferd zuerst an Halfter und Führseil herumzuführen und ein paar Übungen am Seil zu machen. Wenn Sie spüren, dass sich das Pferd entspannt und ruhig verhält, können Sie es freilassen.

C2 Holen Sie das Pferd im Schritt zu sich, und fordern Sie es auf, hinter Ihnen herzugehen

Ich nehme meinem Pferd das Halfter ab. Möchte es bei mir bleiben, dann streichle ich es und gehe ein paar Schritte um es herum. Läuft mir das Pferd nach, gehe ich zurück in die Mitte und belohne es. Nach einer Pause schicke ich es auf den Hufschlag. Nach ein paar Runden versuche ich seine Aufmerksamkeit zu erlangen. Dazu nehme ich zuerst die Gerte mit dem Griff nach unten senkrecht vor mich und gehe ein wenig vor sein Auge. Das heißt, wenn das Pferd rechts herum geht, gehe ich ein oder zwei Schritte in Richtung „drei-Uhr". Von dort aus gehe ich spiralförmig rückwärts, bis ich seine Aufmerksamkeit erlangt habe.

Seine Aufmerksamkeit erlangen, heißt: Es kann sein, dass das Pferd Ihnen das innere Ohr zuwendet, dass es sie anschaut, den Kopf senkt oder ihn in Ihre Richtung dreht. Einige Pferde bringen vielleicht sogar die innere Schulter einen Schritt auf Sie zu. Wenn ich eines dieser Signale erhalte, gehe ich sofort gerade rückwärts vom Pferd weg, um den Druck wegzunehmen. Das heißt, ich gehe auf die Sechs-Uhr-Position.

Läuft Chapel Hill Chexx auf der rechten Hand, mache ich einen Schritt Richtung „drei-Uhr", um seine Aufmerksamkeit zu bekommen. Sobald er mich ansieht, gehe ich in gerader Linie rückwärts.

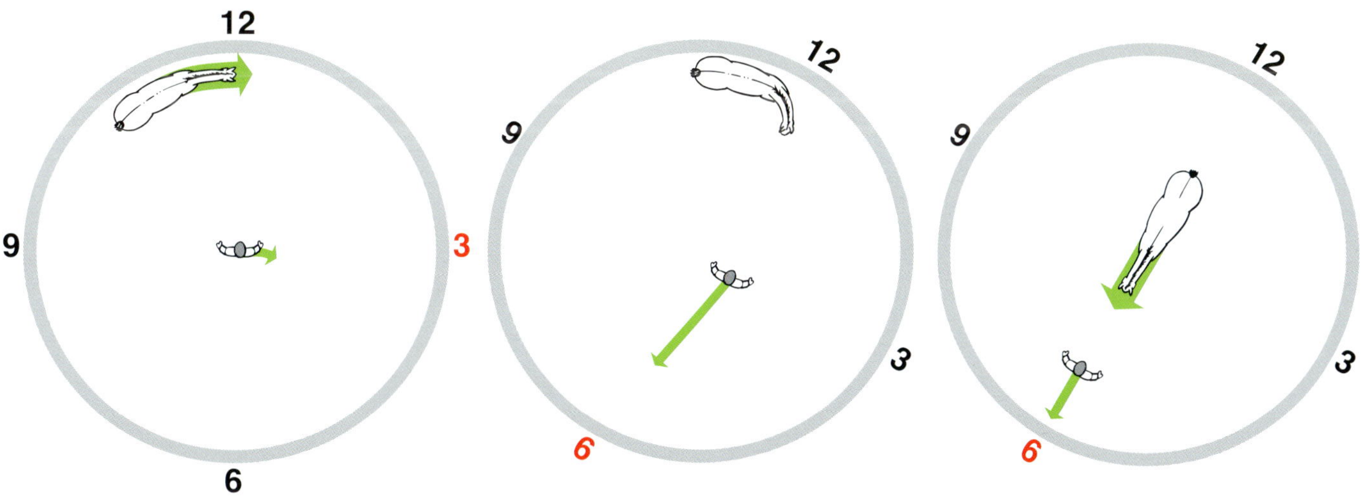

Um die Aufmerksamkeit des Pferdes zu erhalten, gehen wir einen Schritt in Richtung der Drei-Uhr-Position. Wenn wir zu weit Richtung „drei-Uhr" gehen, dann verlangsamen wir das Pferd oder wenden es aus Versehen. Sobald wir die Aufmerksamkeit haben, gehen wir rückwärts Richtung Sechs-Uhr-Position.

Chapell Hill Chexx ist an der Bande stehen geblieben. Ich gehe in einem Halbkreis auf seine Hinterhand zu, damit er sich mir zuwendet .

Wir müssen unsere Anfragen von der Reaktion und der Persönlichkeit unseres Pferdes abhängig machen, und nicht einem strikten Schema folgen. Es kann sein, dass Sie mehrere Wiederholungen brauchen, bis das Pferd von der Bande weggeht und auf Sie zukommt.

Wenn das Pferd anhält, sich mir zuwendet und mich anschaut, gehe ich auf es zu, um es zu streicheln, und gehe dann rückwärts in die Mitte. Vielleicht läuft es mir ein paar Schritte nach, und ich mache wieder eine Pause. Bleibt das Pferd an der Bande stehen, gehe ich in einem Halbkreis ein paar Schritte auf seine Hinterhand zu, damit es sich mir zuwendet. Wenn das Pferd die Hinterhand abwendet und mich ansieht, gehe ich im Halbkreis auf die andere Seite, um es zu veranlassen, sich mir erneut zuzuwenden. Wenn ich die Hinterhand verschieben kann, mache ich ein paar Schritte rückwärts, um zu sehen, ob es mir nachläuft.

Setze ich die Pausen richtig ein, lernt das Pferd, dass es sich auf mich konzentrieren soll und es dafür belohnt wird. Dann schicke ich es wieder auf den Hufschlag und versuche es dieses Mal aus dem Trab. Für viele Pferde ist es einfacher im Trab. Wir sollten aber vermeiden, das Pferd durch langes Traben auf dem Kreis zu ermüden und so zum Hereinkommen zu bewegen.

Das Pferd wird nach einer Antwort suchen, und wenn es diese nicht in der Mitte des Kreises findet, probiert es vielleicht, die Antwort außerhalb des Roundpens oder des Reitplatzes zu suchen. Vielleicht wird es versuchen, über die Absperrung zu springen. Das Pferd sollte lernen, dass der schönste Platz in der Mitte des Kreises bei uns ist. Vor allem Vollblüter fühlen sich schnell gejagt und können nicht mehr lernen. Vergessen Sie nicht: Nur ein entspanntes Pferd kann lernen.

Sie müssen herausfinden, wie schnell oder langsam und wie weit Sie rückwärtsgehen müssen und ebenso, wie Sie das Pferd dabei anschauen. Normalerweise habe ich stets das ganze Pferd im Blick, denn an seinem Körper erkenne ich, wie schnell oder langsam ich mich bewegen muss und wie meine Körperposition sein sollte. Seine Ohren verraten mir, wo seine Aufmerksamkeit ist. Bei ganz schüchternen Pferden schaue ich auf die Hufe. Wenn Ihr Pferd ein Stimmkommando für das Kommen kennt, können Sie dieses gebrauchen, um ihm die Übung zu erleichtern.

Kommt Ihr Pferd auf Anfrage ganz zu Ihnen und folgt Ihnen, auch wenn Sie links und rechts abbiegen, haben Sie das Ziel erreicht.

Hier müssen wir uns wiederum versichern, dass wir die Aufmerksamkeitsspanne unseres Pferdes nicht überschreiten und dass wir es nicht allzu oft hereinholen und gleich wieder hinausschicken. Wenn möglich sollten Sie nicht länger als 20 Minuten im Roundpen arbeiten.

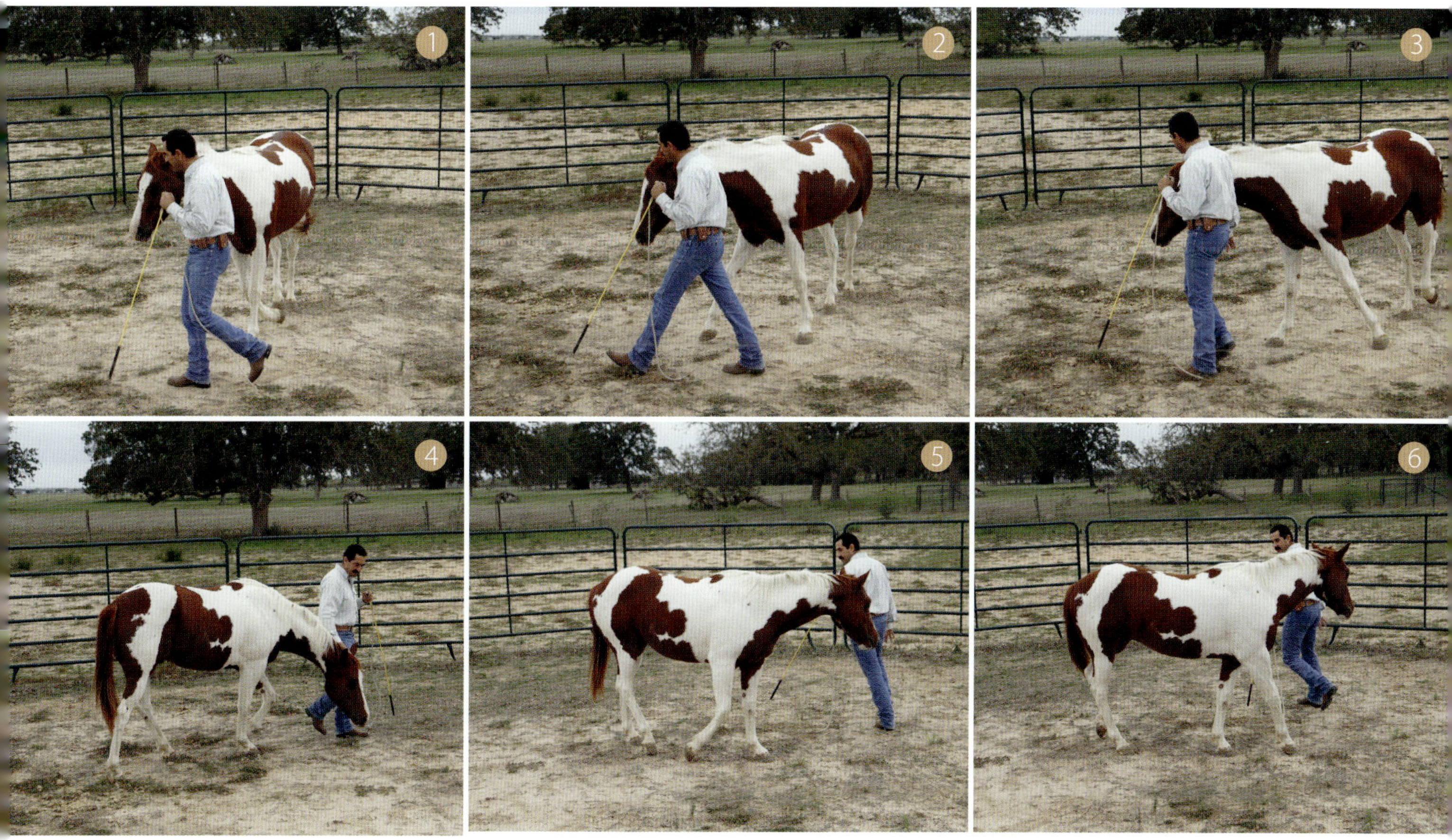

Chapell Hill Chexx hat gelernt, auch bei Links- und Rechtswendungen bei mir zu bleiben.

C3 **Machen Sie Übergänge zwischen Schritt und Trab. Leiten Sie jeden Übergang mit einem Stimmkommando ein. Bleiben Sie dabei möglichst in der Mitte des Roundpens stehen.**

Diese Übung ist die gleiche wie in Kapitel 2.6 *„Longieren"* C2, nur haben Sie hier kein Führseil mehr. Hier ist es noch wichtiger, dass Sie immer mit der sanftesten Aufforderung beginnen, egal, ob Sie in eine höhere oder in eine tiefere Gangart wechseln wollen. Setzen Sie die Uhrzeit-Positionen bewusst ein (*siehe Kapitel 1.0 „Meine Ausrüstung und wie ich sie gebrauche": Uhrzeiten-Übung mit dem Seil, S. 24 ff.*).

Ihre Hilfen sollten immer feiner werden und die Gerte immer weniger eingesetzt werden. Ihr Ziel ist, mit der Zeit nur noch das Stimmkommando und minimale Verschiebungen Ihrer Position zu benötigen, um die Gangart Ihres Pferdes zu wechseln.

Nehmen wir an, unser Pferd geht links herum. Die Gerte ist in unserer rechten Hand. Wir kreuzen sie vor uns Richtung Neun-Uhr-Position und gehen gleichzeitig einen oder mehrere Schritte auf die Neun-, Zehn- oder sogar Elf-Uhr-Position zu, um das Pferd zu bremsen. Dann kann es sein, dass manche Pferde diesen Druck nicht mögen und weiter stürmen, ohne Rücksicht auf uns und unsere Gerte.

Besser wäre hier, einen größeren Winkel mit der Gerte zum Pferd zu haben und mit ihr auf die Acht-Uhr-Position zu zeigen. So haben wir einen größeren Vorsprung für das Durchparieren. Es kann auch hilfreich sein, das Seilchen der Gerte etwas zu schütteln.

Empfindliche Pferde brauchen manchmal etwas mehr Zeit. Hier halten wir die Gerte (ohne Seilchen) länger auf die Acht-Uhr-Position (wenn das Pferd auf der linken Hand geht) und wiederholen das Stimmkommando ein paar Mal, bevor wir unsere Anfrage verstärken.

Sobald das Pferd daraufhin auch nur etwas langsamer wird, also eine minimale Reaktion zeigt, loben wir es sofort: Braaaav, guuut! Dann fordern wir es ein weiteres Mal zum Durchparieren auf.

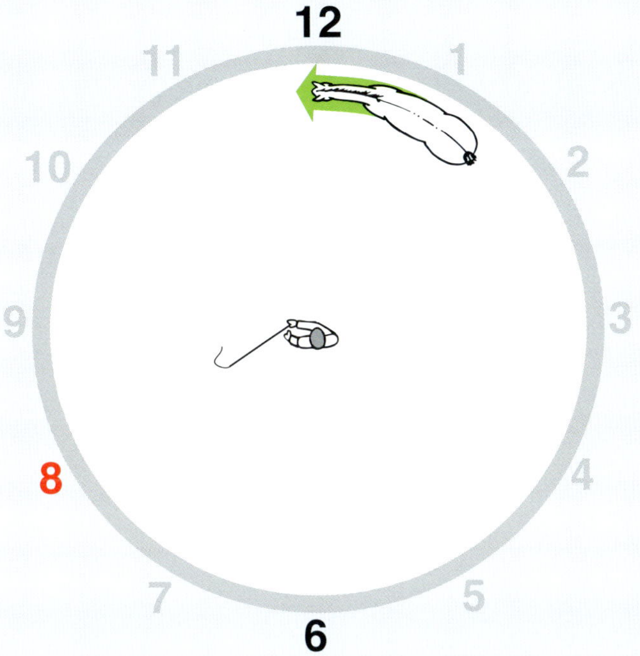

Bei einem sensiblen Pferd ist es besser, die Gerte auf „acht-Uhr" zu halten, um es durchzuparieren.

Hier sehen wir die Position der Gerte, um Betty in den Schritt durchzuparieren.

In dem Moment, in dem das Pferd in die richtige Richtung, das heißt in diesem Fall ans „Bremsen", denkt, loben wir es sofort. Vielleicht wusste es vorher einfach noch nicht, was genau wir von ihm wollten.

Für den Übergang vom Schritt in den Trab benutzen wir zuerst das Stimmkommando. Ein übliches Stimmkommando für Trab ist: Teee-eerab. Wenn das Pferd nicht reagiert, berühren wir mit dem Seilchen der Gerte die Drei-Uhr-Position. Wenn es immer noch nicht reagiert, kommen wir mit der Gerte näher und näher, bis wir es schließlich an der Hinterhand mit dem Seilchen der Gerte berühren. Sensiblere Pferde fordere ich häufig ein zweites oder drittes Mal mit der Stimme auf, bevor ich die Gerte zu Hilfe nehme.

Versuchen Sie im Laufe des Trainings, immer feiner und feiner mit Ihren Signalen zu werden. Vielleicht müssen Sie irgendwann nur noch ausatmen und Ihr Pferd wird langsamer, oder mehr Spannung in Ihren Körper bringen und es beschleunigt.

C3 **Wir sollten in der Lage sein, die Hinterhand des Pferdes zu verschieben, seine Vorhand zu verschieben, zusammen mit dem Pferd im Schritt zu gehen, gemeinsam anzuhalten und rückwärtszugehen.**

Betty ist ein sensibles Pferd. Ich bleibe hier mit meiner Gerte länger auf der Drei-Uhr-Position, um einen ruhigen Übergang vom Schritt in den Trab zu erhalten.

Unsere Körpersprache muss bei dieser Übung sehr klar sein, denn nun haben wir kein Seil mehr, mit dem wir helfen und korrigieren können.

Wir stehen vor dem Pferd, gehen im Halbkreis auf die Hinterhand des Pferdes zu und vergewissern uns, dass unser Bauchnabel auf die Hinterhand ausgerichtet ist. Wir wollen so ein flüssigeres Kreuzen der Hinterbeine erreichen. Unsere Körperhaltung sollte entschlossen sein, unser Blick freundlich, aber fordernd. Als zusätzliche Hilfe können wir unsere Stimme benutzen oder mit der Gerte Richtung Hinterhand zeigen. Wir verschieben nun die Hinterhand, bis das Pferd uns wieder ansieht. Selbstverständlich machen wir auch diese Übung wieder auf beiden Seiten.

Nun verschieben wir die Vorhand unseres Pferdes, indem wir etwa einen Meter neben ihm stehen und es mit der Gerte, die wir parallel zu seinem Körper auf Augenhöhe halten, auffordern, die Vorhand zu verschieben.

Wir laden unser Pferd, mit einem Schritt auf es zu, in die angefragte Bewegungsrichtung ein und fordern es mit unserer Energie auf, seine Vorhand zu verschieben. Auch Schnalzen kann helfen. Geht das

Eine fließende Hinterhand-Verschiebung.

Die Verschiebung der Vorhand: Betty kreuzt korrekt mit den Vorderbeinen.

Pferd rückwärts, gehen wir auf seine Schulter zu und helfen ihm so, sich in die gewünschte Richtung zu bewegen.

So funktioniert das Gehen zusammen mit dem Pferd im Schritt: Wir stehen auf der linken Seite des Pferdes und halten die Gerte in der linken Hand. Es kann helfen, diese Übung am Zaun zu machen. Um vorwärtszugehen, beugen wir unseren Oberkörper leicht nach vorne, um die Bewegung einzuleiten. Beide sollten gleichzeitig losgehen. Wenn das Pferd nicht mitkommt, zeigen wir leicht mit der Gerte auf die Hinterhand.

Wenn wir anhalten wollen, neigen wir unseren Oberkörper ein wenig zurück, unsere Füße bewegen sich jedoch noch, weil wir gleichzeitig mit dem Pferd anhalten wollen. Reagiert es nicht auf den Oberkörper, halten wir unsere Gerte etwa einen Meter vor das Pferd und heben sie auf Augenhöhe, sodass es die Gerte gut sehen kann. Wenn es immer noch nicht anhält, können wir das Seilchen an der Gerte wellenartig bewegen. Erst wenn das Pferd anhält, halten wir auch an.

Zum Rückwärtsgehen neigen wir zuerst unseren Oberkörper nach hinten und imitieren ein paar Schritte rückwärts auf der Stelle. Wenn das Pferd bereits jetzt zurückgeht, geben wir ihm eine Pause. Falls sich das Pferd noch nicht mit uns bewegt, klopfen wir mit der Lederschlaufe der Gerte vor ihm auf den Boden. Der nächste Schritt ist, die Gerte auf Augenhöhe des Pferdes anzuheben und vielleicht wellenartig zu schütteln. Wenn das Pferd einen Schritt rückwärts macht, nehmen wir sofort den Druck weg und geben ihm eine Pause.

Wenn das Pferd sich während der Übungen entscheidet, von uns wegzugehen und wir den Kontakt verlieren, schicken wir es erneut ein paar Runden im Roundpen, holen es wieder zu uns herein und beginnen mit der Übung von vorne.

Ausschlaggebend ist hier, dass wir unsere Position bei den Übergängen vom Schritt zum Halten und Rückwärtsgehen nicht verlieren und immer neben der Pferdeschulter bleiben.

Betty reagiert bereits bei der Neun-Uhr-Position und galoppiert an.

Wenn Betty in den Trab übergeht, lasse ich die Gerte auf den Boden sinken.

C4 Machen Sie Übergänge zwischen Schritt, Trab und Galopp. Leiten Sie jeden Übergang mit einem Stimmkommando ein. Bleiben Sie dabei möglichst in der Mitte des Roundpens stehen.

Wie bereits bei den Übergängen in C3 dieses Kapitels beschrieben, folgen wir wiederum denselben Prinzipien.

Ich habe beobachtet, dass es vielen Pferden leichter fällt, in der Freiarbeit zu galoppieren, als an der Longe. Wenn es Ihrem Pferd Mühe bereitet zu galoppieren, sollten Sie am Anfang mit einem Angaloppieren oder wenigen Galoppsprüngen zufrieden sein.

Unser Ziel bei dieser Übung ist es, in der Mitte des Roundpens stehen zu bleiben.

Wenn Ihr Pferd Schwierigkeiten mit dem Angaloppieren hat, empfehle ich die Übung mit den zwei Pylonen, die ich bereits in Kapitel 2.6 *„Longieren"* beschrieben habe:

Ich stelle zwei Pylonen im Abstand von sechs bis sieben Metern auf. Ich fordere das Pferd nur zwischen diesen beiden Pylonen auf, zu galoppieren. Wenn sich das Pferd nicht zwischen diesen beiden Pylo-

Wir versuchen das Angaloppieren nur zwischen den Pylonen.

nen befindet, lasse ich es traben. Nach ein paar Versuchen wird das Pferd zwischen den Pylonen eher vorbereitet sein und wissen, dass es aufgefordert wird, anzugaloppieren. Es wird vielleicht sogar etwas langsamer angaloppieren und nicht im Galopp davonstürmen. Wenn das gut klappt, stellen wir die Pylonen schrittweise weiter und weiter auseinander. Dieser Prozess kann Wochen dauern. Dafür haben Sie aber am Schluss ein besseres Ergebnis.

Juana trabt hinter meinem Rücken weiter. Diese Übung lehrt die Pferde, so lange mit einer Übung weiterzumachen, bis wir eine neue Übung anfragen. Juana braucht keine Unterstützung mit der Gerte.

C4 Lassen Sie Ihr Pferd auf dem Hufschlag traben, ohne dass Sie sich mitdrehen.

Ziel dieser Übung ist, dass wir dem Pferd eine Richtung und eine Gangart vorgeben, die es beibehält, bis wir etwas Neues anfragen. Es lernt auch hier wieder, Verantwortung zu übernehmen. Die Vorübung dazu ist in Kapitel 2.6 „Longieren" C3 beschrieben.

Lassen Sie Ihr Pferd fünf bis sieben Runden um sich herumtraben. Wenn wir ein Pferd haben, das immer wieder hinter unserem Rücken stehen bleibt oder langsamer wird, unterstützen wir es weiter mit der Gerte. Es kann dem Pferd helfen, wenn wir es mit der Gerte vorwärtsschicken bis zur Sieben-Uhr-Position (unser Pferd geht links herum). Anschließend führen wir die Gerte vor uns vorbei und strecken unseren Arm nach hinten zur Fünf-Uhr-Position, um es dort wieder anzutreiben. Die Gerte bleibt immer in der rechten Hand.

Zum Hereinholen des Pferdes treten wir vor sein Auge und gehen rückwärts. So erhalten wir einen fließenden Übergang.

C4 Holen Sie das Pferd im Trab zu sich.

Wir haben bereits geübt, unser Pferd im Schritt zu uns zu holen. Nun wollen wir es im Trab probieren. Wir schicken das Pferd auf den Hufschlag und holen es aus dem Kreis fließend zu uns, ohne dass es in den Schritt fällt. Wenn Sie bereits ein Zeichen für das Hereinkommen haben, das gut funktioniert, sollten Sie immer dasselbe gebrauchen.

Vergewissern Sie sich, dass das Pferd gut im Trab vorwärtsgeht, bevor Sie es zum Hereinkommen auffordern. Passen Sie die Geschwindigkeit Ihres Rückwärtsgehens dem Pferd an. Eine fließende Bewegung hilft dem Pferd, im Trab zu bleiben.

Ich hole Juana im Trab zu mir. Wenn ich mich beim Zurückgehen auch schneller bewege, bleibt Juana im Trab. Die neutrale Position der Gerte ist ausschlaggebend, damit das Pferd beim Hereinkommen nicht zögert.

Betty macht die Kombination aus Hinter- und Vorhandverschiebung ohne Unterbrechung.

C4 Wir sollten in der Lage sein, die Hinterhand und Vorhand des Pferdes in einer fließenden Kombination zu verschieben, zusammen mit ihm im Schritt und Trab zu gehen, gemeinsam anzuhalten und rückwärtszugehen.

Nun kombinieren wir einige der bereits geübten Lektionen miteinander. Wir beginnen wie in Kapitel 2.5 *„Kombination aus Vor- und Hinterhandverschiebung"*.

Wenn wir auf der linken Seite des Pferdes stehen, im Blick seines linken Auges, beginnen wir einen Kreis gegen den Uhrzeigersinn. Wir gehen in einem Halbkreis zügig auf die Hinterhand des Pferdes zu, um sie in Bewegung zu setzen. Wir ermuntern das Pferd, sich flüssig zu bewegen. Das Pferd wird in dieser fließenden Bewegung versuchen, uns mit seinem anderen Auge, dem rechten Auge, sehen zu können. Wir selber sind bei dieser Übung auch immer in Bewegung. Wir laufen immer gegen den Uhrzeigersinn.

Wenn das Pferd uns dann auf die andere Seite gewechselt hat, das heißt, wir sind nun auf der rechten Seite des Pferdes, stehen wir in der richtigen Position, um die Vorhand mit der Gerte zu verschieben.

Unser Ziel ist, dass das Pferd mit seiner Vorhand um sein linkes Hinterbein (Pivot-Bein) herumläuft.

Die Übung, zusammen im Schritt und Trab zu gehen, gemeinsam anzuhalten und rückwärtszugehen, ist in C3 (S. 270 ff.) dieses Kapitels beschrieben. Es kann helfen, diese Übungen am Zaun zu machen. Beim gemeinsamen Traben dürfen wir nicht schneller als das Pferd traben. Sonst würden wir vor sein Auge kommen und es blockieren.

Bei den Kommandos sollte Ihr Pferd auf kleinste Zeichen reagieren. Viel ist erreicht, wenn es Ihre Körpersprache liest und darauf hört und Sie dadurch in der Lage sind, sich gleichzeitig mit Ihrem Pferd zu bewegen.

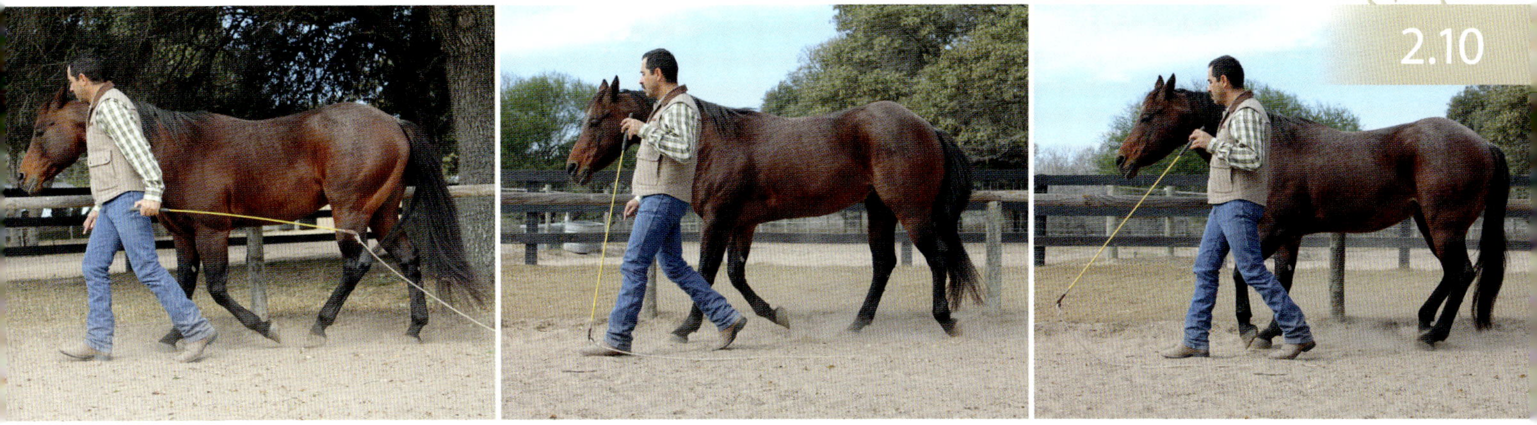

Gemeinsam anhalten und rückwärtsgehen: Cadete liest meine Körperhaltung sehr gut, die Gerte ist nur eine Unterstützung.

C5 Lassen Sie Ihr Pferd auf dem Hufschlag fünf bis sieben Runden galoppieren, ohne dass Sie sich mitdrehen.

Nun sollte unser Pferd in der Lage sein, den Galopp für mehrere Runden zu halten, ohne dass wir es immer wieder antreiben müssen. Lassen Sie Ihr Pferd fünf bis sieben Runden um sich herumgaloppieren. Es sollte die Richtung und die Gangart beibehalten. Wenn wir ein Pferd haben, das immer wieder hinter unserem Rücken langsamer wird, motivieren wir es mit der Gerte. Es kann dem Pferd helfen, wenn wir es mit der Gerte vorwärtsschicken, bis zur Sieben-Uhr-Position (unser Pferd geht links herum). Anschließend führen wir die Gerte vor uns vorbei und strecken unseren Arm nach hinten zur Fünf-Uhr-Position, um es dort wieder anzutreiben. Die Gerte bleibt immer in der rechten Hand. Es kann sein, dass wir für den Galopp die Mitte des Roundpens hin und wieder verlassen und uns mitdrehen müssen, um das Pferd anzutreiben. Sobald dann das Pferd wieder im Galopp ist, gehen wir zurück in die Mitte und vertrauen ihm, dass es im Galopp bleibt.

Juana bleibt im Galopp, ohne dass ich mich mitdrehe, und wartet auf mein nächstes Signal.

Ein gute Hilfe kann hier eine etwas längere Gerte, etwa eine Zirkuspeitsche sein. Damit können wir das Pferd berühren, ohne uns weit aus der Mitte heraus entfernen zu müssen.

C5 Holen Sie das Pferd im Galopp zu sich herein.

Genauso wie bereits in C4 „Holen Sie das Pferd im Trab zu sich" beschrieben, brauchen wir für das Hereinholen im Galopp etwas mehr Impuls, bevor wir das Pferd zu uns bringen. Um es nicht zu überraschen, sollten wir uns erst in der Mitte des Roundpens mitdrehen und mit unserem Bauchnabel immer auf das Pferd zeigen. Dann nehmen wir Kontakt zum Pferd auf, damit es weiß, dass eine Änderung bevorsteht. Wir setzen unser Stimmkommando für das Hereinholen ein und „traben" anschließend in einer geraden Linie rückwärts weg vom Pferd. (Richtung „sechs-Uhr").

Das Pferd im Galopp zu uns zu holen ist anspruchsvoll, weil es in der engen Wendung gut untertreten muss, um im Galopp zu bleiben. Wenn das Pferd zwei oder drei Galoppsprünge zu uns schafft, haben wir bereits ein beachtliches Ziel erreicht. Die Größe des Roundpens spielt hier eine wichtige Rolle: Je größer, desto einfacher.

Klappt das Hereinholen im Galopp in der Freiarbeit noch nicht, dann gehe ich einen Schritt zurück und übe es mit der Longe (*siehe Kapitel 2.7 „Das Pferd zu sich holen"*).

Das Hereinholen im Galopp: Zuerst erfolgt das Stimmkommando, dann das Rückwärtsgehen mit der Gerte in neutraler Position.

C5 Machen Sie im Trab einen Richtungswechsel, ohne dass das Pferd die Gangart wechselt.

Wenn das Pferd auf der rechten Hand läuft, halten wir die Gerte normalerweise in der linken Hand. Um uns für den Richtungswechsel vorzubereiten, nehmen wir nun die Gerte in die rechte Hand und versichern uns aber, dass sie immer noch nach „neun-Uhr" zeigt. Wir treiben unser Pferd so noch eine Runde auf dem Zirkel, bevor wir einen Handwechsel anfragen.

Um dann den Richtungswechsel auszuführen, laden wir unser Pferd ein, zu uns zu kommen, indem wir rückwärtsgehen. Und in dem Moment, in dem wir das äußere Auge sehen, in diesem Fall das linke, nehmen wir die Gerte vor uns auf die Drei-Uhr-Position und bewegen das Seilchen unserer Gerte rollend auf das Pferd zu: Wenn das Pferd beim Wechsel zu nah an uns herankommt, rollen wir das Seilchen der Gerte in Richtung Schulter. Haben wir eine größere Distanz zum Pferd, deutet unsere Gerte in Richtung des Rippenbogens.

Ich empfehle nicht mehr als drei Richtungswechsel zu machen. Dazwischen sollten wir unser Pferd zu uns holen und ihm eine Pause

Der richtige Moment für den Richtungswechsel im Trab.

gönnen. Ansonsten kann es sein, dass das Pferd nicht mehr gerne hereinkommt. Diese zwei Übungen müssen also stets ausbalanciert werden. Wenn Sie mit einem Stimmkommando arbeiten, sollten Sie für den Richtungswechsel ein anderes als zum Hereinholen benutzen.

C5 **Wir sollten in der Lage sein, das Pferd seitwärts von uns weg zu schicken, es am Zaun vorwärts- und rückwärtszuschicken, mit dem Pferd zusammen eine Acht zu traben und es anschließend auf einen Kreis im Schritt zu schicken, und diesen zu verkleinern und zu vergrößern.**

Es spielt keine große Rolle, in welcher Reihenfolge wir diese Übungen ausführen. Es ist viel wichtiger, dass das Pferd sich gut auf uns konzentriert. Dafür lassen wir es erst ein paar Runden im Roundpen laufen. Wenn wir spüren, dass wir seine volle Aufmerksamkeit haben, beginnen wir mit dieser Übungskombination.

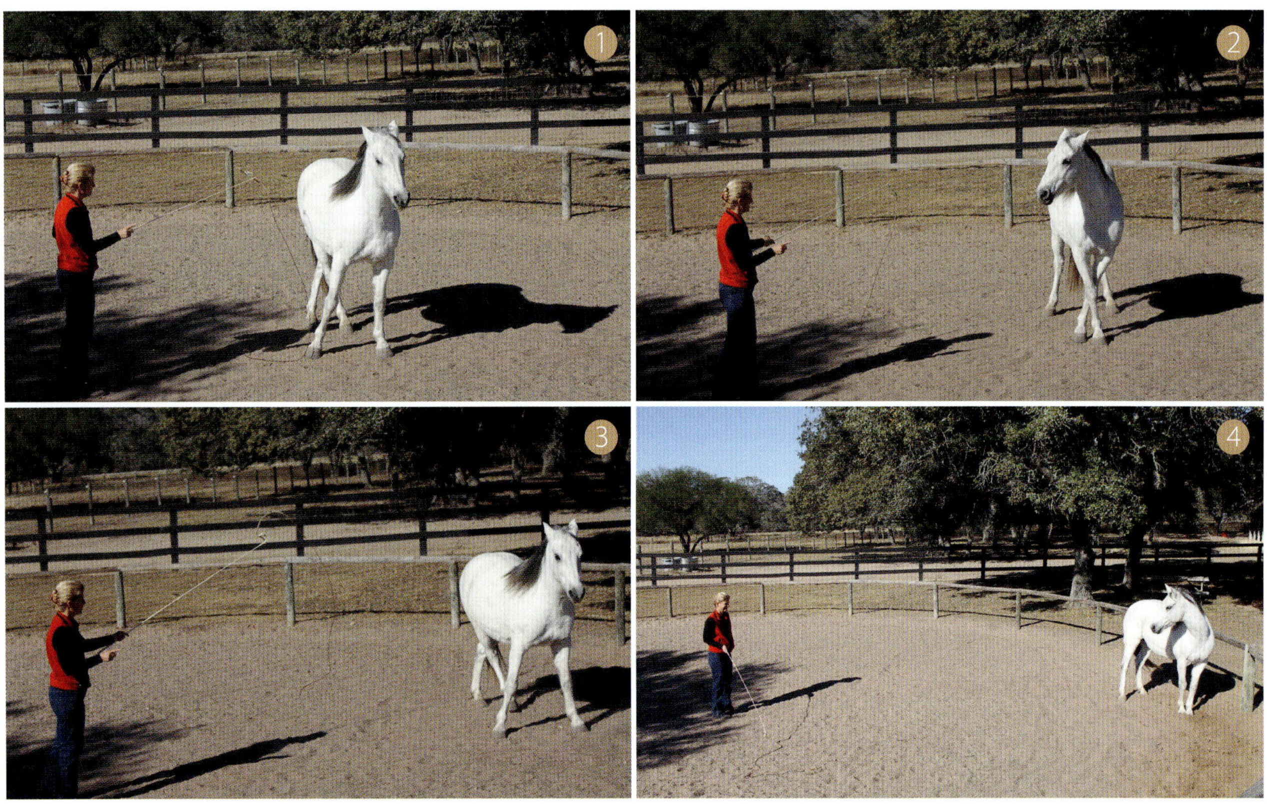

Seitwärts bis an die Bande: Durch genaues Einsetzen unserer Körpersprache entwickelt sich eine Kommunikation zwischen Mensch und Tier.

Wenn wir mit dem „Seitwärts" beginnen, stellen wir uns neben das Pferd, und unser Bauchnabel zeigt zum Rippenbogen.

Wenn das Pferd noch nicht flüssig seitwärtstreten kann, verschieben wir abwechslungsweise die Vor- und Hinterhand für einen Schritt, um eine Seitwärtsbewegung zu erhalten. So wie wir das bereits in Kapitel 2.9 „*Seitwärtsbewegungen*" C6 gemacht haben.

Da wir jetzt aber kein Führseil mehr haben, müssen wir den Druck vorsichtig und wohldosiert einsetzen. Es kann hilfreich sein, das Pferd zuerst zum Zaun hin ausgerichtet seitwärtszuschicken.

Zu Beginn sind wir mit ein paar Schritten von uns weg zufrieden, aber später möchten wir das Pferd ganz bis zum Zaun seitwärtsschicken, ohne dass wir mitgehen.

Um seitwärtszutreten braucht Casca hier etwas mehr Vorhandverschiebung. Deshalb ist der Bauchnabel auf die Schulter ausgerichtet.

Vorwärts und rückwärts an der Bande: Casca Nuezes macht die Aufgabe gut und hat eine Belohnung verdient.

Beim Vor- und Rückwärtsschicken am Zaun ist unser Ziel, dass wir in der Mitte stehen bleiben können. Falls das noch nicht klappt, gehen wir so nah zum Pferd, bis die Übung klappt. Dann vergrößern wir den Abstand nach und nach wieder. Die Gerte ist für das Vor- und Rückwärtsschicken auf Distanz unerlässlich. Für diese Übung zeigt unser Bauchnabel zum Pferd, und wir setzen die Gerte zwischen der

Zusammen eine Acht traben. Ich steuere Betty mit meiner Schulter, sie bleibt durch die ganze Achter-Figur mit mir verbunden.

Drei- und der Neun-Uhr-Position ein. Legen Sie zwischen den einzelnen Übungen ein paar Sekunden Pause ein, damit das Pferd nicht verunsichert wird.

Um mit dem Pferd zusammen eine Acht traben zu können, müssen wir neben ihm traben können, ohne die Hilfe des Zauns. In der Wendung auf uns zu, müssen wir uns in die neue Richtung drehen und auf das Pferd warten, damit es aufholen kann. Vielleicht müssen wir das Pferd mit der Gerte an der Hinterhand motivieren, weiter vorwärtszugehen. In den Wendungen weg von uns, müssen wir eventuell etwas schneller gehen und können, falls nötig, die Gerte einsetzen, um das Pferd zu verlangsamen oder seine Schulter wegzuschicken.

Den Kreis verkleinern wir, indem wir unsere Schulter so drehen, dass diese und die Schulter des Pferdes parallel in eine Richtung zeigen. Dann gehen wir in dieser Position näher zum Pferd, bleiben vielleicht etwas hinter der Schulter des Pferdes, und drehen unsere Schulter noch weiter, um das Pferd einzuladen, näher in die Mitte zu kommen. Wir halten die Gerte in der äußeren, dem Pferd abgewandten Hand, um notfalls das Pferd flüssig vorwärtsschicken zu können.

Diese beiden Signale, das Abdrehen der Schulter und das Schicken mit der Gerte, setzen wir abwechslungsweise ein, um eine Kombination zwischen Hereinholen und Vorwärtsschicken zum Verkleinern des Kreises zu erreichen. Am Anfang fordern wir das Pferd auf, nur einen einzigen kleinen Kreis zu laufen und schicken es wieder auf den Hufschlag, den großen Kreis. Wir schicken es hinaus, indem wir mit unserem Bauchnabel wieder auf das Pferd zeigen und treiben es seitwärts mit der Gerte hinaus.

C6 **Machen Sie Übergänge zwischen Schritt, Trab und Galopp, Anhalten und Rückwärtsgehen. Leiten Sie jeden Übergang mit einem Stimmkommando ein. Bleiben Sie dabei möglichst in der Mitte des Roundpens stehen.**

Alle diese Übungen sind bereits vorher einzeln erklärt und werden hier zu einer Kombination zusammengesetzt.

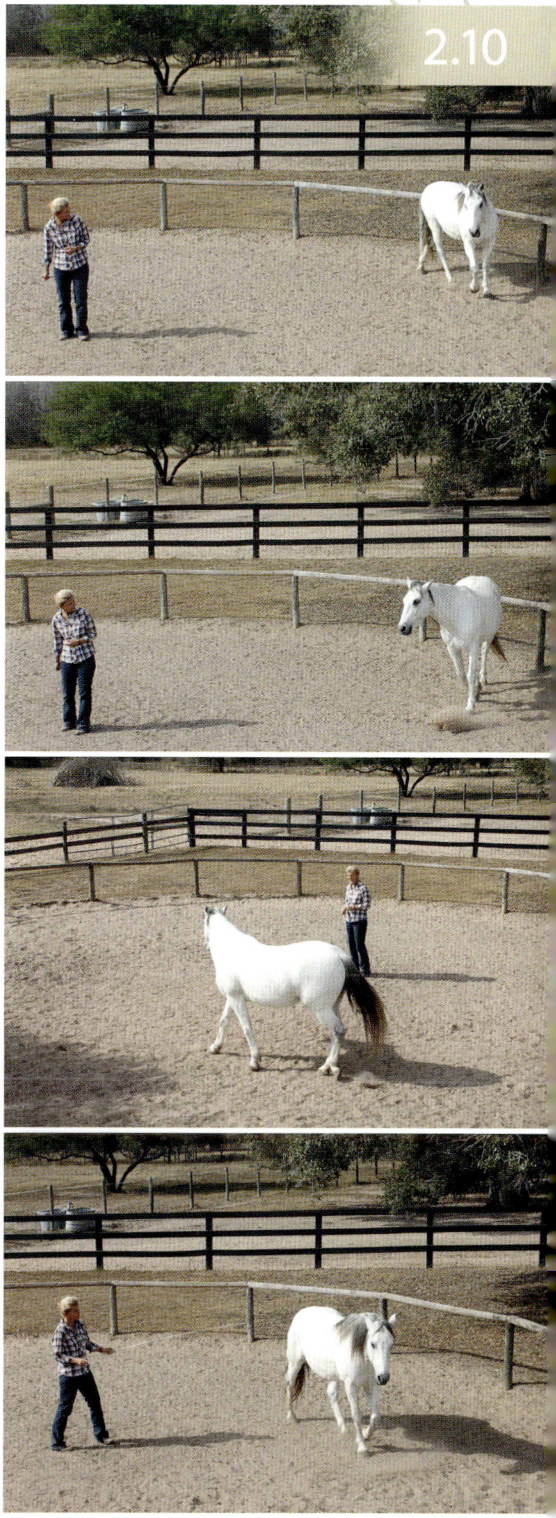

Den Kreis verkleinern und vergrößern: Casca ist aufmerksam und reagiert auf Karins Körperposition.

Wenn ich die Übergänge geschickt wähle, kann ich die verschiedenen Gangarten nutzen, um ein nervöses Pferd zu beruhigen oder ein faules Pferd aufzuwecken. So lege ich zum Beispiel bei einem heißblütigen Pferd längere Schrittphasen ein. Viele kurze Wiederholungen fördern die Balance des Pferdes und halten es aufmerksam auf meine Signale.

Ein Grund, weshalb wir diese Übungskombination als Basistraining ansehen sollten, ist, dass wir hier alle wichtigen Komponenten vereint haben, später in schwierigeren Kategorien gut vorbereitet sind und so die volle Konzentration des Pferdes erhalten.

C6 Lassen Sie das Pferd im Schritt eine volle Drehung machen. Es geht anschließend in derselben Richtung weiter (Walzer).

Diese Übung macht Pferd und Mensch sehr viel Spaß. Wir haben diese Drehung schon an der Longe geübt (*siehe Kapitel 2.6 „Longieren" C5*).

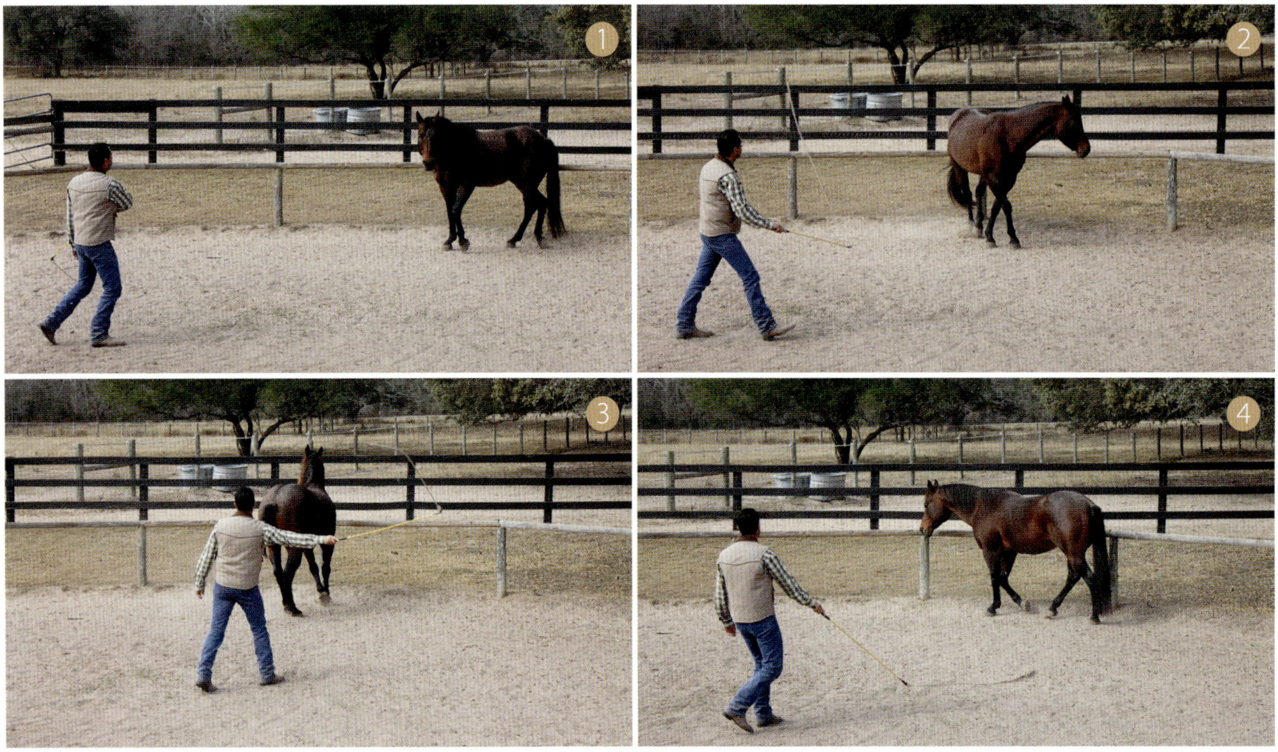

Wir müssen beim Walzer mitgehen, um die Schulter weiterschicken zu können.

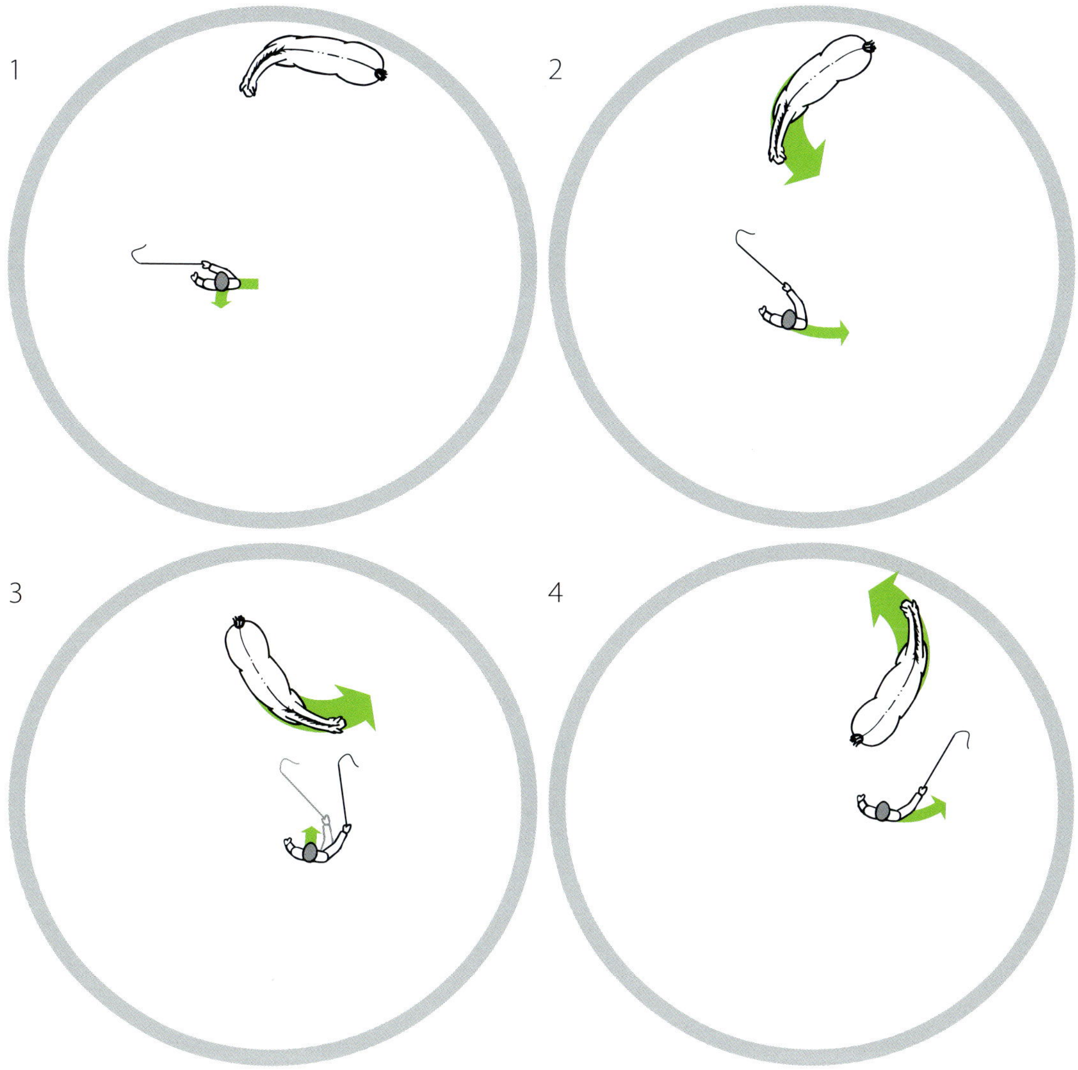

Ich gebrauche ein spezielles Stimmkommando für den Walzer, welches ich am Übungsanfang gebe. Somit weiß das Pferd gleich zu Beginn, welche Übung ich abfrage, da verschiedene Übungen den gleichen Anfang haben.

Wir schicken das Pferd auf die linke Hand und stehen in der Mitte des Roundpens. Bei dieser Übung bleibt die Gerte immer in der rechten Hand. Wir beginnen die Drehung, indem wir das Pferd etwas zu uns hereinholen. Dafür gehen wir seitwärts Richtung Neun-Uhr-Position und dann einen Schritt rückwärts. Wenn wir das äußere Auge, in diesem Fall das rechte, sehen, kreuzen wir die Gerte vor uns nach links und zeigen mit ihr auf die rechte Schulter des Pferdes. Wenn die rechte Schulter dann vor uns vorbeigeht, wechseln wir die Gerte wieder auf unsere rechte Seite, um die Schulter weitertreiben zu können und die 360°-Drehung zu vollenden. Um die Schulter schicken zu können, müssen wir uns auf einer Art Halbkreis bewegen. Am besten ist es, wenn das Pferd die ganze Drehung in einem flüssigen Schritt ausführt.

Casca macht einen schönen fliegenden Galoppwechsel.

Eine andere Variante, die Drehung zu beginnen, ist: Sie schicken die Hinterhand von sich weg, und wenn Sie das äußere Auge sehen, sind die nächsten Schritte, wie oben beschrieben. Unser Ziel ist es, mit der Zeit den Walzer in Form einer Pirouette ausführen zu können.

C7 Machen Sie im Galopp einen Richtungswechsel mit fliegendem Galoppwechsel.

Unser Pferd galoppiert links um uns herum. Wir holen es zu uns herein, indem wir rückwärtsgehen. Dabei haben wir die Gerte in unserer linken Hand und sie zeigt auf „zwei- oder drei-Uhr". Wenn das Pferd vom Hufschlag abbiegt und ein oder zwei Sprünge vom Zaun weggemacht hat, schlagen wir den Richtungswechsel vor. Wir nehmen also die Gerte wieder auf die linke Seite und rollen das Seilchen der Gerte auf die Schulter des Pferdes zu. Für viele Pferde reicht schon der Wechsel der Gerte, und sie wissen, dass sie wechseln sollen. Manche Pferde wechseln den Galopp in der Mitte, manche erst am Zaun, wenn sie bereits in die andere Richtung unterwegs sind, und manche wechseln gar nicht fliegend.

Wenn das Pferd auf dem Hufschlag in die Gegenrichtung geht und noch keinen fliegenden Wechsel gemacht hat, bremsen wir es in den Trab und galoppieren es auf der neuen Hand an. Wenn wir ein etwas trägeres Pferd haben, dann beschleunigen wir es vor dem Handwechsel, damit es im Galopp in die Mitte abbiegt. Nach der Mitte können wir es ebenfalls unterstützen, indem wir zum Beispiel schnalzen und es beim Abbiegen auf den Hufschlag mit der Gerte nochmals aufmuntern, den Galopp zu wechseln..

Wenn wir ein gut vorwärtsgehendes Pferd haben, dann zeigen wir ihm den Richtungswechsel nur mit der Gerte an und lassen es in seinem eigenen Tempo den fliegenden Galoppwechsel ausführen, damit es nicht überreagiert.

Wenn der Roundpen zu klein ist für ein Pferd, kann es helfen, diese Übung auf dem halbierten Reitplatz zu trainieren. Manche Pferde brauchen viel Platz, um einen fliegenden Galoppwechsel auszuführen.

C7 **Lassen Sie das Pferd im Trab eine volle Drehung machen. Es geht anschließend in derselben Richtung weiter (Walzer).**

Im Schritt haben wir den Walzer schon geübt, nun probieren wir diese elegante Drehung im Trab. Wie in diesem Kapitel unter C6 beschrieben, bleiben die Bewegungen die gleichen. Es wäre gut, bereits ein Stimmkommando für den Walzer zu haben.

Damit wir diese Drehung flüssig im Trab ausführen können, müssen wir unsere Bewegungen harmonisch und koordiniert auf die Bewegung des Pferdes abstimmen. In der schnelleren Gangart sind wir sonst schnell zu weit vor oder hinter dem Pferd. Wir sollten uns bewusst sein, was unsere Bewegungen bewirken.

Der Walzer im Trab. Wichtig ist, dass die Hinterbeine nicht stehen bleiben und auf einem kleineren Kreis als die Vorderbeine mitgehen.

C7 **Wir sollten in der Lage sein, aus der Mitte des Roundpens heraus unser Pferd seitwärts von uns weg zu schicken, es seitwärts wieder zu uns hereinzuholen, es ohne die Hilfe des Zaunes vorwärts- und rückwärtszuschicken, es im Trab einen Kreis verkleinern und vergrößern zu lassen, es im Schritt parallel zum Zaun anzuhalten und seine Vorhand um 180° zu verschieben (Rollback).**

Die hochgehaltene Gerte signalisiert Juana seitwärts auf mich zuzukommen. Meine linke Hand hält Juana vorne in der Seitwärtsposition.

Das Seitwärts-von-uns-Wegschicken aus der Distanz heraus machen wir wie in diesem Kapitel unter C6 beschrieben. Um das Pferd in der Freiarbeit seitwärts zu uns zu holen, müssen wir zu Beginn wieder näher am Pferd sein. Wir stellen es parallel zum Zaun und können es zusätzlich zur erhobenen Gerte, mit der anderen Hand unter dem Hals, unterstützen. Falls nötig, touchieren wir es mit der Gerte, um es seitwärts zu uns zu holen. Nach und nach vergrößern wir den Ab-

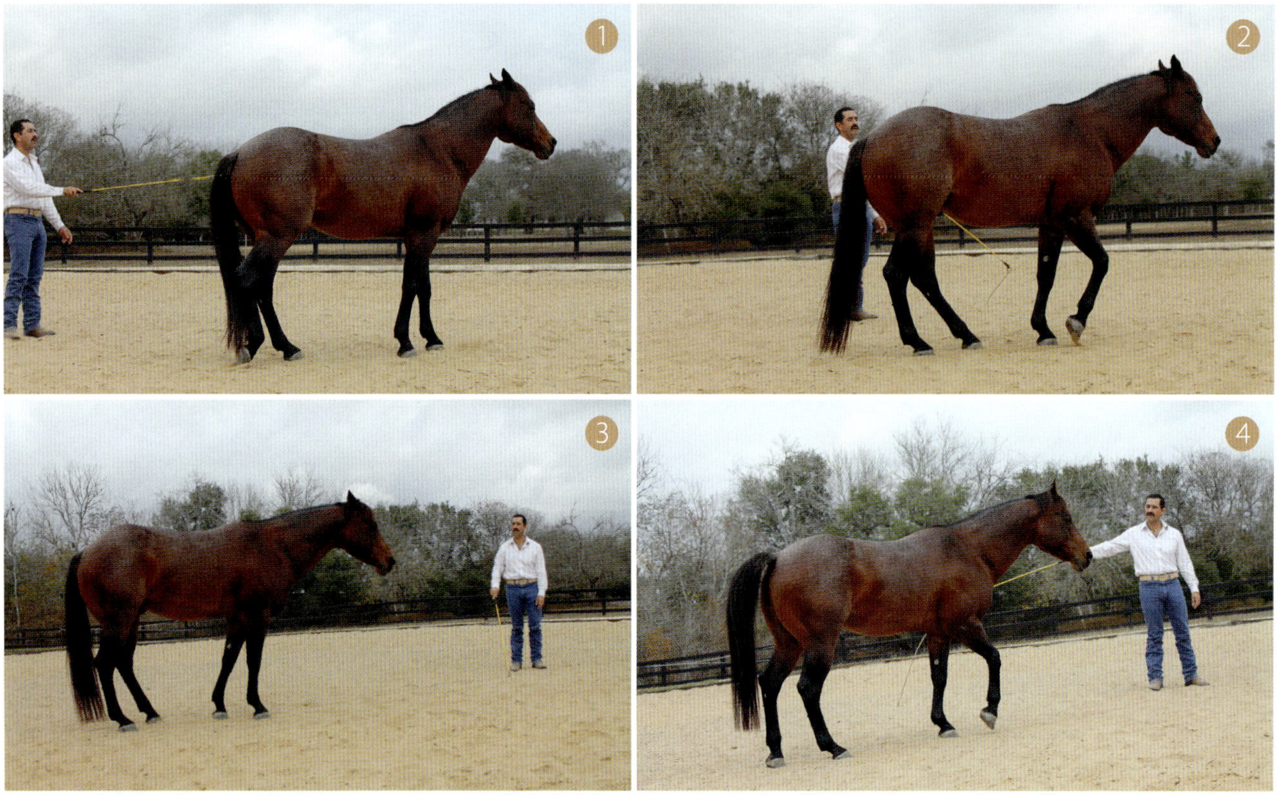

Die Kommunikation zwischen Ihnen und Ihrem Pferd muss sehr gut sein, um auf einem großen Reitplatz das Pferd auf Distanz vorwärts- und rückwärtsschicken zu können.

stand zwischen uns und dem Pferd, bis wir eines Tages in der Mitte stehen bleiben können. Diese Übung kennt das Pferd bereits *(siehe Kapitel 2.9 „Seitwärtsbewegungen")*.

Während wir in der Mitte des Roundpens stehen und unser Bauchnabel auf das etwa einen Meter entfernte Pferd zeigt, schicken wir es ein paar Schritte vorwärts, halten es an und schicken es ein paar Schritte rückwärts, ohne dass wir mitgehen. Damit wir diese Übung flüssig ausführen und Korrekturen rechtzeitig anbringen können, ist es von Vorteil, die Gerte immer in derselben Hand zu halten. Wir haben dies bereits in Kapitel 2.2 „Rückwärtsgehen" C6 am Seil geübt.

Einen Kreis im Trab verkleinern und vergrößern wir wie in diesem Kapitel unter C5 (S. 282 ff.) beschrieben, indem wir unsere Schulter so drehen, dass unsere Schulter und die Schulter des Pferdes parallel in eine Richtung zeigen. Dann drehen wir unsere Schulter noch weiter, um das Pferd einzuladen, näher zu uns zu kommen. Wir gehen also nicht mehr näher zum Pferd, sondern das Pferd sollte näher zu uns kommen. Wenn es dann bei uns in der Mitte auf dem kleinen Kreis trabt, müssen wir aufpassen, dass wir nicht zu weit vor oder hinter die Schulter des Pferdes geraten. Wir halten die Gerte in der äußeren, dem Pferd abgewandten Hand, um notfalls das Pferd flüssig im Trab schicken zu können.

Diese beiden Signale setzen wir abwechselnd ein, um eine Kombination zwischen Hereinholen und Vorwärtsschicken zum Verkleinern des Kreises zu erreichen.

Nun sollten wir in der Lage sein, unser Pferd ein paar kleine Kreise um uns herumtraben zu lassen, bevor wir es wieder auf den Hufschlag und somit auf den großen Kreis schicken. Wir schicken es hinaus, indem wir mit unserem Bauchnabel wieder auf das Pferd zeigen und treiben es mit der Gerte auf Rippenhöhe seitwärts hinaus.

Den Kreis im Trab verkleinern und vergrößern: Karins Schulter und die Schulter von Casca zeigen in eine Richtung.

Für den Rollback gehen wir im Schritt mit etwa einem Meter Abstand parallel mit dem Pferd auf dem Hufschlag und verschieben seine Vorhand um 180°. Wir führen die Gerte nach vorne, um das Pferd anzuhalten. Dann gehen wir rückwärts weg vom Pferd, um die Schulter

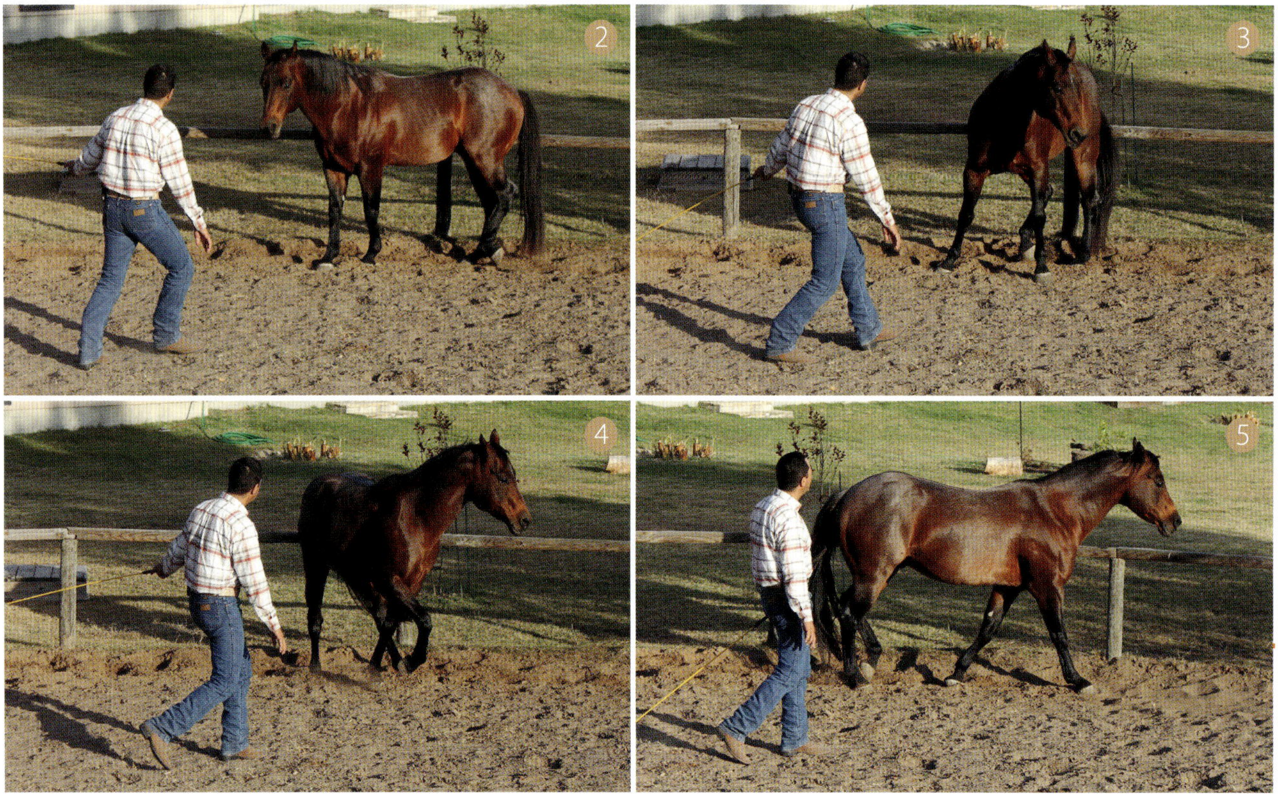

Der Rollback im Schritt: Cadete kreuzt gut mit den Vorderbeinen.

zu uns zu bringen. Wenn wir das andere Auge des Pferdes sehen, schicken wir die rechte Schulter weg von uns, um die 180°-Drehung zu beenden. Sobald das Pferd wieder auf dem Hufschlag steht und in die Gegenrichtung schaut, schicken wir es im Schritt vorwärts.

Das ist eine Übung, die Pferd und Mensch richtig Spaß macht. Aber bitte Vorsicht: Zu viel Druck kann das Pferd zum Ausschlagen veranlassen.

C8 Lassen Sie Ihr Pferd im Galopp eine volle Drehung machen. Es geht anschließend in derselben Richtung weiter (Walzer).

Unsere Walzer im Trab sollten flüssig funktionieren, damit wir sie im Galopp versuchen können. Es sollte ebenfalls möglich sein, im Trab zwei oder drei Walzer hintereinander abzufragen, um sicherzugehen, dass das Pferd diese Übung verstanden hat. Unsere Bewegungen, Signale und Stimmkommandos bleiben die gleichen. Damit wir diese Drehung flüssig im Galopp ausführen können, müssen wir unsere Bewegungen harmonisch und koordiniert auf die Bewegung des Pferdes abstimmen, und wir müssen dem Pferd unbedingt genügend Platz dafür lassen.

Viele Pferde mögen diese schnelle Drehung sehr, aber wie bereits mehrmals erwähnt, sollten wir hier auch nur einen oder zwei Walzer verlangen und das Pferd dann zu uns in die Mitte holen und ihm eine Pause gönnen. Viel Spaß!

C8 Wir schicken das Pferd im Galopp auf einen Kreis und lassen es diesen verkleinern und vergrößern.

Um einen Kreis im Galopp verkleinern und vergrößern zu können, ist es nun unbedingt notwendig, dass das Pferd unsere Körpersprache bereits gut lesen kann, unser Stimmkommando versteht und im Galopp bis zu uns in die Mitte hereinkommt. Diese Übung ist gar nicht

Der Walzer im Galopp: Die erste Hälfte der Drehung ist gut, in der zweiten Hälfte verliert Casca für einen Sprung etwas die Versammlung.

einfach und verlangt viel vom Pferd. Es muss auf das kleinste Zeichen unserer Schulterstellung reagieren zum Hereinkommen, und es muss sehr gut ausbalanciert sein, um auf dem kleinen Kreis um uns herum galoppieren zu können.

Für den kleinen Kreis im Galopp dürfen wir nicht zu weit vor oder hinter die Schulter des Pferdes geraten, und müssen gegebenenfalls auf einem kleinen Kreis etwas mitgehen.

Nun sollten wir unser Pferd genau beobachten, um zu erkennen wie lange es den kleinen Kreis im Galopp halten kann, bevor es in den Trab zurückfällt. Zu Beginn kann es bei dieser schwierigen Übung auch von Vorteil sein, das Pferd bei uns in der Mitte anhalten zu lassen und es zu loben, anstatt es auf den großen Kreis zu schicken. So sieht es einen Grund darin, nahe bei uns kleine Kreise zu galoppieren.

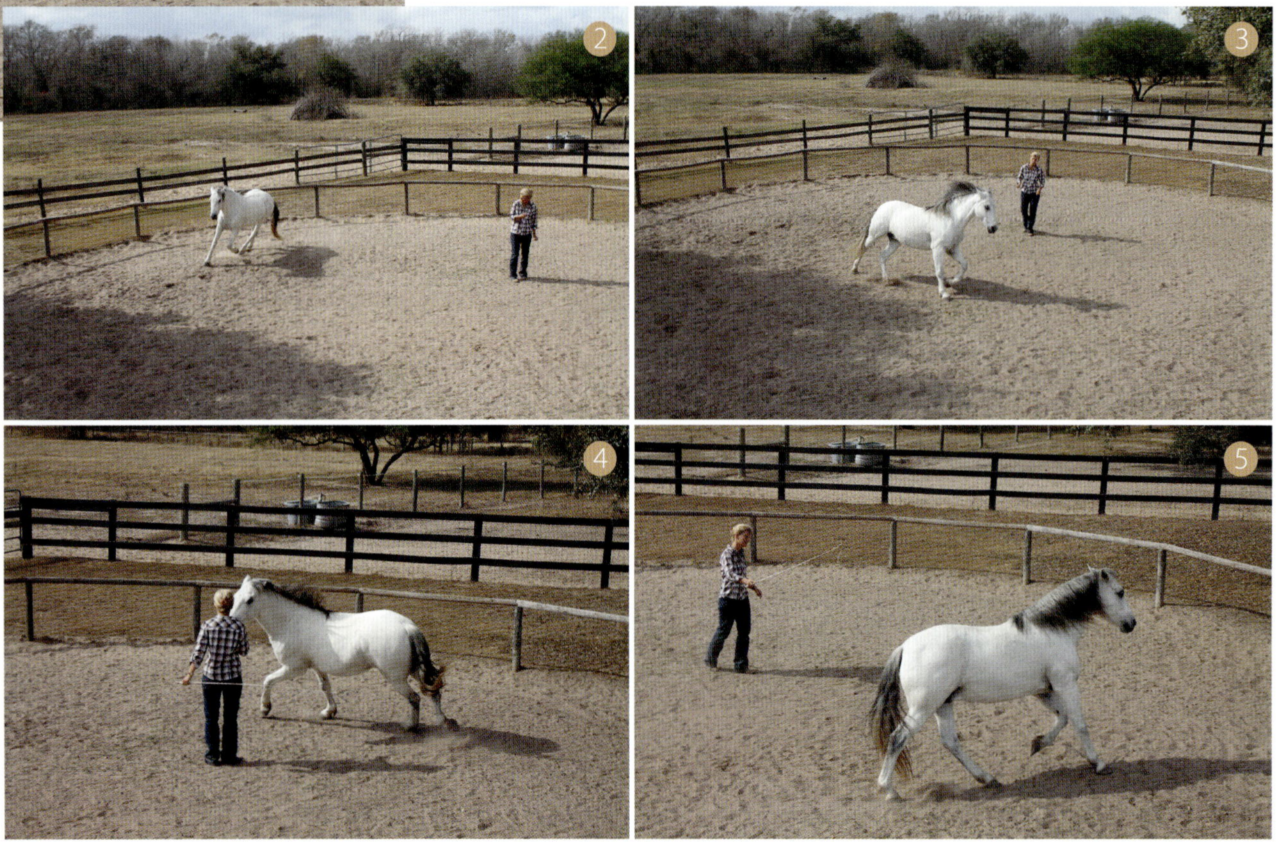

Den Kreis im Galopp vergrößern und verkleinern: Casca passt gut auf, wie groß oder klein der Kreis sein soll.

C8 **Wir sollten in der Lage sein, unser Pferd in der Mitte des Roundpens zwei volle Drehungen machen zu lassen (Spin), es entlang des Zaunes traben und anhalten zu lassen und seine Vorhand um 180° zu verschieben (Rollback).**

Dies ist wiederum eine Kombination aus verschiedenen Übungen. Als Vorübung zum Spin bei der Freiarbeit sollte der Spin am Seil (*siehe Kapitel 2.6 „Longieren" C6*) bereits sehr gut funktionieren. Legen Sie zwischen den Spin-Einheiten oft Pausen ein.

Der Spin hat eine ähnliche Hilfengebung wie der Walzer. Der Unterschied ist: Beim Walzer geht das Pferd zuerst auf einem Kreis vorwärts, dann macht es einen kleinen Kreis vor uns, und dann geht es wieder auf den großen Kreis. Es ist dabei immer in einer Vorwärtsbewegung.

Im Spin steht es vor uns, macht eine oder mehrere Drehungen auf der Hinterhand, und beendet die Übung wieder vor uns stehend.

Wenn wir das Pferd im Spin rechts herum schicken, befindet sich die Gerte in unserer rechten Hand. Wir schicken die linke Schulter des Pferdes mit der Gerte weg von uns. Dann kreuzen wir die Gerte vor uns, um die Schulter weiterzuschicken, und gehen dabei einen Schritt nach vorne. Wenn das Pferd 180° gewendet hat, machen wir einen Schritt nach rechts und zurück, um das Pferd wieder zu uns zu bringen und um die zweite Hälfte der Drehung zu vollenden. Gleichzeitig führen wir die Gerte wieder auf die rechte Seite. Wir gehen also zuerst auf das Pferd zu, um die Schulter wegzuschicken, und dann rückwärts, um das Pferde wieder zu uns zu holen. Dieser Bewegungsablauf hilft, die Hinterhand an einer Stelle zu fixieren.

Für den Rollback aus dem Trab gehen wir ebenfalls parallel, mit vielleicht etwas mehr Abstand als im Schritt, mit dem Pferd auf dem Hufschlag und verschieben seine Vorhand um 180°. Wenn wir uns auf der linken Seite des Pferdes befinden, haben wir die Gerte in unserer linken Hand. Wir führen die Gerte nach vorne, um das Pferd anzu-

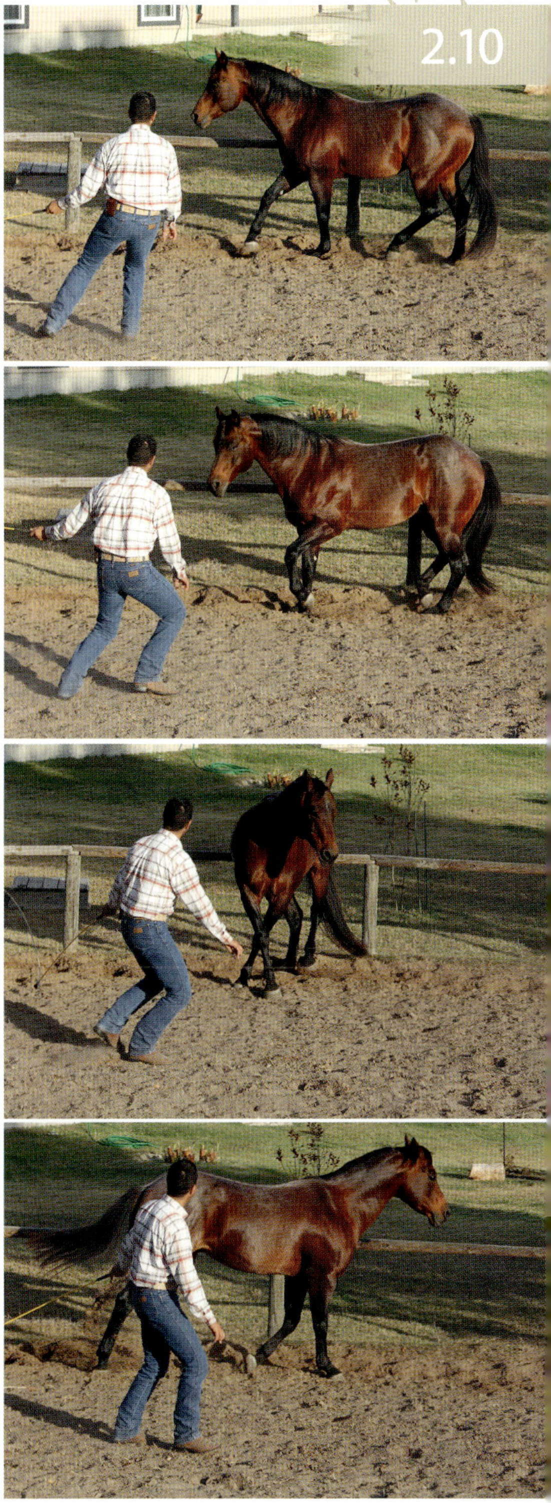

Die korrekte Hilfe im richtigen Moment ist für den Rollback im Trab sehr wichtig.

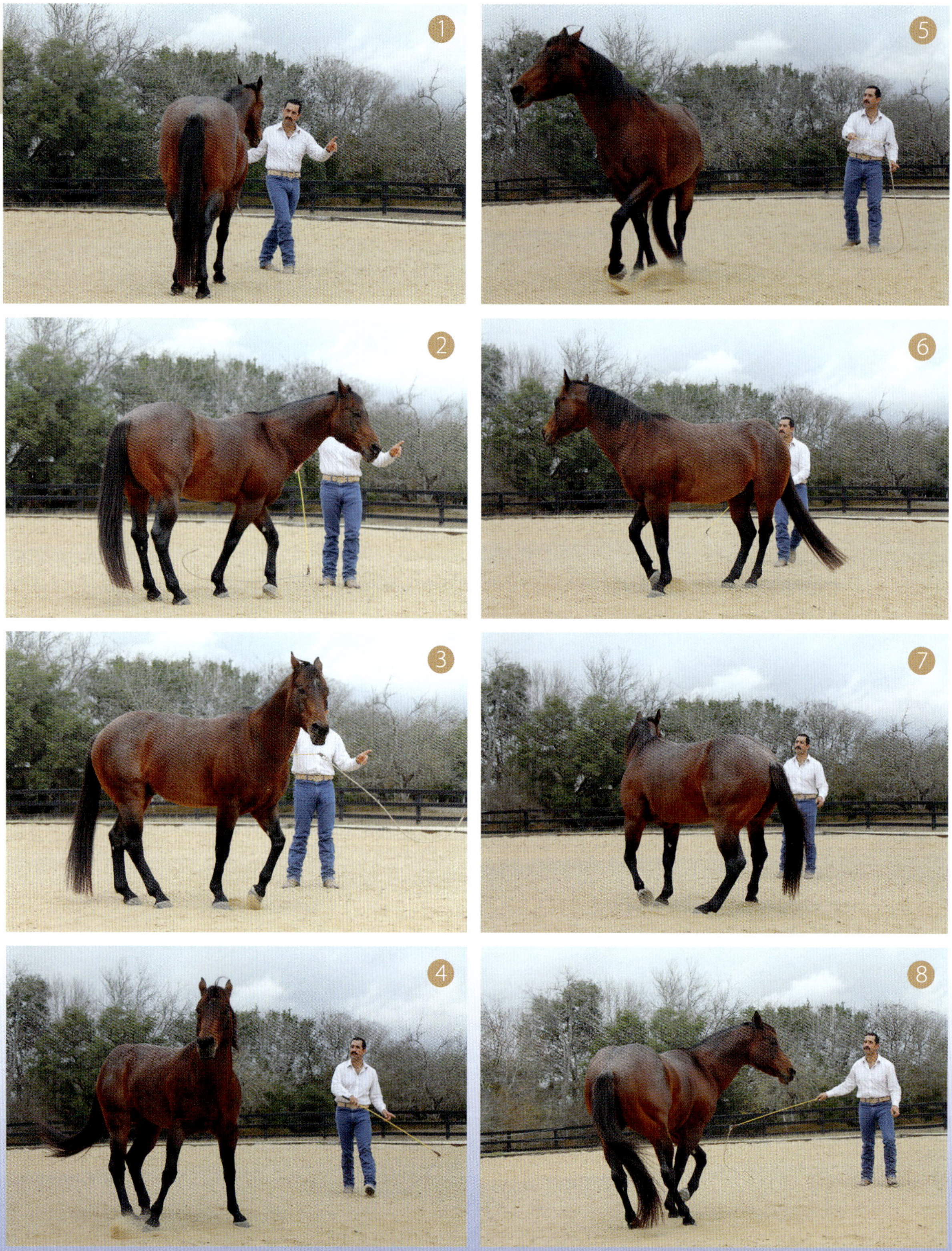

Der Spin in Freiarbeit – wie ein gemeinsamer Tanz.

halten. Dann gehen wir rückwärts weg vom Pferd, um die Schulter zu uns zu bringen. Wenn wir das äußere Auge des Pferdes sehen, schicken wir die rechte Schulter weg von uns, um die 180°-Drehung zu beenden. Sobald das Pferd wieder auf dem Hufschlag ist und in die Gegenrichtung schaut, schicken wir es wieder im Trab vorwärts.

Juana und Casca Nuezes reagieren völlig synchron.

Diese Übung können wir in einem fortgeschrittenen Stadium auch ohne die Hilfe des Zaunes, und später sogar im Galopp, probieren.

C8 Arbeiten Sie gleichzeitig mit zwei Pferden im Roundpen. Viel Spaß!

Wenn wir mit zwei Pferden gleichzeitig in der Freiarbeit arbeiten möchten, sollten beide Pferde einzeln bereits die Freiarbeit gut kennen. Sie sollten zumindest alle Übergänge, das Hereinkommen und das Uns-Nachlaufen gut beherrschen.

Die Arbeit mit zwei Pferden gleichzeitig ist eine Herausforderung und kann uns helfen, einen Weitblick zu entwickeln und somit unsere Aufmerksamkeit auf mehrere Pferde gleichzeitig zu richten. Auch das Pferd lernt dabei zu unterscheiden, wann das jeweilige Signal an es selber gerichtet und wann es für das andere Pferd bestimmt ist.

Einige Übungen, die wir mit zwei Pferden in der Freiarbeit machen können, sind: Wir können die Pferde in die gleiche Richtung gehen lassen. Wenn wir spüren, dass es den Pferden wohl dabei ist, beschleunigen wir das vordere Pferd, bis es hinter dem vormals zweiten aufgeschlossen hat. Dann wiederholen wir das Spiel und wechseln so die Positionen der Pferde. Wenn das klappt, können wir versuchen, beide Pferde gleichzeitig zu uns hereinzuholen und uns nachlaufen zu lassen.

Wir können auch versuchen, ein Pferd zu uns hereinzuholen und bei uns in der Mitte stehen zu lassen, während das andere weiter auf dem Hufschlag läuft und zum Beispiel Übergänge macht. Oder wir können die Pferde in unterschiedliche Richtung gehen lassen. Dazu sollten die Pferde aber ruhig und gelassen sein. Sonst kann es passieren, dass sie ineinander laufen.

Hier können Sie alles bisher Gelernte anwenden und ausprobieren. Der Spaß und die Sicherheit sollten dabei aber immer im Vordergrund stehen!

Ich persönlich nutze das gleichzeitige Arbeiten mit zwei Pferden zum Beispiel, wenn ein neues Pferd in die Herde integriert werden soll. Selbstverständlich müssen beide Pferde einzeln vorher mit der Freiarbeit vertraut sein. Das neue Pferd sollte gut sozialisiert sein und die Möglichkeit gehabt haben, die Herde über Tage mit einer Abgrenzung dazwischen kennengelernt zu haben. Ich möchte zumindest mit dem rangniedrigsten Pferd der Herde und dem neuen, und dann mit dem dominantesten und dem neuen, in Freiheit arbeiten. Ich mache dies an ein paar aufeinanderfolgenden Tagen, und wenn ich ein gutes Gefühl habe, lasse ich das neue Pferd unter Aufsicht in die Herde.

Juana läuft, während Casca Nuezes sich bei mir ausruht.

Dann schicke ich ihn wieder auf die Kreisbahn.

Wechseln Sie ab, welches Pferd vorne läuft, indem Sie eines aufschließen lassen und so das ehemals hintere dann vorne ist.

Beide galoppieren. Hier müssen Sie ganz genau darauf achten, wer wie viel Druck braucht.

Doppellonge…

Zu Beginn möchte ich kurz die von mir für die Doppellongenarbeit verwendete Ausrüstung vorstellen.

Der Gurt

Der Doppellongengurt sollte auf beiden Seiten verstellbar sein, damit er verschiedenen Pferderassen passt. Er sollte am Widerrist gut gepolstert sein, damit er angenehm für das Pferd ist und nicht verrutscht. Der ideale Gurt hat sechs Ringe auf jeder Seite, damit wir die Zügel auch tief befestigen können, was sehr hilfreich ist bei Pferden, die den Kopf zu hoch tragen. Mehrere Ringe geben uns auch mehr Befestigungsmöglichkeiten, und der Unterschied zwischen den einzelnen Stufen ist kleiner.

Dieser Gurt eignet sich hervorragend für die Doppellongenarbeit. Er ist auf beiden Seiten verstellbar und passt so mehreren Pferderassen. Er hat genügend Ringe, was viele Stufen für die Zügelverschnallung ermöglicht.

Beispiele für Zäumungen

Das Sidepull besitzt bereits zwei Ringe, durch die die Zügel widerstandslos laufen können.

Ein Bosal eignet sich gut für die Doppellonge. Es sollte zwei Ringe haben, durch die die Zügel unabhängig voneinander gleiten können.

Ein Bosal kann auch mit einem normalen Trensen-Kopfstück kombiniert werden.

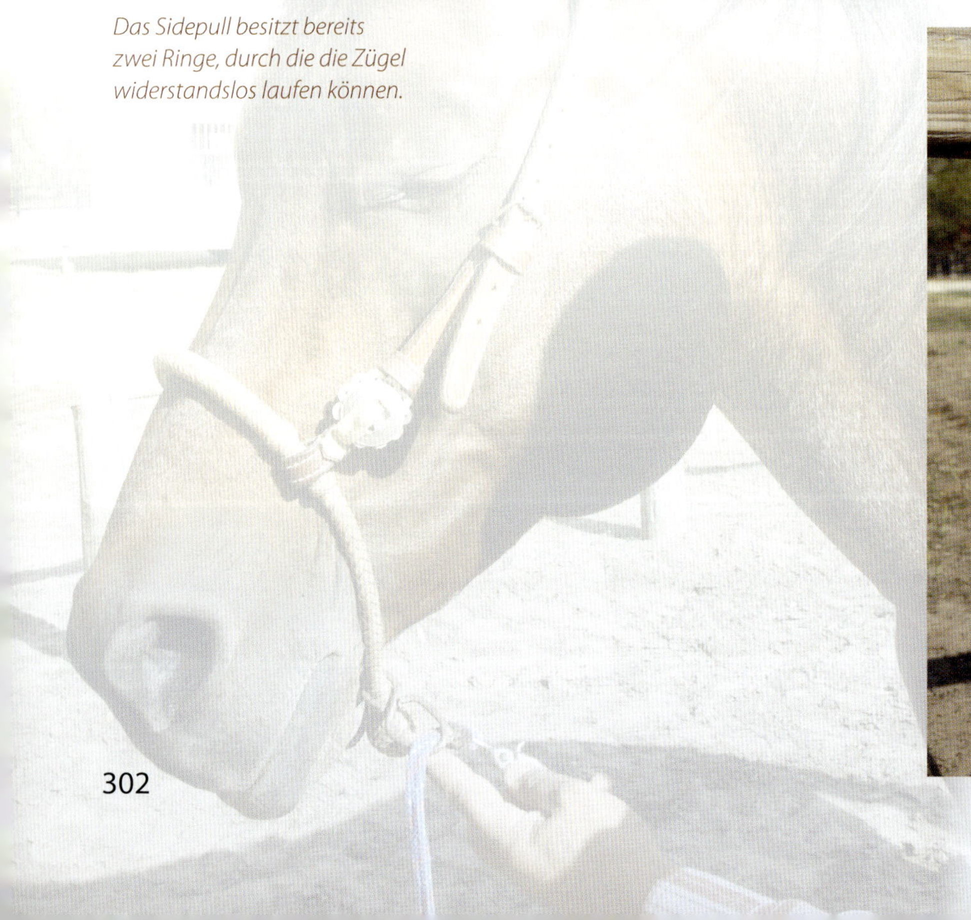

Das Kopfstück

Ich gebrauche ein Sidepull oder ein Bosal, an dem zwei Ringe befestigt sind. Das Bosal sollte maximal ½ Inch dick und flexibel sein. Sidepull und Bosal sollten nicht zu locker aufliegen und zwischen dem letzten Schneidezahn und dem ersten Backenzahn zum Liegen kommen.

Eine Trense würde ich am Anfang der Doppellongenarbeit noch nicht benutzen. Manche Situationen können wir nicht vorhersehen, und sie verlaufen oft anders als geplant. Ich bevorzuge deswegen gebisslose Zäumungen, da hier die Verletzungsgefahr geringer ist. Wenn wir mit Pferden arbeiten, sollte die Sicherheit für Mensch und Tier immer an erster Stelle stehen.

Ich benutze gerne eine Doppellonge, die flach, 15-16 Meter lang, einen Zentimeter breit und vor allem leicht ist.

Die Zügel

Was die Doppellongen-Zügel angeht, so arbeite ich gerne mit einer Länge von ca. 15 bis 16 Metern. Meine Zügel sind flach und nur einen Zentimeter breit. So liegen sie angenehm und leicht in der Hand und erzeugen kein unnötiges Gewicht am Pferdekopf. Außerdem sollten wir darauf achten, dass die Zügel stets flüssig durch die Ringe gleiten können.

Die richtige Zügelhaltung.

Die Gerte

Die Gerte sollte leicht sein, damit wir sie zusammen mit den Zügeln einfach handhaben können. Ich gebrauche oft eine Zirkus- oder Longiergerte mit einer Länge von 1,70 Meter und einem drei Meter langen Seil, oder eine kurze Fahrpeitsche. Es kommt aber immer auf das Pferd an, oftmals geht es auch ohne Gerte.

Diese leichte Gerte eignet sich gut für die Doppellongenarbeit.

Vorbereitung

Wenn Sie die ersten Male mit Ihrem Pferd an der Doppellonge arbeiten, gehen Sie am besten auf einen kleinen Platz oder trennen den Reitplatz ab. Ein idealer Trainingsort für den Einstieg ist ein Roundpen.

Wenn wir mit der Doppellongenarbeit beginnen, müssen wir sicher sein, dass das Pferd sich mit dem Gurt und den Zügeln wohl fühlt (*siehe Kapitel 1.4 „Das Pferd überall berühren“*).

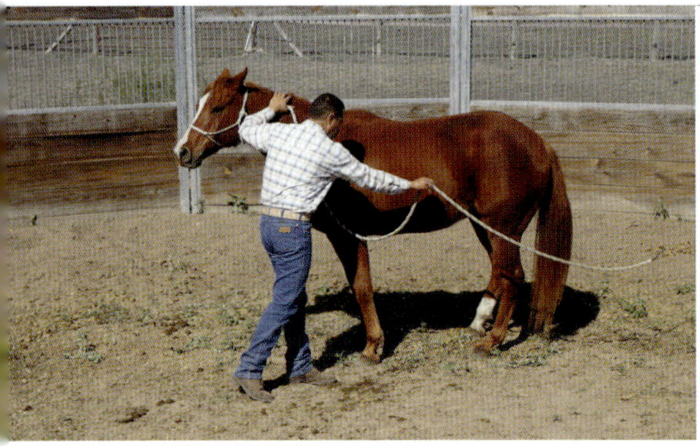

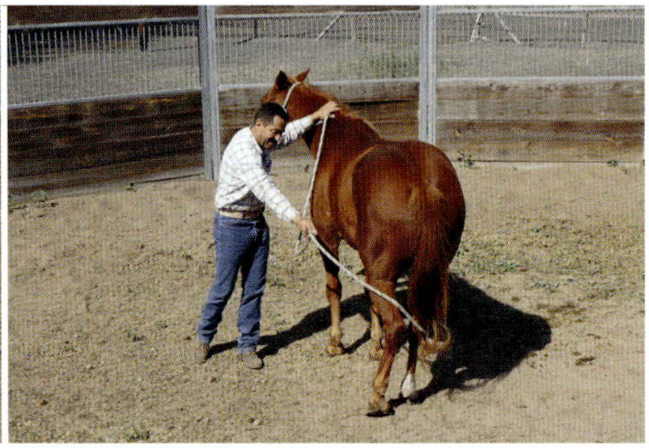

◀ *Der 5-jährige Wheels ist noch nie geritten worden und hat selten mit Menschen gearbeitet. Als ich ihn zu Beginn mit dem Seil berührte, zog sich vor Angst sein ganzer Körper zusammen.*

▶ *Langsam fasst er ein wenig Vertrauen. Wir sollten Pferden die Angst nehmen, denn ein Pferd, das Angst hat, kann nicht lernen und mit all seinen Fähigkeiten mitarbeiten.*

▲ *Nach einer Zeit akzeptiert Wheels das Seil auch an seinen Hinterbeinen und gibt dem Druck nach, indem er sich dreht.*

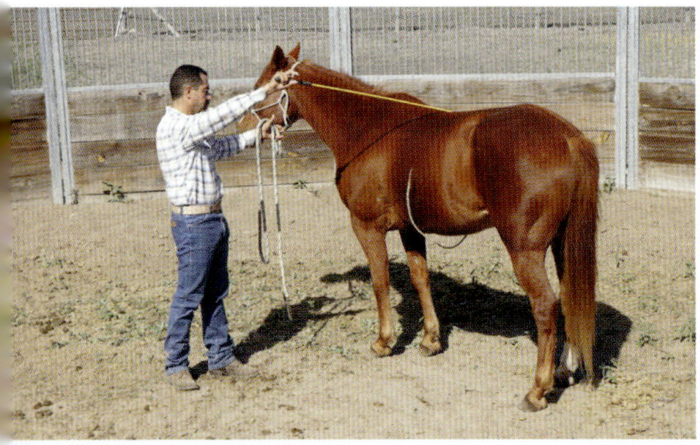

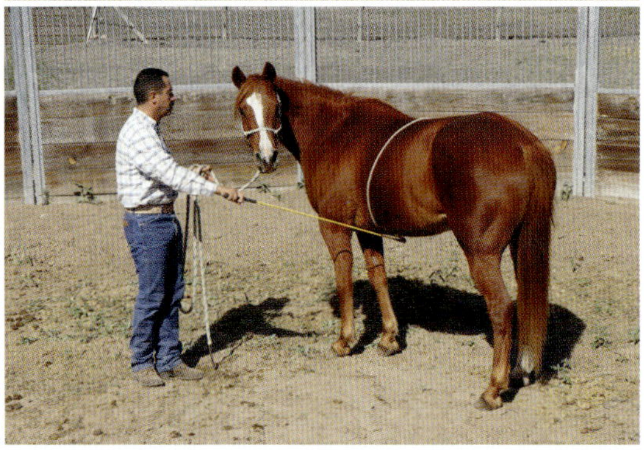

Das ist eine gute Übung, um Wheels an einen Gurt zu gewöhnen. Vertrauensvoll blickt er sich um und schaut, was ich mache.

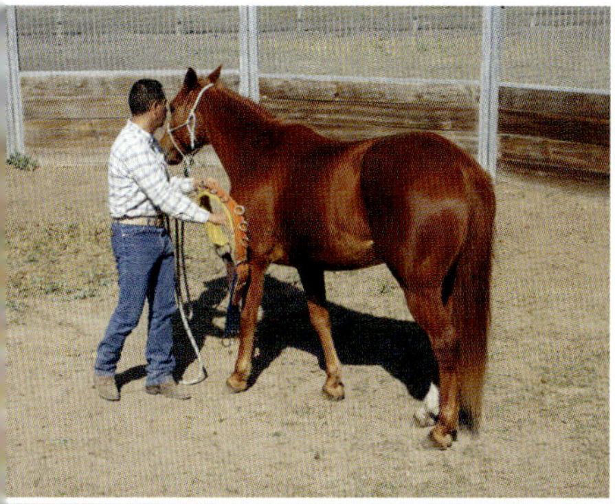

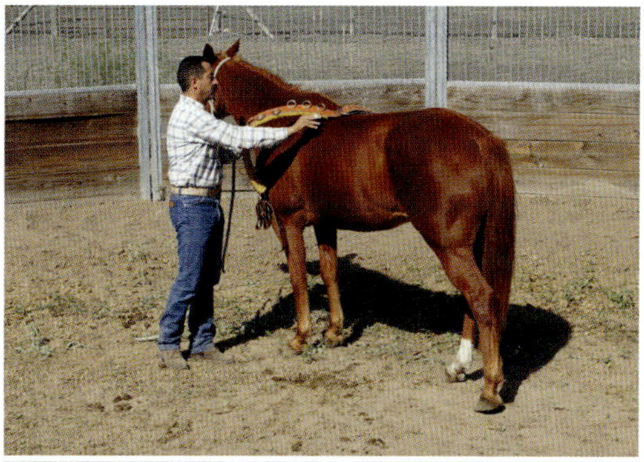

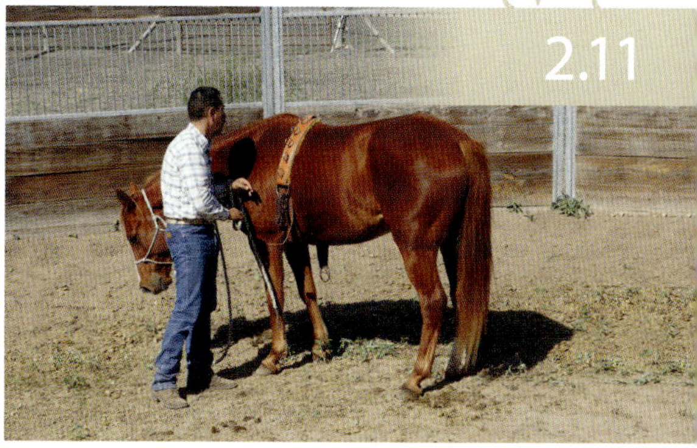

Nach diesen Vorübungen lege ich vorsichtig das erste Mal den Gurt auf seinen Rücken. Wheels merkt, dass man sich bei der Arbeit auch entspannen kann.

◂ *Die ersten Schritte mit einem Gurt. Der Roundpen ist hierfür der ideale Trainingsort, da sich Wheels hier nicht so unbegrenzt fühlt wie auf einem Platz.*

Wenn das Pferd den Gurt nicht kennt, sollten wir ihn erst zwei oder dreimal benutzen und das Pferd damit in allen Gangarten longieren, bevor wir mit der Doppellonge arbeiten.

Hat das Pferd den Gurt akzeptiert, dann legen wir das Kopfstück an. Auch hier gilt: Wenn das Pferd das Kopfstück nicht kennt, sollten wir es langsam und in allen Gangarten daran gewöhnen.

Das sind nur einige Schritte zur Vorbereitung auf die Doppellongenarbeit. Wenn Sie die Kategorien mit Ihrem Pferd durchgearbeitet haben, dann haben Sie sicher festgestellt, dass viele Übungen dabei waren, die Sie auf diesen neuen Schritt vorbereitet haben.

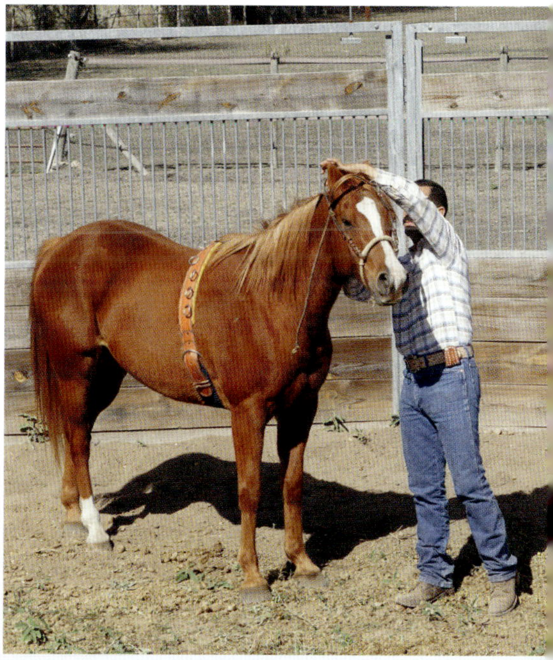

Ich benutze für Wheels ein Bosal. Damit kann er sich nicht verletzen, sollte er mal auf die Zügel treten.

2.11

Langsam herantasten: Zuerst wird nur ein Zügel indirekt verschnallt.

Wenn ich mit der Doppellongenarbeit beginne, befestige ich zuerst **nur** den inneren Zügel, den auf der mir zugewandten Seite. Diesen inneren Zügel befestige ich **indirekt**. Das geht so: Wenn ich auf der linken Seite des Pferdes stehe, führe ich den Zügel, von der Pferdenase kommend, durch den Ring am Bosal, um ihn dann am Ring des Longiergurtes zu befestigen.

So befestigt wirkt der Zügel wie ein Flaschenzug und ist uns eine Hilfe, auf sanfte Weise zur inneren Seite hin eine Biegung des Halses (Stellung) herzustellen.

Der indirekt befestigte Zügel hat eine seitliche Hebeleinwirkung. Wenn unser Pferd Anzeichen macht, ausbrechen zu wollen, nehmen wir den inneren Zügel leicht an und können das Pferd so drehen, dass es uns ansieht. Das ist eine Art „Sicherheitswerkzeug", um nicht in gefährliche Situationen zu geraten.

Zu Beginn der Arbeit longiere ich mein Pferd auf einem kleinen Zirkel und frage mit dem indirekt befestigten Zügel eine Biegung des Halses (Stellung) an. Fällt das Pferd dabei auf die innere Schulter, korrigiere ich es, indem ich seine Schulter oder die Rippen mit der Gerte berühre, sodass sich das Pferd korrigiert und richtig biegt. Dann vergrößere ich den Zirkel langsam.

Für manche Pferde ist der Zug am Gurt durch den indirekt befestigten Zügel ungewohnt und kann sie in ihrer Vorwärtsbewegung irritieren.

Eine gute Vorbereitung lohnt sich! Pferde wissen das langsame Herantasten an neue Aufgaben sehr zu schätzen!

C6 **Machen Sie Übergänge zwischen Schritt und Trab. Fragen Sie Ihr Pferd im Schritt nach einer Innen- und Außenstellung und veranlassen Sie es, den Kopf vorwärts-abwärts zu dehnen.**

Was wir mit der Doppellonge erreichen wollen, hängt vom Pferd ab. Bei manchen Pferden wollen wir eine bessere Kopfhaltung bekommen, nicht so hoch und ein bisschen mehr vorwärts-abwärts, und bei anderen wollen wir ein besseres Untertreten erzielen.

Wenn das Pferd die vorbereitenden Übungen gut gemacht hat, befestigen wir nun auch den äußeren Zügel. Das machen wir so: Wir legen den äußeren Zügel auf den Rücken des Pferdes, ziehen ihn durch den Ring des Gurtes (gleiche Höhe wie auf der anderen Seite) und befestigen ihn dann am anderen Ring des Kopfstückes.

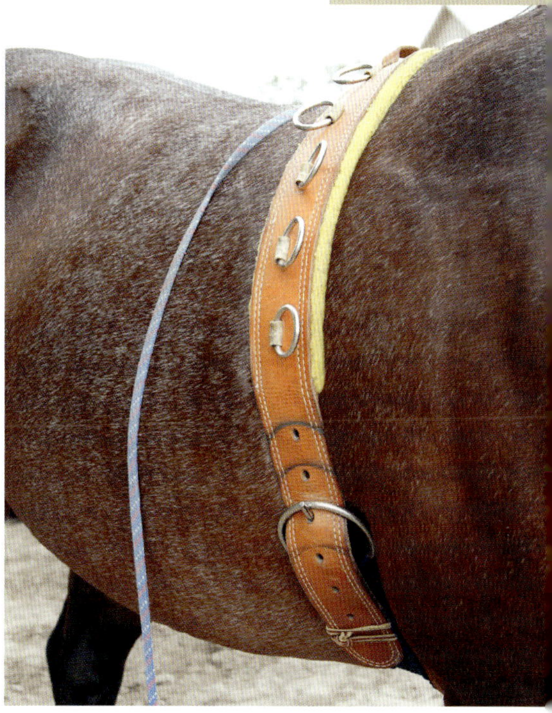

So wird der äußere Zügel verschnallt: Ich lege ihn auf den Rücken des Pferdes, führe ihn durch einen der Ringe am Gurt, und befestige ihn dann am Kopfstück.

Nun sind beide Zügelenden befestigt. Der innere Zügel ist indirekt am Gurt befestigt und der äußere Zügel direkt am Kopfstück.

Wie hoch wir die Doppellongenzügel am Longiergurt befestigen, hängt davon ab, wie gut sich das Pferd selber tragen kann. Wenn das Pferd eine sehr hohe Kopfhaltung hat und dazu neigt, den Rücken wegzudrücken, dann benutzen wir den untersten Ring.

Wenn das Pferd sich selber schon recht gut tragen kann, dann befestigen wir die Zügel hoch genug am Longiergurt, dass sich das Pferd nicht einrollt und so den Kopf hinter die Senkrechte bringt.

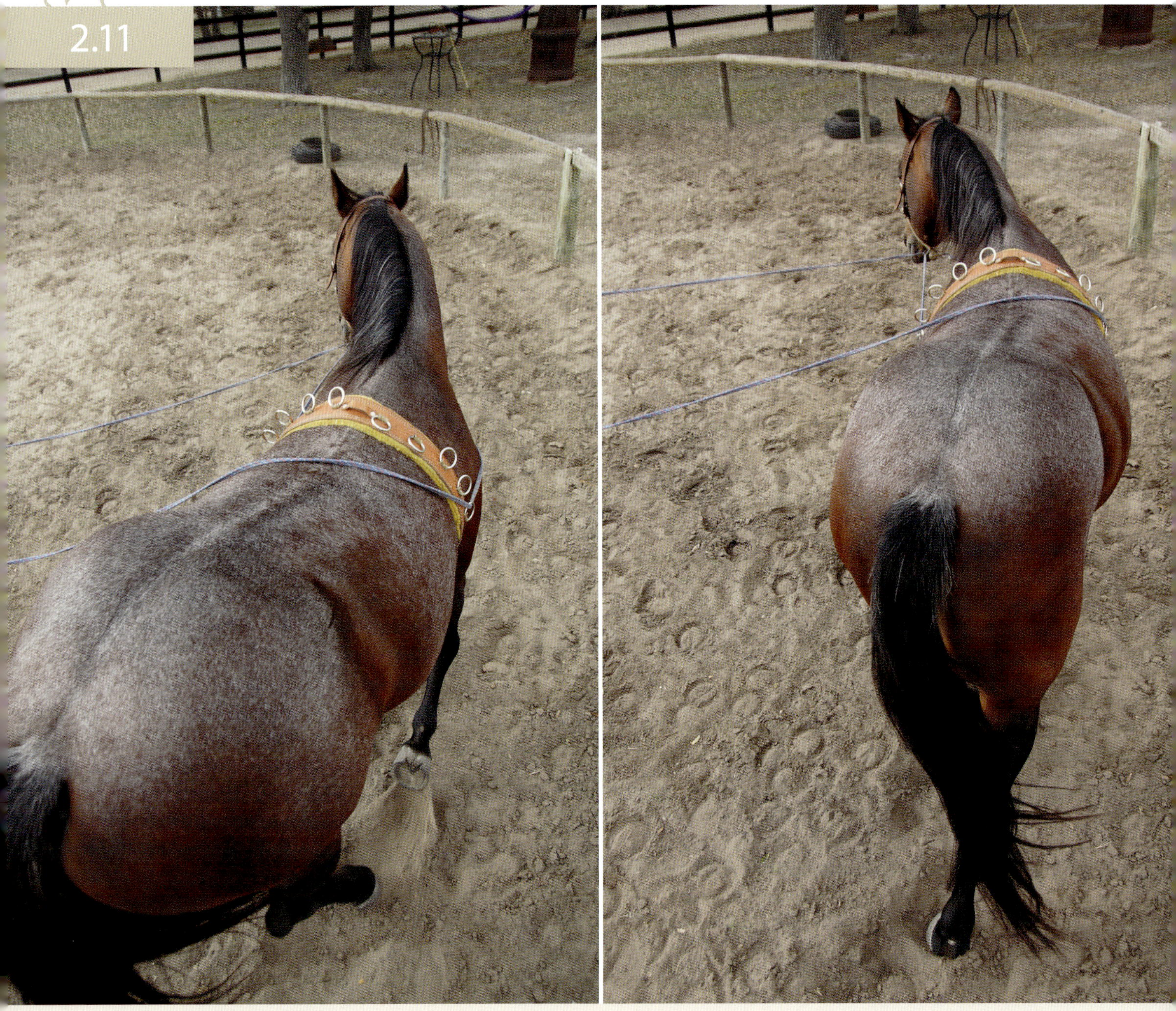

Cadete biegt sich nach innen. Das erreiche ich, indem ich den inneren Zügel annehme und den äußeren als Begrenzung nutze. So verhindere ich, dass mein Pferd zu mir läuft, wenn ich den inneren Zügel annehme.

Bei den ersten Schritten mit der Doppellonge ist es wichtig, dass das Pferd die Bedeutung der beiden Zügel unabhängig voneinander versteht. Es muss begreifen, dass es sich, wenn wir einen Zügel annehmen, entweder nach innen oder außen **stellen**, oder nach innen oder außen **wegtreten** soll.

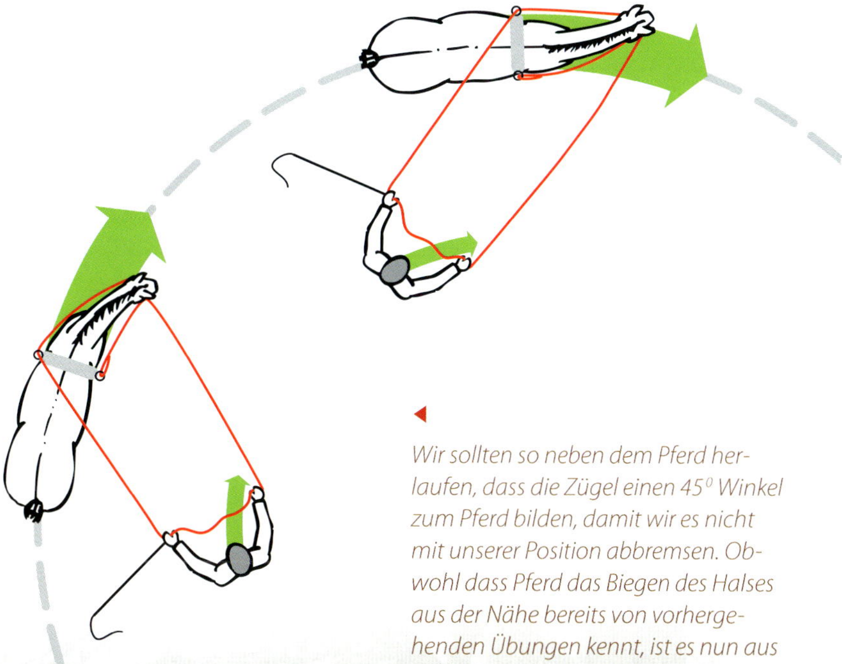

Wir sollten so neben dem Pferd herlaufen, dass die Zügel einen 45° Winkel zum Pferd bilden, damit wir es nicht mit unserer Position abbremsen. Obwohl dass Pferd das Biegen des Halses aus der Nähe bereits von vorhergehenden Übungen kennt, ist es nun aus der Distanz für das Pferd etwas Neues und muss dementsprechend bereits im Ansatz belohnt werden.

Cadete in Außenstellung.

Was das Stellen nach außen anbelangt, so müssen wir sehr genau sein. Wenn wir nur eine Außenstellung wollen, geben wir einen leichten Impuls, und wenn das Pferd nachgibt, geben wir auch nach.

Wollen wir, dass es nach außen wegtritt, dann nehmen wir den äußeren Zügel an, und wenn das Pferd den Hals nach außen biegt, schicken wir es ein bisschen mit der Gerte vorwärts und lassen es nach außen wegtreten.

Wenn die seitliche Stellung und das Wegtreten gut klappen, dann können wir versuchen, den Kopf zu senken. Das geht so: Wir nehmen den äußeren Zügel etwas an, um zu verhindern, dass das Pferd zu uns läuft. Dann nehmen wir den inneren Zügel mit leichtem Kontakt auf, gleichzeitig geben wir treibende Hilfen, damit unser Pferd nicht anhält. Wenn es Anzeichen macht, vorwärts-abwärts nachzugeben, dann geben wir auch etwas mit dem Zügel nach.

Mit Nachgeben meine ich, sowohl von mir als auch vom Pferd, ein vorsichtiges Nachgeben. Lassen wir die Zügel zu schnell locker, dann fällt das Pferd auf die Vorhand. Hier ist Fingerspitzengefühl gefragt.

So sieht meine korrekte Position zum Pferd aus, wenn ich links-herum auf einem Zirkel arbeite.

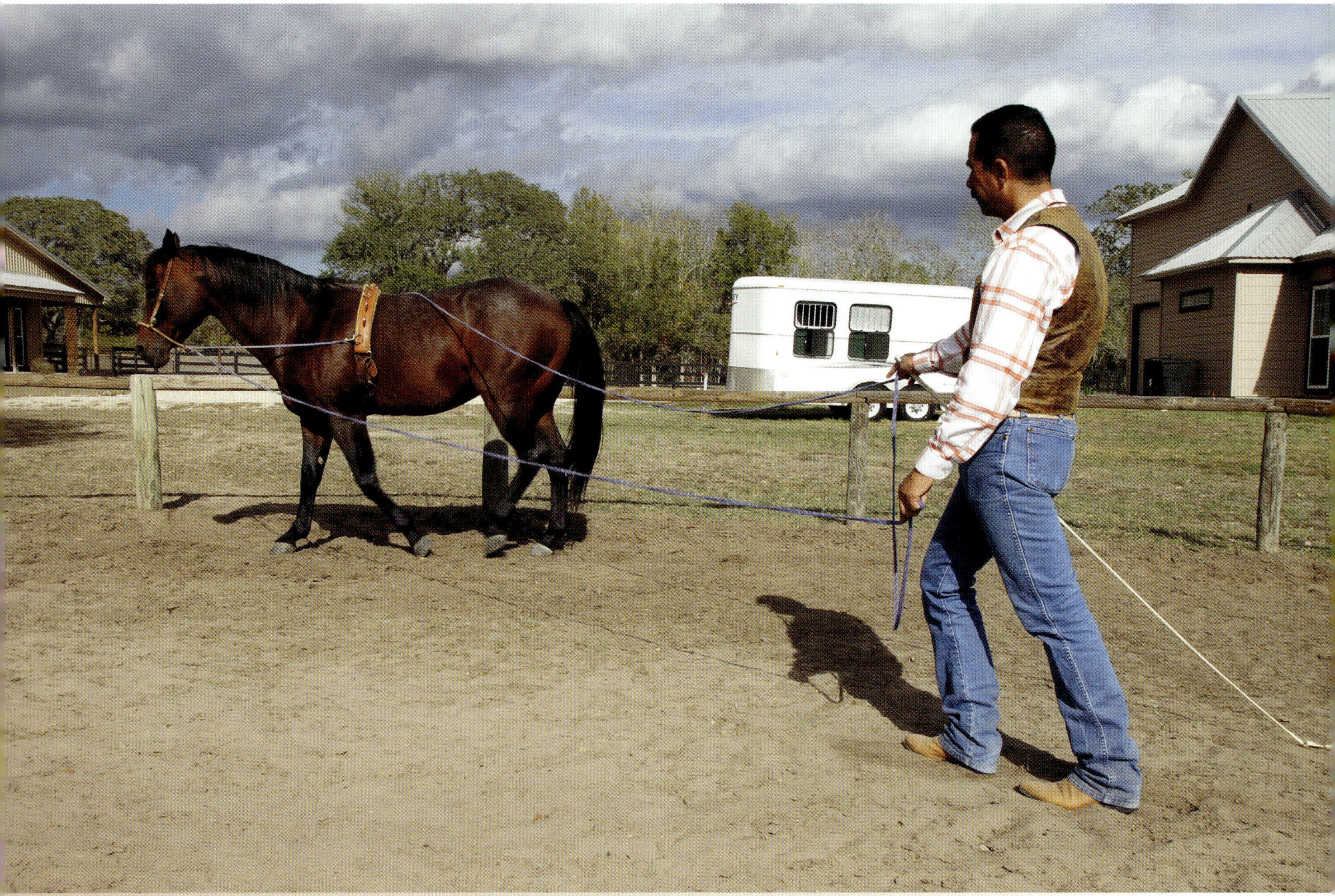

Wenn das Vorwärts-Abwärts im Schritt zu schwierig ist, dann lassen wir das Pferd antraben und ermuntern es ein paar Mal im Trab, sich vorwärts-abwärts zu dehnen. Wir können auch ein paar Schritt-Trab-Übergänge einbauen. Wenn wir erreicht haben, dass sich das Pferd vorwärts-abwärts dehnt, dann können wir den Übergang in den Galopp am losen Zügel abfragen, indem wir unser Stimmkommando oder die Gerte benutzen. Für den Übergang in die niedrigere Gangart nehmen wir am Außenzügel Kontakt auf, und nehmen dann langsam den Innenzügel an, bis das Pferd den Übergang macht. Wenn das Pferd nicht reagiert, helfe ich mit dem Stimmkommando.

Wir können aber nur sicher sein, dass das Pferd die Zügelhilfen verstanden hat, wenn wir die Übergänge mit der Zeit ohne Stimmkommando ausführen können.

Wenn wir all das die ersten Male üben, dann tun wir das auf einem Zirkel.

C7 **Machen Sie Übergänge zwischen Schritt, Trab, Galopp, Anhalten und Rückwärtsgehen. Fragen Sie Ihr Pferd im Trab nach einer Innen- und Außenstellung, und veranlassen Sie es, den Kopf vorwärts-abwärts zu dehnen.**

Unser Ziel bei dieser Übung ist, dass unser Pferd einen leichten Kontakt an den Zügeln annimmt. Wir wollen letztendlich dahin kommen, dass wir eine ganz feine Verbindung von unseren Händen zum Pferd haben und es spürt, dass es von den Zügeln angenehm eingerahmt ist. Dieser Kontakt sollte auch bei den Übergängen vom Schritt zum Trab, und umgekehrt, erhalten bleiben. Um diesen sanften Zügelkontakt zu erreichen, benötigen wir genügend Abstand und einen 45° Winkel zum Pferd. Wichtig: Beim Angaloppieren geben wir dem Pferd genügend Zügelfreiheit, um es in seinem Rhythmus nicht zu stören.

Das Stellen im Trab kann hier abwechslungsweise eingebaut werden. So können wir uns vergewissern, ob das Pferd auch wirklich entspannt läuft. Das laterale Stellen wirkt lösend und kann mit einem Zügel durchgeführt werden. Dabei sollten wir uns vergewissern, dass wir genügend am Außenzügel nachgeben.

Übergang zum Halten. Das Pferd sollte dabei gerade stehen bleiben.

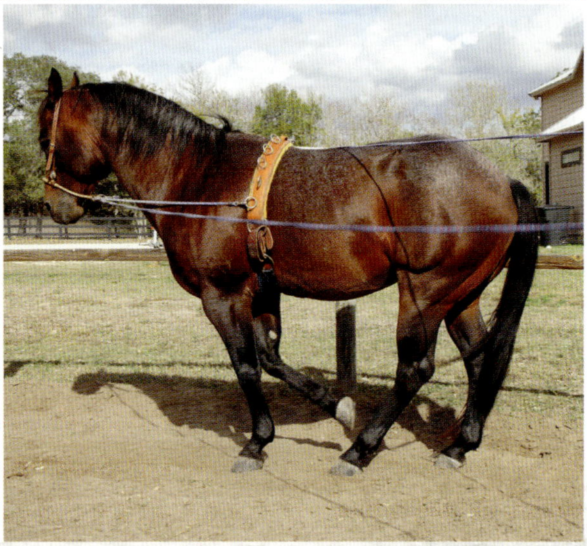

Beim Rückwärtsgehen kann es am Anfang hilfreich sein, den Winkel zum Pferd etwas zu verkleinern, damit das Pferd die Aufgabe versteht. Unser Ziel ist es, mit der Zeit das Rückwärtsgehen aus einem 45° Winkel abfragen zu können.

Es ist wichtig, dass wir nicht zu viele Runden drehen und nur kurze Einheiten machen. Diese Übungen brauchen Zeit. Das klappt nicht an einem Tag. Unser Ziel ist es, diese Übung mit der Zeit auch auf einem großen Reitplatz ausführen zu können.

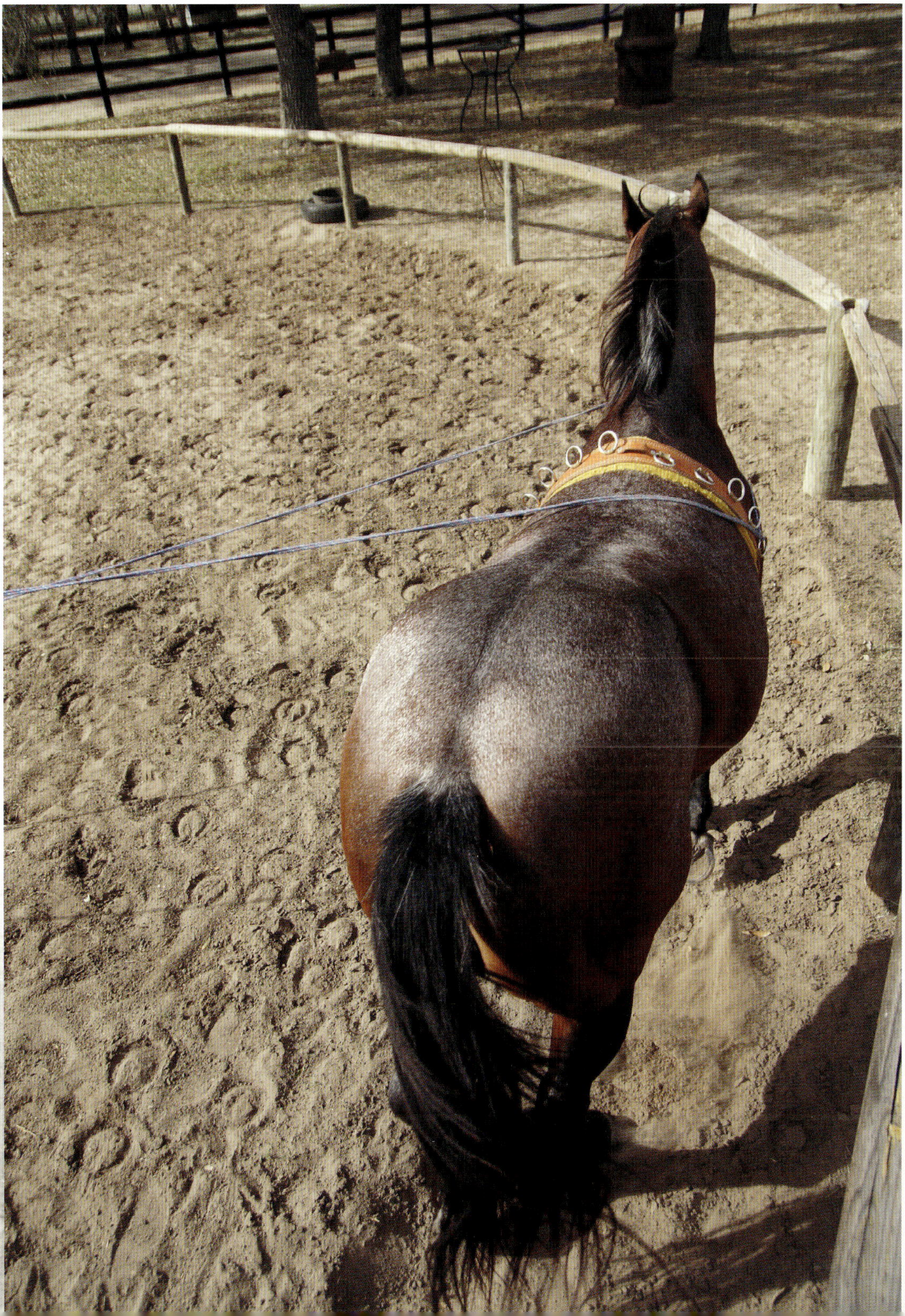

Bei der Doppellongearbeit haben wir immer leichten Zügelkontakt

Wenn sich das Pferd an die neue Arbeit gewöhnt hat, gehen wir in das Rechteck. Ich markiere die Ecken gerne mit Pylonen.

Die Pylonen sind ein Orientierungspunkt für Cadete. Er weiß, dass er sich gleich in der Ecke biegen muss.

C8 Machen Sie Übergänge zwischen Schritt, Trab und Galopp in einem Rechteck.

Stellen Sie vier Pylonen im Abstand von 14 Metern als Rechteck-Begrenzung auf. Longieren Sie Ihr Pferd um die Pylonen herum. Fragen Sie eine Biegung in den Ecken an. Lassen Sie Ihr Pferd von Pylone zu Pylone geradegerichtet geradeaus gehen. Die Pylonen geben dem Pferd einen Anhaltspunkt und erleichtern ihm das Mitarbeiten.

Achten Sie auf Ihre korrekte Position, während sich das Pferd um die Pylonen biegt und dann auf der Geraden läuft.

Wenn wir durch die Ecken im Viereck gehen, haben wir leichten Kontakt zum äußeren Zügel und nehmen den inneren an, um eine Biegung zu bekommen.

Das Durchschreiten der Ecken ist eine sehr gute Übung für unser Pferd, weil es sich nur ganz kurz biegen muss. Der Wechsel zwischen Biegung und Geradeausgehen bringt unser Pferd an den Zügel und veranlasst es, besser unterzutreten.

Beim Durchschreiten der Ecken müssen wir darauf achten, dass wir einen guten Kontakt mit den Zügeln halten. Aus diesem Grund verkürzen wir unsere Schritte oder bleiben stehen, solange das Pferd die Ecke durchschreitet, je nach Gangart des Pferdes. Ist es wieder auf der geraden Linie, verlängern wir unsere Schritte wieder.

Bei der Doppellongenarbeit im Viereck lernen wir sehr gut, unsere Entfernung zum Pferd zu halten und dabei einen steten Kontakt über die Zügel zu haben. Unser Ziel ist es, das Viereck erst im Schritt und Trab und später im Galopp abzugehen.

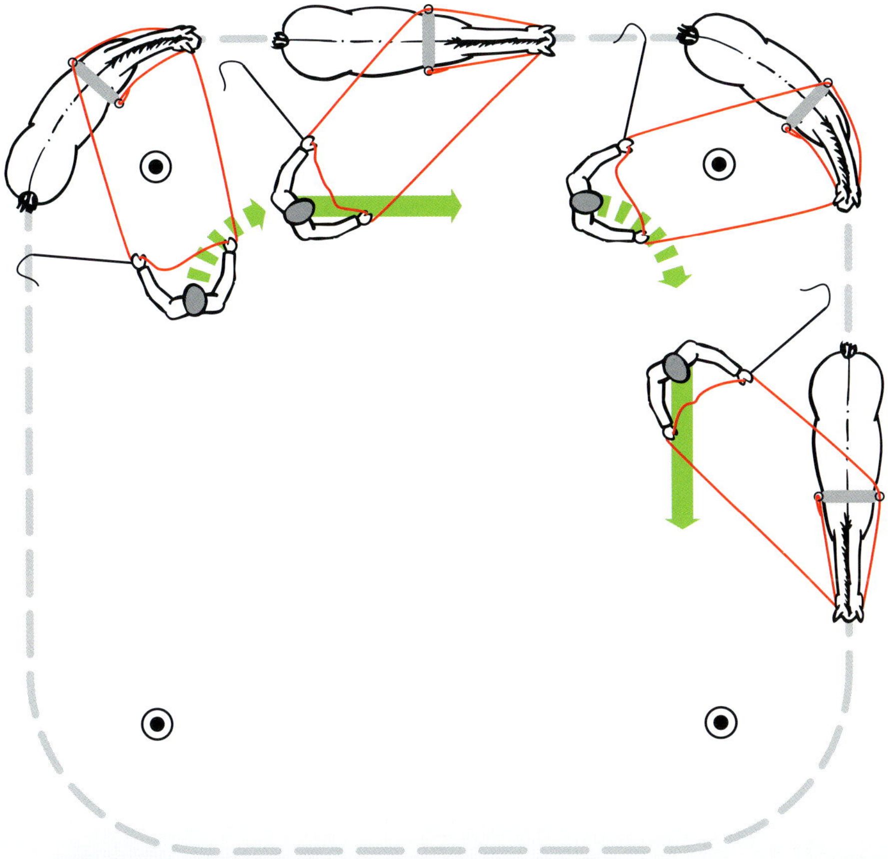

Es braucht etwas Übung, bis man die korrekte Position zum Pferd auch in der Wendung beibehalten kann und man das richtige Timing für die Schrittverkürzung und -verlängerung gefunden hat.

In den Ecken müssen wir gut auf unseren Winkel zum Pferd achten. Am besten befinden wir uns in einem 45⁰ Winkel zu ihm, während es durch die Ecken schreitet.

Die Arbeit an der Doppellonge ist gut für die Balance des Pferdes.

C8 Fordern Sie sich und Ihr Pferd heraus: Viel Spaß im Geschicklichkeitsparcours!

Der Parcours mit der Doppellonge ist ein guter Test um zu überprüfen, wie gut unser Timing ist, ob unser Pferd die Zügelhilfen versteht, und wie wir uns mit unserem Pferd gemeinsam bewegen. Es bringt Abwechslung in die Arbeit.

Wie gut wir unser Pferd mit der Doppellonge lenken können, zeigt sich, wenn wir einen Slalom gehen. Dazu stelle ich mir Pylonen in einem Abstand von sieben Metern auf und versuche, sie flüssig zu umrunden. Das ist eine hervorragende Geschicklichkeitsübung, die Mensch und Pferd Spaß macht.

Gerne baue ich mir auch ein paar Stangen in Trabdistanz auf oder wirklich niedrige Cavaletti, sodass das Pferd nicht springen muss, sondern bequem, aber aufmerksam, darübertreten kann. Vorsicht! Cavaletti mit einem Kreuz auf beiden Seiten sind gefährlich, da die Zügel gerne daran hängen bleiben.

Um das Rückwärtsgehen an der Doppellonge zu trainieren, lege ich zwei Stangen parallel auf den Boden, lasse das Pferd dazwischen anhalten, und verlange dann einen Schritt rückwärts. Manchmal nehme ich auch vier Stangen, um eine längere Schiene zu haben. Das erleichtert dem Pferd das gerade Anhalten, und gibt mehr Orientierung für das gerade Rückwärtstreten.

Wenn Sie all diese beschriebenen Übungen sicher mit Ihrem Pferd machen können, dann sind Sie bereit für ein fortgeschritteneres Training mit der Doppellonge. Es gibt sehr viele gut ausgebildete Leute, die auf Doppellongen-Kurse spezialisiert sind und Sie auf ein höheres Niveau bringen können. Ich möchte hier nur den Einstieg erklären, so wie ich es mit meinen Pferden mache.

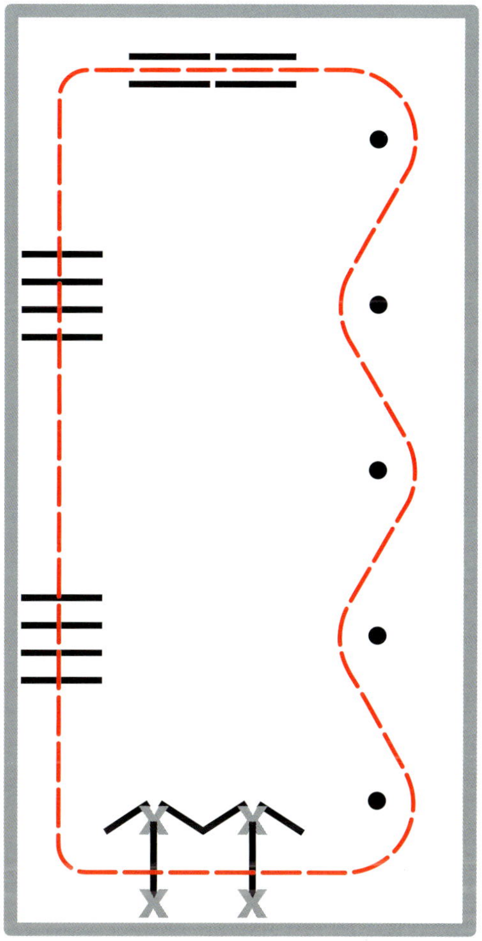

▲ *Dies ist eine von vielen Möglichkeiten, einen Geschicklichkeitsparcours aufzustellen. Aus Sicherheitsgründen lege ich Stangen auf das Cavaletti, damit die Zügel nicht am Kreuz hängen bleiben.*

Arbeit am langen Zügel …

Die Arbeit am langen Zügel ist ein sehr interessantes Feld und sehr hilfreich bei der Ausbildung eines Pferdes. Ich arbeite meine Pferde am langen Zügel, weil es mir Spaß macht und weil ich möchte, dass meine Pferde die Arbeit mit mir mal aus einem anderen Blickwinkel kennenlernen. Aber jeder hat andere Ziele beim Ausbilden seines Pferdes.

Ich möchte Ihnen in diesem Kapitel die Grundlagen der Arbeit am langen Zügel vermitteln und Sie und Ihr Pferd auf den Geschmack bringen.

Was die Ausrüstung betrifft, so benutze ich die langen Zügel am liebsten in Kombination mit dem Longiergurt, den ich – neben den anderen Ausrüstungsgegenständen – schon im vorangegangenen Kapitel 2.11 „*Doppellonge*" beschrieben habe. Ich empfehle, die Zügel durch die zwei oberen Ringe laufen zu lassen.

Ich empfehle, die Zügel möglichst hoch zu verschnallen. Als Kopfstück nehme ich gerne ein Bosal.

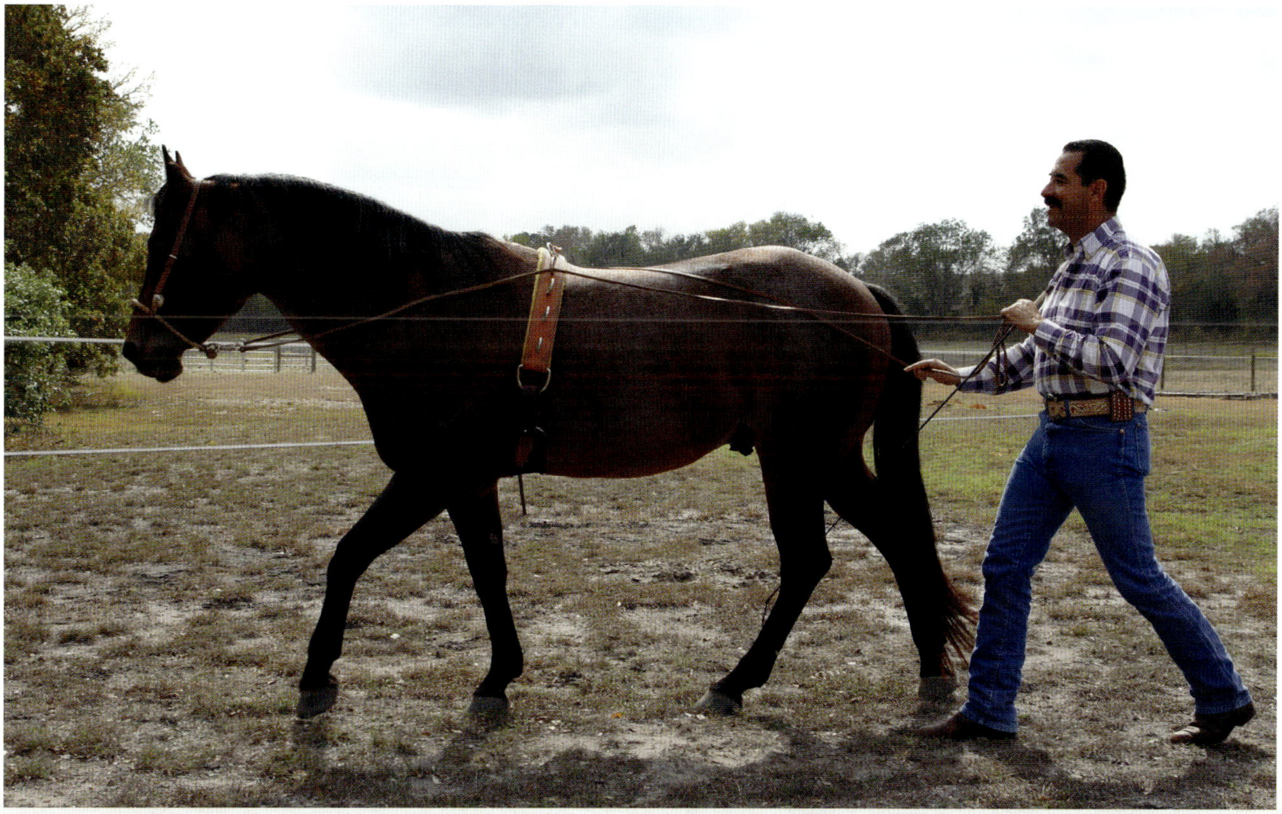

Ich benutze am liebsten lederne Zügel. Meine sind sechs Meter lang.

Ich benutze sehr gerne Lederzügel für diese Arbeit, da sie gut in der Hand liegen. Meine Zügel sind sechs Meter lang – eine gute Länge für verschiedene Pferdegrößen.

Meine Pferde mögen als Kopfstück am liebsten das Bosal. Für meine Zwecke ist diese gebisslose Zäumung vollkommen ausreichend. An mein Bosal habe ich zwei Ringe angebracht, durch die meine Zügel laufen (*siehe Abb. in Kapitel 2.11 „Doppellonge", Seite 302 Bosalfoto*).

Eine Alternative kann das kolumbianische Bosal sein. Es hat vier Ringe, man kann also entsprechend eine Vertikalbiegung oder eine Lateralbiegung „einstellen".

Manche Menschen benutzen für die Langzügelarbeit einen Kappzaum oder ein Caveçon. Ich persönlich finde diese Kopfstücke nicht so gut geeignet, weil hier die Ringe zum Einschnallen der Zügel zu weit oben angebracht sind. Ich würde dann ein Sidepull bevorzugen.

Doch egal, für welches Kopfstück Sie sich entscheiden, Sie brauchen für die Arbeit am langen Zügel Folgendes: die Zügel, einen Longiergurt, ein Kopfstück Ihrer Wahl und eine Dressurgerte. Diese sollte nicht zu lang sein, denn sonst ist sie uns allzu leicht im Weg, wenn wir einen Handwechsel machen.

Wenn Sie und Ihr Pferd alle Kategorien durchgearbeitet haben, sollte die Position hinter dem Pferd kein Problem mehr sein.

Wenn Sie und Ihr Pferd alle Kategorien durchgearbeitet haben, sollte die Position hinter dem Pferd kein Problem mehr sein.

Bei der Innenstellung ist es wichtig, auch leichten Kontakt zum äußeren Zügel zu haben. Sonst würde Cadete abbiegen. Bei der Innenstellung möchte ich das innere Auge sehen, nicht Cadetes ganzes Gesicht.

C7 Machen Sie Übergänge zwischen Schritt, Trab, Anhalten und Rückwärtsgehen am Zaun entlang. Fragen Sie Ihr Pferd im Schritt nach einer Innen- und Außenstellung.

Ein ganz wichtiges Ziel ist, dass das Pferd ohne Sie vorwärtsgehen kann. Viele Pferde sind es so gewohnt, dass wir sie führen, sodass sie am Anfang dieser Übung Schwierigkeiten haben, voranzugehen.

Bitte Vorsicht: Es kann gefährlich sein, hinter dem Pferd zu stehen und zu viel Druck zu machen.

Zu Beginn der Langzügelarbeit gehe ich mit meinem Pferd erst einmal nur vorwärts, bis es einen guten Schritt hat. Wenn es sich mit der neuen Position wohlfühlt, gehe ich zur Bande und frage eine Stellung nach außen und innen an.

Cadete in Außenstellung. ▶

Anschließend kann ich dann Übergänge von Schritt zu Trab und wieder Schritt anfragen und ein Anhalten oder Rückwärtstreten versuchen.

Gehen Sie zunächst langsam und sehr behutsam vor. Schaffen Sie eine solide Basis. Machen Sie bei den ersten Versuchen nicht zu viel.

Wichtig ist, dass das Pferd lernt, zu unterscheiden, ob es nur nach einer Stellung gefragt wird oder ob es abbiegen soll. Bei der Stellung habe ich Kontakt an beiden Zügeln, am inneren und am äußeren. Will ich abbiegen, habe ich Kontakt am inneren und nur sehr, sehr losen Kontakt am äußeren Zügel.

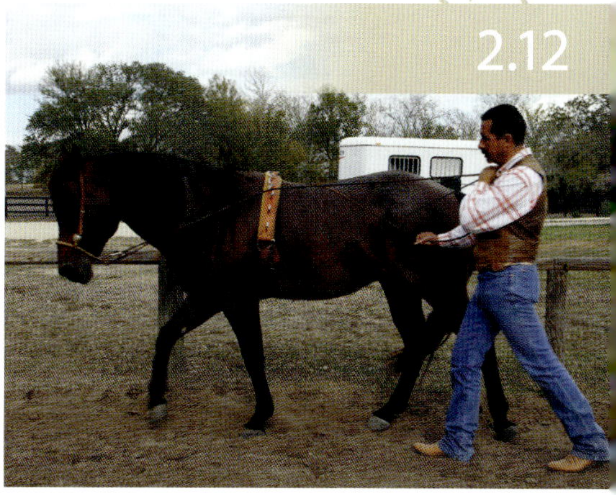

Gebrauchen Sie das Stellen, um Ihr Pferd leicht am Zügel zu haben.

Wenn das Pferd den Unterschied zwischen der „Abbiegehilfe" und der Hilfe für das Stellen verstanden hat, haben Sie einen großen Schritt in die richtige Richtung gemacht. Versuchen Sie, beide Übungen im Schritt und im Trab zu machen.

So entspannt sollte Ihr Pferd zwischen den Zügeln schreiten.

Beim Handwechsel wechsle auch ich die Position. Auf der linken Hand gehe ich links, auf der rechten rechts von Cadete. Ich wechsle die Seiten, indem ich die Hände hochhebe.

C8 Machen Sie Übergänge zwischen Schritt, Trab, Anhalten und Rückwärtsgehen auf dem ganzen Reitplatz. Bauen Sie Richtungswechsel ein, und stellen Sie Ihr Pferd auf einer geraden Linie nach links und rechts.

Fühlt sich unser Pferd sicher, dann können wir in die Mitte des Platzes abbiegen und dort die Stellung an fragen. Stellung heißt, das innere Auge sehen, nicht das ganze Gesicht des Pferdes.

Üben Sie die Stellung auf beide Seiten. Erst im Schritt, und dann im Trab. Das Pferd sollte dabei immer geradeaus gehen und sich flüssig bewegen. Wir können hier die Gerte verwahrend an der Schulter einsetzen, um dem Pferd zu zeigen, dass es nicht wegtreten soll. Klappen Links- und Rechtsstellung gut, können Sie einen Handwechsel probieren. Beim Handwechsel wechsle auch ich meine Position: Auf der linken Hand befinde ich mich links vom Pferd, neben der Hinterhand.

Wenn Sie sich auf dem ganzen Reitplatz im Schritt und Trab sicher fühlen, können Sie es im Galopp versuchen.

Geben Sie Ihrem Pferd Zeit, sich auch in der Mitte des Reitplatzes an die Langzugelarbeit zu gewöhnen.

Werden Sie zu Beginn der Langzügelarbeit nicht übermütig, wenn Sie sich auf dem gesamten Reitplatz bewegen. Ich habe das selber erlebt: Ich war so begeistert, dass mein Pferd das alles so toll macht, dass ich begann, eine Traversale mit ihm zu machen. Das fühlte sich großartig an. Als ich dann aber am nächsten Tag wieder am langen Zügel mit meinem Pferd in die Mitte des Platzes ging, sagte mein Pferd: „Oh ja, ich weiß schon, ich soll Traversalen machen!" Und plötzlich lief mein Pferd wie ein Krebs nur noch seitwärts.

Fangen Sie lieber klein an. Gehen Sie erst lange Geraden, mal einen Zirkel, wechseln Sie durch den Zirkel, und laufen Sie eine Acht. Bevorzugen Sie eine gute Basis mit Qualität.

Klappen diese Übungen im Schritt, versuchen Sie sie im Trab.

Vergessen Sie nicht, Sie und Ihr Pferd sind auf dem Gymnasium. Möchten Sie anschließend die Universität besuchen, gibt es Experten, die die Langzügelarbeit bis hin zum höchsten Niveau lehren.

Ich lasse Cadete auf dem Zirkel traben. Achten Sie darauf, dass die Bahnfiguren sauber ausgeführt sind. Seien Sie streng mit sich.

Die Arbeit am langen Zügel ist nicht nur für den Reitplatz geeignet: Haben Sie Spaß damit!

▶ Kapitel 2.13

Geschicklichkeitsparcours…

Der Geschicklichkeitsparcours eignet sich hervorragend, um mehr über das Temperament eines Pferdes herauszufinden. Er ist ein wunderbares Werkzeug, um die gegenseitige Kommunikation und das Verständnis zwischen Mensch und Pferd zu fördern, sowie eine großartige Möglichkeit, die Körpersprache unseres Pferdes lesen zu lernen. Hier können wir unser Gefühl für das korrekte Timing entwickeln, indem wir beobachten, wie sich das Pferd verändert, wenn wir mehr oder weniger Druck machen und – am allerwichtigsten – wenn wir den Druck wegnehmen.

Es gibt viele verschiedene Möglichkeiten, wie wir den Parcours nutzen könnten: Wir könnten zum Beispiel ein paar Pferde darin freilassen. Nach einer gewissen Zeit werden sie sich mit den verschiedenen Hindernissen befassen, weil sie neugierig sind. Einige würden sogar über oder durch die Hindernisse gehen.

Wir könnten vor dem Pferd hergehen und es durch und über die Hindernisse führen oder es einem anderen Pferd hinterhergehen lassen.

Oder, wir schicken es über und durch die Hindernisse.

Die Frage ist, wie wir den Parcours nutzen, damit das Pferd zu unserem Vorteil auch dabei lernt.

Es mag im ersten Augenblick funktionieren, wenn wir das Pferd über oder durch das Hindernis führen oder es einem anderen Pferd hinterhergehen lassen. Pferde fühlen sich von Natur aus sicher, wenn sie hinter etwas hergehen können: Das Fohlen folgt seiner Mutter, die Mutter folgt der Herde.

Es ist vielleicht der bequemste Weg für Mensch und Pferd, das Pferd einfach über oder durch das Hindernis zu führen. Aber ich empfehle dies unter keinen Umständen, da es gefährlich sein kann, einem Pferd in einer beängstigenden Situation voranzugehen. Wenn das Pferd der Meinung ist, dass es wirklich in Gefahr ist, wird es zuerst an seine eigene Sicherheit denken und uns umrennen.

Ein weiteres Argument dafür, dass wir unserem Pferd nicht vorangehen, sondern es über oder durch das Hindernis schicken sollten, ist folgendes Beispiel: Wenn wir beim Autofahren jemandem hinterherfahren, um an einen neuen Ort zu kommen, können wir uns später nicht mehr so gut an den Weg erinnern, um ihn dann auch allein finden zu können. Beim Hinterherfahren muss man nicht denken. Wenn man sich selbst in einer fremden Gegend orientieren muss, nimmt man alles ganz anders wahr. Es findet ein anderer Denkprozess statt. Das bedeutet: Wir lernen.

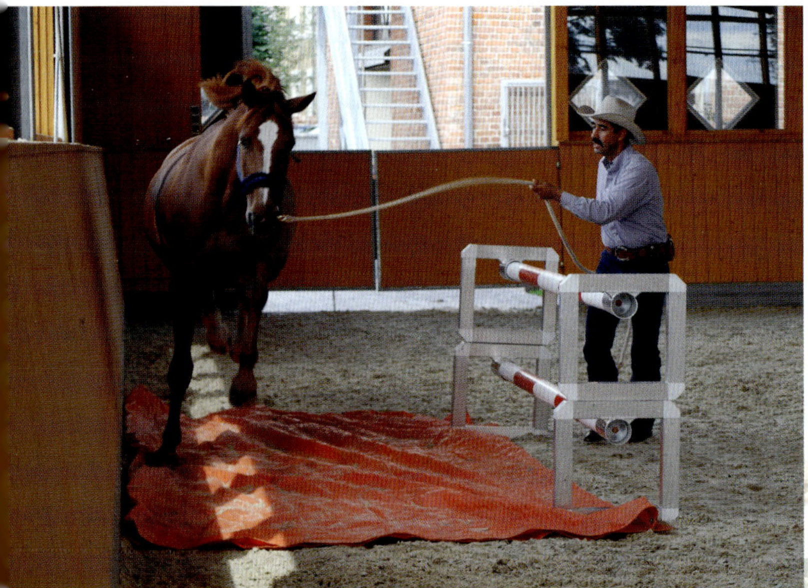

Bevor wir unser Pferd über und durch die Hindernisse schicken, sollten wir unsere Hausaufgaben gemacht haben, das heißt, unser Pferd hat gelernt, dem Zug am Halfter nachzugeben und daraufhin vorwärts nach links und rechts zu gehen. So wie wir es beim Longieren (Kapitel 2.6 C1) gemacht haben.

Wir stehen nun **so nah wie möglich** am Eingang des Hindernisses bei unserer **Sicherheitsbarrikade** – dies ist für unsere eigene Sicherheit sehr wichtig. Wenn wir das Pferd nun nach links schicken, halten wir das Seil mit unserer linken geschlossenen Hand, die Fingernägel zeigen Richtung Boden. Wir zeigen mit dieser Hand nun zur Mitte des Hindernisses („neun-Uhr") und versichern uns, dass wir ein wenig Druck auf das Halfter ausüben.

Wenn das Pferd aufgrund dieses Signals bereits vorwärtsgeht, nehmen wir sofort den Druck weg. Wenn es noch nicht vorwärtsgeht, können wir den Druck verstärken. Dabei kommt es auf unser Pferd an – wir können als Nächstes schnalzen, dann das Ende des Seils in unserer rechten Hand hin und her pendeln lassen, und dann mit dem Seilende auf die Drei-Uhr-Position schwingen und so weiter *(siehe Kapitel 1.10 „Das Pferd nach links und rechts schicken")*.

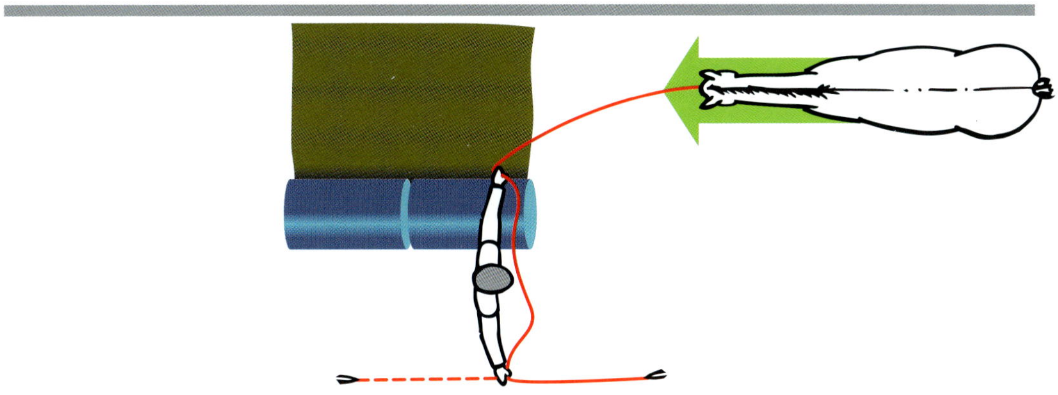

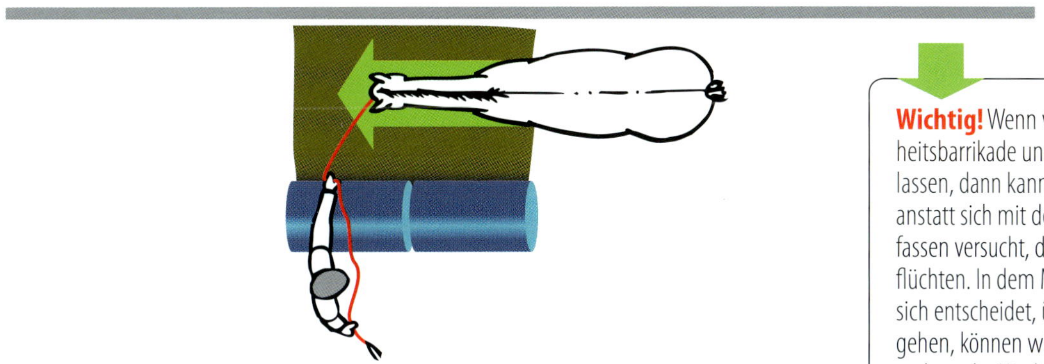

Wichtig! Wenn wir zwischen der Sicherheitsbarrikade und uns einen Abstand lassen, dann kann es sein, dass das Pferd anstatt sich mit dem Hindernis zu befassen versucht, durch den Freiraum zu flüchten. In dem Moment, in dem das Pferd sich entscheidet, über das Hindernis zu gehen, können wir seitwärts/rückwärts entlang der Hindernisbarrikade mitgehen.

Wir müssen ganz vorsichtig sein und jeden kleinen Versuch unseres Pferdes in die richtige Richtung belohnen, indem wir sofort den Druck wegnehmen. Ein kleiner Versuch des Pferdes, die richtige Antwort zu finden, kann zum Beispiel ein Halsstrecken oder ein Ohren-nach-vorne-Richten in Richtung des Hindernisses sein.

Falls das Pferd entweder zurück- oder nach links geht, und damit dem Hindernis ausweicht, behalten wir den Druck aufrecht, bis uns das Pferd eine positive Antwort gibt. Wenn das Pferd dann nah am Hindernis ist und seine ganze Aufmerksamkeit darauf richtet, versichern wir uns, dass wir es sofort in Ruhe lassen und es Zeit hat, seine Entscheidung zu treffen. Das ist der Moment, in dem wir es nicht stören sollten.

Es kann auch passieren, dass das Pferd einen Schritt ins Hindernis macht und dann wieder erschrocken zurückweicht. Dies sollten wir erlauben und auf keinen Fall bestrafen, sondern es einfach wieder vorwärtsschicken.

Wenn das Pferd dann die Entscheidung getroffen hat, durch das Hindernis zu gehen, öffnen wir sofort die Finger, um das Seil in unserer Hand über den Daumen gleiten zu lassen. Es gibt Pferde, die mitten im Hindernis schneller werden, und wenn wir die Finger nicht öffnen würden, würden wir deren Angst nur noch verstärken, weil wir sie zurückhalten würden.

Wir schicken das Pferd etwa dreimal links und dreimal rechts über das Hindernis oder bis man eine Verbesserung am Verhalten des Pferdes sieht. Dies kann zum Beispiel dann der Fall sein, wenn es entspannter und ruhiger durch das Hindernis geht.

Der entscheidende Punkt dabei ist, dass wir das richtige Timing finden.

Wenn ein Pferd sehr ängstlich vor einem Hindernis stand und wir in der Lage waren, es dreimal links und rechts darüberzuschicken, müssen wir eine Pause machen und können erst später wieder zu diesem Hindernis zurückkehren. Dies kann nach ein paar Minuten sein, oder am nächsten Tag. Würden wir die Übung allzu oft wiederholen, würde sie für das Pferd immer beängstigender werden.

Wenn wir einen Geschicklichkeitsparcours bauen, sollten wir uns stets im Klaren sein, dass die Hindernisse für uns und unser Pferd sicher sein sollten, damit sich niemand verletzen kann. Es sollte sichergestellt sein, dass nirgends scharfe Kanten sind, dass sich keine losen Gegenstände in den Pferdebeinen verfangen können, dass es nicht rutschig ist, oder dass wir keine morschen oder maroden Materialien verwenden. Beim Kreieren der Hindernisse können wir unserer Fantasie freien Lauf lassen.

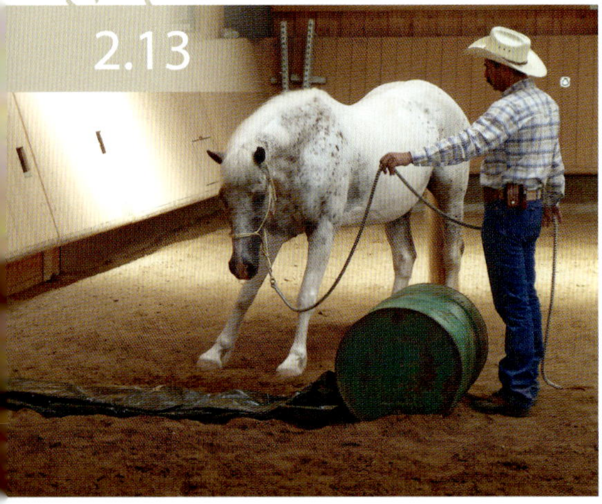

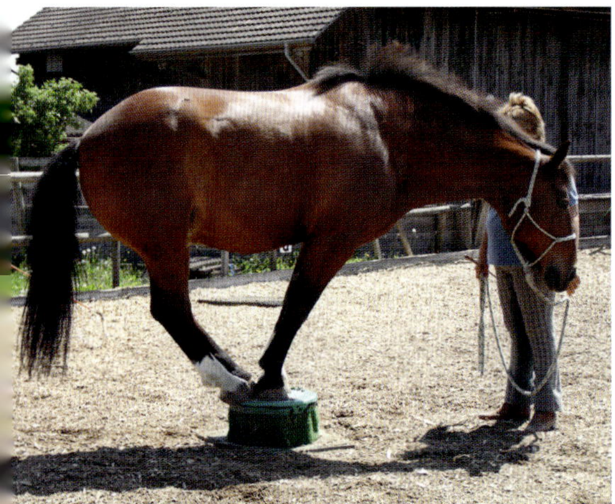

Seit etwa zehn Jahren bilde ich die Pferde der berittenen Polizei in Leon/Mexiko aus, wofür wir uns die wildesten Sachen ausgedacht haben. Diese Polizeipferde müssen an Schüsse, herumfliegende Gegenstände, Feuerwerk und vieles andere gewöhnt werden. Aber auch hier muss immer Rücksicht auf die Sicherheit der Pferde genommen werden.

Ein Parcours sollte verschiedene Arten von Hindernissen beinhalten. Ein Hindernis zum Zwischendurchgehen (Stangen-L, Engpass mit Tonnen, Pylonengasse, Hindernisständer mit Decke usw.), eines zum Darübergehen (Plane, Brücke, Stangen, Podest, Teppich, Wippe, PET-Flaschen, Luftballons usw.) und eines zum Untendurchgehen (Flattervorhang, Decke, Tunnel usw.). Dies deckt bei allen Pferden die möglichen Schwierigkeiten ab. Einige Pferde sind verunsichert beim Treten auf unterschiedliche Materialien, und andere wiederum gehen nicht gerne unter oder zwischen Dingen durch.

Das Pferd sollte in der Lage sein, das jeweilige Hindernis zu meistern, ohne überfordert zu sein – das liegt in unserer Verantwortung! Wir sollten also immer sicher sein, dass unser Pferd mental und körperlich in der Lage ist, die Dinge zu tun, die wir von ihm fordern.

Sie brauchen nicht alle Hindernisse an einem Tag zu absolvieren. Es genügen auch drei bis vier Hindernisse an einem Trainingstag. Bauen Sie erst einmal Vertrauen zu Ihrem Pferd auf.

Tom Dorrance hat einmal gesagt: „Ein Pferd würde sogar auf einen Baum klettern und in ein Loch kriechen für uns, aber das sind zwei Sachen, die es nicht machen kann, und so sollten wir klug genug sein, es dies nie zu fragen."

Normalerweise beginne ich die Arbeit im Geschicklichkeitsparcours mit einem leichten Hindernis, und nicht mit dem schwierigsten. Für das eine Pferd ist der Flattervorhang das schwierigste, für ein anderes der Engpass, für ein drittes wieder ein anderes Hindernis.

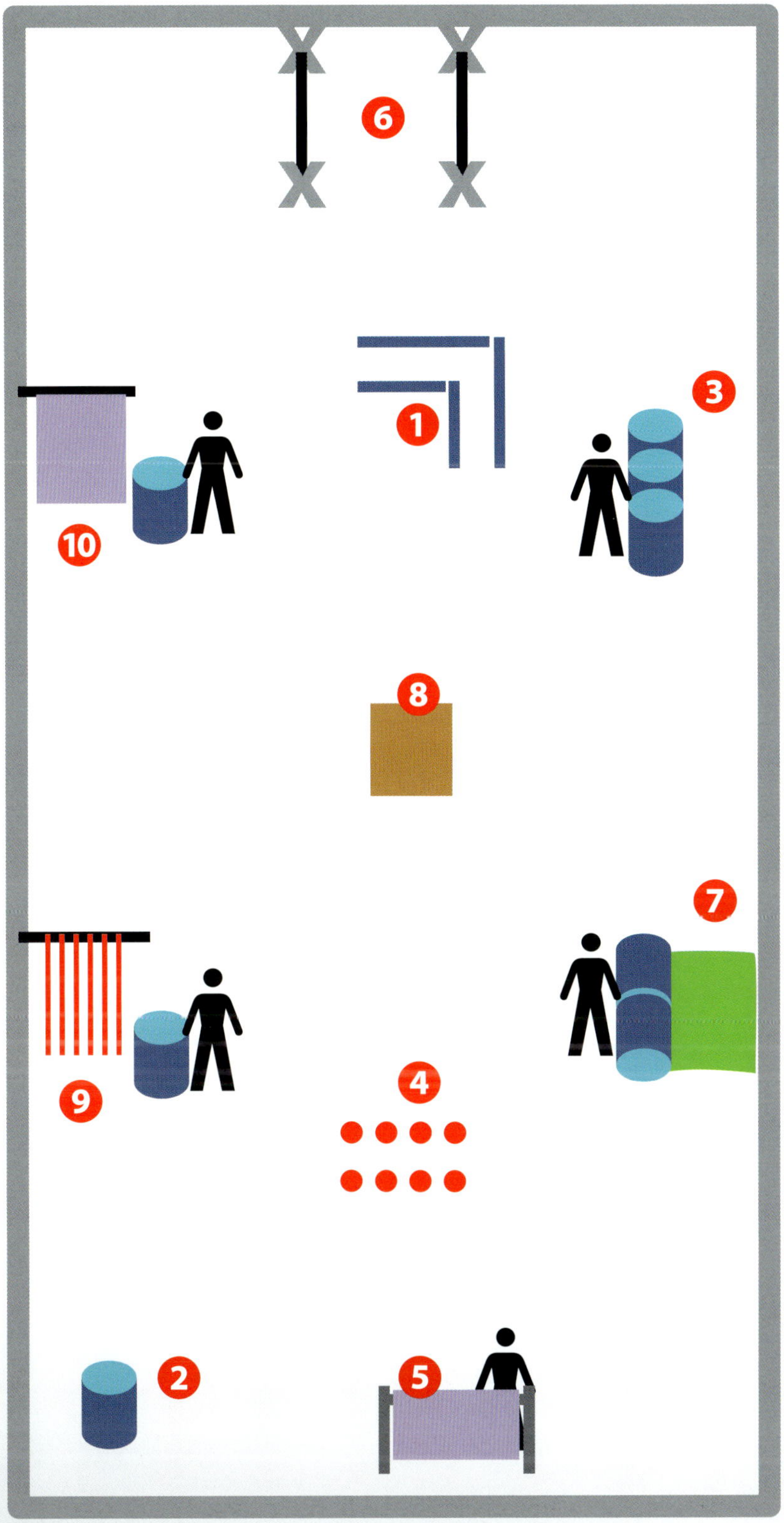

**Achten Sie darauf,
dass alle drei Hindernis-Arten
in Ihrem Parcours vorhanden sind.**

Hindernisse zum Zwischendurchgehen

1 Stangen-L
2 Tonne in der Ecke
3 mehrere Tonnen
4 Pylonengasse
5 Hindernisständer mit Decke

Hindernisse zum Darübergehen

6 Cavaletti
7 Plane mit quergelegten Tonnen
8 Podest

Hindernisse zum Untendurchgehen

9 Flattervorhang
10 Decke

Dies ist nur eine von vielen Möglichkeiten, einen Parcours zusammenzustellen.

Um zu erkennen, welches Hindernis für Ihr Pferd schwierig oder leicht ist, können Sie das Pferd in den Parcours führen und beobachten, bei welchen Hindernissen Ihr Pferd ängstlich reagiert. Bauen Sie erst mit dem einfachsten Hindernis für Ihr Pferd Vertrauen auf, bevor Sie zum schwierigeren gehen. Und schauen Sie am einfachen Hindernis genau, wie viel Ihr Pferd zu leisten imstande ist.

Wenn Sie dann zum schwierigeren gehen, können Sie ihm immer noch helfen, indem Sie zum Beispiel den Flattervorhang etwas öffnen, die Plastikplane kleiner falten oder den Engpass weiter machen. Verlangen Sie nicht zu viel. Sie sollten ein Gefühl dafür entwickeln, was Ihr Pferd in der Lage ist, zu tun. Ständige Überforderung ist nicht vertrauensfördernd.

Falls ich aber ein sehr dominantes Pferd habe, beginne ich bewusst mit einem für dieses Pferd schwierigen Hindernis, um es etwas herauszufordern und es sich mehr auf das Hindernis konzentrieren zu lassen, anstatt mich herauszufordern.

Ein Hindernisparcours kann sich auch im Freien aus der Situation heraus ergeben. Zum Beispiel, wenn unser Pferd auf einem Spaziergang vor etwas scheut. Es gibt verschiedene Möglichkeiten, darauf zu reagieren. Wenn es möglich ist, versuche ich den gefährlichen Gegenstand zu ignorieren und mit meinem Fokus geradeaus daran vorbeizugehen. Wenn dies nicht möglich ist und Sie sehen, dass Ihr Pferd sehr verunsichert ist, lassen Sie das Pferd den gefährlichen Gegenstand anschauen und beschnuppern. Wenn dies nach ein paar Minuten auch nicht möglich ist, bringen Sie das Pferd etwas von der bedrohlichen Situation weg und machen Sie mit ihm ein paar Bodenarbeitsübungen. Nur in den Pausen bringen Sie es näher zum gefährlichen Gegenstand und lassen es dort schauen und schnuppern.

Eine oft gestellte Frage ist: Wie erkenne ich den Unterschied zwischen einem ängstlichen und einem respektlosen Pferd? Die Antwort ist an der Körpersprache des Pferdes abzulesen.

Ein ängstliches Pferd hat einen angespannten Körper, es kann sogar zittern. Es zwinkert nicht mit den Augen, seine Gesichtsmuskeln sind ebenfalls angespannt. Meistens hat es die Ohren nach vorne gerichtet und die Augen und Nüstern weit geöffnet. Der Schweif ist eingeklemmt, und es kann sogar zu einer geduckten Haltung kommen.

Bei einem respektlosen Pferd hingegen spielen die Ohren und die Augen, die Nüstern sind normal geöffnet, und der Körper ist nicht angespannt. Es schaut sich nicht ständig das gefährliche Hindernis an, sondern lässt sich schnell ablenken.

Die hier gezeigten Hindernisse sind die Basis und können beliebig erweitert werden. Wenn Ihr Pferd aus kurzer Distanz durch die Hindernisse geht, können Sie den Schwierigkeitsgrad erhöhen, indem Sie zum Beispiel das Pferd in der Mitte des Hindernisses anhalten und ein paar Schritte zurücktreten lassen, dann die Distanz auf etwa drei Meter vergrößern und dann das Tempo steigern (Trab oder Galopp).

Die nächste Stufe wäre, das Führseil um den Hals des Pferdes zu binden und, nahe bei ihm mitlaufend, die Hindernisse zu bewältigen. Anschließend können Sie das Ganze in Freiarbeit, ohne Halfter und Seil, nahe beim Menschen versuchen.

2.13

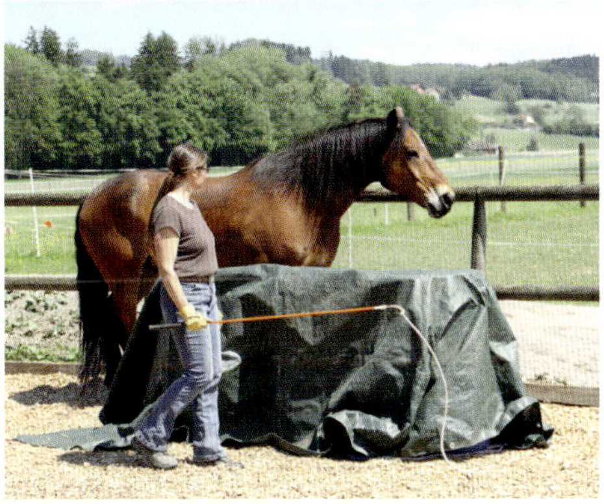

Roadmap…

| Folgen Sie der Roadmap, und das Resultat wird ein ausgeglichener Partner sein, der Ihnen viel Spaß bereitet!

Die Roadmap ist der Leitfaden, der Sie durch die Ausbildung Ihres Pferdes am Boden führt.

Starten Sie mit der Kategorie C1, der Grundausbildung am Boden.

In jeder Kategorie finden Sie einige Übungen, die der Verbesserung der Kommunikation mit dem Pferd dienen; andere verbessern das Timing und die Koordination beim Gebrauch der Hilfsmittel.

Jedoch ist kein Pferd wie das andere! Pferde können in Temperament und Charakter sehr unterschiedlich sein. Es kann sein, dass im Einzelfall die Reihenfolge der Übungen etwas angepasst werden muss.

Es gibt viele Methoden, die zu einem gut ausgebildeten Pferd führen. Die Roadmap, verbunden mit Spaß bei der Arbeit, wird Ihnen darüber hinaus die Brücke zum Herzen Ihres Pferdes bauen.

A. Aguilar

Den Kopf senken

Seite 146 Fassen Sie das Halfter am Fiador-Knoten. Bauen Sie mit den Fingern Druck in Richtung Boden auf, und senkenSie so den Kopf des Pferdes.

Biegen

Seite 151 Legen Sie das Halfter an, indem Sie den Kopf des Pferdes zu sich biegen. Achten Sie auf die richtige Position Ihrer Hände.

Seite 152 Stehen Sie hinter der Schulter des Pferdes und biegen Sie den Hals des Pferdes fünf Sekunden lang zu sich.

Rückwärtsgehen

Seite 161 Fassen Sie das Halfter am Fiador-Knoten. Senken Sie den Kopf des Pferdes ein wenig und lassen Sie es ein paar Schritte rückwärtstreten.

Seite 162 Machen Sie Wellenbewegungen mit dem Seil, um das Pferd ein paar Schritte rückwärtszuschicken, ohne dass Sie mitgehen.

Verschiebung der Hinterhand

Seite 175 Biegen Sie den Hals des Pferdes zu sich. Legen Sie Ihre Finger auf den Rippenbogen des Pferdes und verschieben Sie die Hinterhand.

Verschiebung der Vorhand

Seite 185 Fassen Sie mit einer Hand das Halfter am Fiador-Knoten. Legen Sie die Finger Ihrer anderen Hand auf die Schulter des Pferdes und verschieben Sie die Vorhand.

Longieren

Seite 198 Longieren Sie Ihr Pferd, ohne Ihren Standplatz zu verlassen. Schicken Sie Ihr Pferd in beide Richtungen. Verschieben Sie seine Hinterhand, um es anzuhalten. (Arbeitsseil 4 Meter)

Seite 201 Sie stehen mit dem Rücken zum Zaun und schicken Ihr Pferd nach rechts. Stoppen Sie es zum Zaun hin ausgerichtet. Dann schicken Sie es auf einen Halbkreis nach links und stoppen es wiederum am Zaun. (Arbeitsseil 4 Meter)

Das Pferd zu sich holen

Seite 227 Gehen Sie in einer geraden Linie rückwärts und bringen Sie Ihr Pferd im Schritt zu sich. Halten Sie es vor sich an. (Arbeitsseil 4 Meter)

Führen und Schicken

Seite 234 Gehen Sie im Schritt parallel zum Zaun neben Ihrem Pferd her, halten Sie es an und schicken Sie es rückwärts.

Seitwärtsbewegungen

Seite 241 Das Pferd steht mit dem Kopf zum Zaun. Ihr Bauchnabel zeigt in Richtung der Schulter des Pferdes. Wir schicken es mit Fingerdruck seitwärts von uns weg.

Seite 244 Stehen Sie am Zaun, schicken Sie Ihr Pferd auf einen Halbkreis und lassen Sie es seitwärts entlang des Zauns von sich weggehen.

Den Kopf senken

Seite 147	Legen Sie Ihre Finger hinter die Ohren des Pferdes und laden Sie es mit sanftem Druck ein, den Kopf zu senken.

Biegen

Seite 154	Umfassen sie den Kopf des Pferdes und biegen sie es so, dass es an seinem Schweif schnuppern kann.

Rückwärtsgehen

Seite 163	Legen Sie die Hand auf den Nasenrücken des Pferdes und richten Sie es rückwärts.
Seite 165	Machen Sie Wellenbewegungen mit dem Seil und schicken Sie Ihr Pferd acht bis zehn Schritte rückwärts. Sie bleiben dabei stehen.

Verschiebung der Hinterhand

Seite 178	Verschieben Sie die Hinterhand des Pferdes auf einem Halbkreis, ohne es zu berühren.

Verschiebung der Vorhand

Seite 187	Verschieben Sie die Vorhand des Pferdes, ohne es zu berühren.

Longieren

Seite 202	Schicken Sie Ihr Pferd zwischen sich und dem Zaun hindurch. Hat es diesen Engpass durchquert, verschieben Sie seine Hinterhand, damit es stehen bleibt und Sie ansieht. (Arbeitsseil 4 Meter)
Seite 204	Machen Sie Übergänge zwischen Schritt und Trab. Leiten Sie jeden Übergang mit einem Stimmkommando ein. (Arbeitsseil 4 Meter)

Das Pferd zu sich holen

Seite 229	„Traben“ Sie in einer geraden Linie rückwärts, bringen Sie Ihr Pferd im Trab zu sich und halten Sie es vor sich an. (Arbeitsseil 4 Meter)

Führen und Schicken

Seite 236 Gehen Sie im Schritt und im Trab parallel zum Zaun neben Ihrem Pferd her, halten Sie es an und schicken Sie es rückwärts.

Seitwärtsbewegungen

Seite 246 Das Pferd steht mit dem Kopf zum Zaun. Ihr Bauchnabel zeigt in Richtung der Schulter des Pferdes. Schicken Sie es seitwärts bis an das Ende des Seils, ohne dass Sie mitgehen.

Freiarbeit

Seite 264 Holen Sie das Pferd im Schritt zu sich, und fordern Sie es auf, hinter Ihnen herzugehen.

Biegen

Seite 155	Stehen Sie hinter der Schulter des Pferdes und biegen Sie den Hals des Pferdes zur gegenüberliegenden Seite.

Rückwärtsgehen

Seite 165	Bauen Sie Druck mit Ihren Fingern auf der Brust Ihres Pferdes auf und lassen Sie es rückwärtstreten.
Seite 165	Zeigen Sie dem Pferd mit der Gerte an, dass es rückwärtstreten soll, bis das Ende des Seils erreicht ist.

Verschiebung der Hinterhand

Seite 180	Schicken Sie Ihr Pferd bis ans Ende des Seils. Gehen Sie im Halbkreis auf die Hinterhand zu, um sie zu verschieben.

Kombination aus Vor- und Hinterhandverschiebung

Seite 193	Verschieben Sie die Hinterhand des Pferdes, ohne es zu berühren, bis Sie das äußere Auge sehen können. Dann bewegen Sie die Vorhand in einer flüssigen Art und Weise.

Longieren

Seite 205	Lassen Sie Ihr Pferd auf einem Kreis traben, ohne dass Sie sich mitdrehen. (Arbeitsseil 4 Meter)
Seite 206	Machen Sie Übergänge zwischen Schritt, Trab und Galopp. Leiten Sie jeden Übergang mit einem Stimmkommando ein. (Longe 7 Meter)
Seite 208	Longieren Sie Ihr Pferd in Form einer Acht um zwei Pylonen. (Arbeitsseil 4 Meter)

Das Pferd zu sich holen

Seite 230	Longieren Sie Ihr Pferd im Trab. „Traben" Sie in einer geraden Linie rückwärts, und bringen Sie Ihr Pferd im Trab zu sich. Halten Sie es vor sich an. (Arbeitsseil 4 Meter)

Führen und Schicken

Seite 237 Gehen Sie im Schritt und im Trab neben Ihrem Pferd her, halten Sie es an, schicken Sie es rückwärts, und machen Sie Richtungsänderungen überall auf dem Reitplatz.

Seitwärtsbewegungen

Seite 247 Fassen Sie das Halfter am Fiador-Knoten. Ihr Bauchnabel zeigt dabei in Richtung Hinterhand. Gehen Sie mit dem Pferd seitwärts, ohne den Zaun zu benutzen.

Freiarbeit

Seite 268 Machen Sie Übergänge zwischen Schritt und Trab. Leiten Sie jeden Übergang mit einem Stimmkommando ein. Bleiben Sie dabei möglichst in der Mitte des Roundpens stehen.

Seite 270 Wir sollten in der Lage sein, die Hinterhand des Pferdes zu verschieben, seine Vorhand zu verschieben, zusammen mit dem Pferd im Schritt zu gehen, gemeinsam anzuhalten und rückwärtszugehen.

Biegen

Seite 159 Stellen Sie sich seitlich zum Pferd und schwingen Sie das Seil über seinen Hals. Lassen Sie das Seil über seinen Rücken und die Kruppe gleiten. Biegen Sie zuerst seinen Hals, und bewegen Sie dann seine Hinterbeine, bis es Sie ansieht.

Rückwärtsgehen

Seite 166 Sie stehen acht Schritte vom Pferd entfernt. Machen Sie Wellenbewegungen mit dem Seil, und lassen Sie aus dieser Entfernung heraus Ihr Pferd rückwärts über eine Stange treten.

Seite 167 Stellen Sie Ihr Pferd parallel zum Zaun, schicken Sie es vorwärts, halten Sie es an und lassen Sie es rückwärtstreten. Sie bleiben dabei an einer Stelle stehen.

Verschiebung der Hinterhand

Seite 182 Fassen Sie das Halfter am Fiador-Knoten und verschieben Sie die Hinterhand des Pferdes mithilfe der Gerte zu sich.

Verschiebung der Vorhand

Seite 188 Stehen Sie seitlich vom Pferd und bewegen Sie die Vorhand auf sich zu.

Kombination aus Vor- und Hinterhandverschiebung

Seite 194 Während Sie Ihr Pferd longieren, schicken Sie die Hinterhand flüssig weg, dann verschieben Sie die Vorhand, bis das Pferd wieder auf dem Kreis in die andere Richtung geht.

Longieren

Seite 211 Machen Sie Übergänge zwischen Schritt, Trab, Galopp, Trab, Schritt und halten Sie Ihr Pferd an. Leiten Sie jeden Übergang mit einem Stimmkommando ein. (Longe 7 Meter)

Seite 212 Machen Sie im Trab einen Handwechsel, ohne dass das Pferd dabei die Gangart wechselt. (Longe 7 Meter)

Seite 213 Longieren Sie Ihr Pferd im Trab. Verkleinern und vergrößern Sie dabei den Kreis, ohne dass das Pferd die Gangart wechselt. (Arbeitsseil 4 Meter)

Das Pferd zu sich holen

Seite 230 Longieren Sie Ihr Pferd im Galopp. Gehen Sie in einer geraden Linie schnell rückwärts, und bringen Sie Ihr Pferd im Galopp zu sich. Halten Sie es vor sich an. (Longe 7 Meter)

Seitwärtsbewegungen

Seite 248 Fassen Sie das Halfter am Fiador-Knoten. Sie schauen in dieselbe Richtung wie das Pferd. Gehen Sie mit dem Pferd seitwärts, ohne den Zaun zu benutzen.

Seite 250 Fassen Sie das Halfter am Fiador-Knoten. Sie schauen in dieselbe Richtung wie das Pferd. Gehen Sie mit dem Pferd seitwärts auf sich zu, ohne den Zaun zu benutzen.

Seite 252 Das Pferd steht mit dem Kopf zum Zaun. Fassen Sie das Halfter am Fiador-Knoten. Bringen Sie das Pferd mithilfe der Gerte an der Kruppe zu sich.

Freiarbeit

Seite 274 Machen Sie Übergänge zwischen Schritt, Trab und Galopp. Leiten Sie jeden Übergang mit einemStimmkommando ein. Bleiben Sie dabei möglichst in der Mitte des Roundpens stehen.

Seite 276 Lassen Sie Ihr Pferd auf dem Hufschlag traben, ohne dass Sie sich mitdrehen.

Seite 276 Holen Sie das Pferd im Trab zu sich.

Seite 278 Wir sollten in der Lage sein, die Hinterhand und Vorhand des Pferdes in einer fließenden Kombination zu verschieben, zusammen mit ihm im Schritt und Trab zu gehen, gemeinsam anzuhalten und rückwärtszugehen.

Rückwärtsgehen

Seite 169 Schicken Sie Ihr Pferd rückwärts einen kleinen Hügel hinauf, bis ans Ende des Seils. Sie bleiben dabei an einer Stelle stehen.

Verschiebung der Vorhand

Seite 190 Gehen Sie neben Ihrem Pferd parallel zum Zaun, halten Sie es an und verschieben Sie die Vorhand um 180° (Rollback).

Longieren

Seite 215 Machen Sie Übergänge zwischen Schritt, Trab, Galopp, Trab, Schritt. Halten Sie Ihr Pferd an und schicken Sie es rückwärts. Leiten Sie jeden Übergang mit einem Stimmkommando ein. (Longe 7 Meter)

Seite 216 Longieren Sie Ihr Pferd im Galopp. Verkleinern und vergrößern Sie dabei den Kreis, ohne dass das Pferd die Gangart wechselt. (Longe 7 Meter)

Seite 217 Legen Sie das Seil einmal um den Pferdehals. Longieren Sie das Pferd im Schritt und lassen Sie es eine volle Drehung machen. Es geht anschließend in derselben Richtung weiter (Walzer). (Longe 7 Meter)

Führen und Schicken

Seite 238 Gehen Sie im Schritt, im Trab und im Galopp neben Ihrem Pferd her, halten Sie es an, schicken Sie es rückwärts, und machen Sie Richtungsänderungen überall auf dem Reitplatz.

Seitwärtsbewegungen

Seite 253 Das Pferd steht parallel zum Zaun. Fassen Sie das Halfter am Fiador-Knoten. Bringen Sie das Pferd mithilfe der Gerte an der Kruppe zu sich, weg vom Zaun.

Seite 254 Das Pferd steht mit dem Kopf zum Zaun. Ihr Bauchnabel zeigt in Richtung der Schulter des Pferdes. Schicken Sie es seitwärts bis an das Ende des Seils, ohne dass Sie mitgehen. Dort lassen Sie es eine Weile stehen und bringen es dann wieder seitwärts auf sich zu.

Freiarbeit

Seite 279	Lassen Sie Ihr Pferd auf dem Hufschlag fünf bis sieben Runden galoppieren, ohne dass Sie sich mitdrehen.
Seite 280	Holen Sie das Pferd im Galopp zu sich herein.
Seite 281	Machen Sie im Trab einen Richtungswechsel, ohne dass das Pferd die Gangart wechselt.
Seite 282	Wir sollten in der Lage sein, das Pferd seitwärts von uns weg zu schicken, es am Zaun vorwärts- und rückwärtszuschicken, mit dem Pferd zusammen eine Acht zu traben und es anschließend auf einen Kreis im Schritt zu schicken, und diesen zu verkleinern und zu vergrößern.

Rückwärtsgehen

Seite 170	Gehen Sie weg vom Zaun. Schicken Sie Ihr Pferd In der Mitte des Reitplatzes vorwärts, halten Sie es an und lassen Sie es rückwärtstreten. Sie bleiben dabei an einer Stelle stehen.

Longieren

Seite 219	Longieren Sie Ihr Pferd im Galopp und machen Sie einen Handwechsel mit fliegendem Galoppwechsel. (Longe 7 Meter)
Seite 220	Longieren Sie Ihr Pferd im Trab über zwei Cavaletti, ohne die Gangart zu wechseln. (Longe 7 Meter)
Seite 221	Legen Sie das Seil einmal um den Pferdehals. Longieren Sie das Pferd im Trab und lassen Sie es eine volle Drehung machen. Das Pferd geht anschließend in derselben Richtung weiter (Walzer). (Longe 7 Meter)
Seite 221	Legen Sie das Seil zweimal um den Pferdehals und laden Sie das Pferd zu zwei Drehungen auf der Hinterhand ein (Spin). (Longe 7 Meter)

Seitwärtsbewegungen

Seite 255	Ihr Bauchnabel zeigt in Richtung der Schulter des Pferdes. Schicken Sie es seitwärts bis an das Ende des Seils, ohne dass Sie mitgehen und ohne den Zaun zu benutzen.
Seite 257	Lassen Sie Ihr Pferd im Schritt seitwärts entlang des Zaunes gehen, dann vorwärts parallel zum Zaun und dann wieder seitwärts entlang des Zaunes.

Freiarbeit

Seite 285	Machen Sie Übergänge zwischen Schritt, Trab und Galopp, Anhalten und Rückwärtsgehen. Leiten Sie jeden Übergang mit einem Stimmkommando ein. Bleiben Sie dabei möglichst in der Mitte des Roundpens stehen.
Seite 286	Lassen Sie das Pferd im Schritt eine volle Drehung machen. Es geht anschließend in derselben Richtung weiter (Walzer).

Doppellonge

Seite 307 Machen Sie Übergänge zwischen Schritt und Trab. Fragen Sie Ihr Pferd im Schritt nach einer Innen- und Außenstellung und veranlassen Sie es, den Kopf vorwärts-abwärts zu dehnen.

Rückwärtsgehen

Seite 171 Schicken Sie Ihr Pferd aus zwei Metern Entfernung rückwärts durch ein L-Hindernis.

Longieren

Seite 223 Legen Sie das Seil einmal um den Pferdehals. Longieren Sie das Pferd im Galopp und lassen Sie es eine volle Drehung machen. Das Pferd geht anschließend in derselben Richtung weiter (Walzer). (Longe 7 Meter).

Seite 224 Longieren Sie gleichzeitig zwei Pferde mit Halfter und Führseil, machen Sie einige Übergänge, und holen Sie die Pferde zu sich herein. Viel Spaß! (Arbeitsseil 4 Meter)

Seitwärtsbewegungen

Seite 258 Lassen Sie Ihr Pferd im Trab seitwärts entlang des Zaunes gehen, dann vorwärts parallel zum Zaun und dann wieder seitwärts entlang des Zaunes.

Freiarbeit

Seite 288 Machen Sie im Galopp einen Richtungswechsel mit fliegendem Galoppwechsel.

Seite 289 Lassen Sie das Pferd im Trab eine volle Drehung machen. Es geht anschließend in derselben Richtung weiter (Walzer).

Seite 289 Wir sollten in der Lage sein, aus der Mitte des Roundpens heraus unser Pferd seitwärts von uns weg zu schicken, es seitwärts wieder zu uns hereinzuholen, es ohne die Hilfe des Zaunes vorwärts- und rückwärtszuschicken, es im Trab einen Kreis verkleinern und vergrößern zu lassen, es im Schritt parallel zum Zaun anzuhalten und seine Vorhand um 180° zu verschieben (Rollback).

Doppellonge

Seite 311 Machen Sie Übergänge zwischen Schritt, Trab, Galopp, Anhalten und Rückwärtsgehen. Fragen Sie Ihr Pferd im Trab nach einer Innen- und Außenstellung, und veranlassen Sie es, den Kopf vorwärts-abwärts zu dehnen.

Arbeit am langen Zügel

Seite 322 Machen Sie Übergänge zwischen Schritt, Trab, Anhalten und Rückwärtsgehen am Zaun entlang. Fragen Sie Ihr Pferd im Schritt nach einer Innen- und Außenstellung.

Kategorie C8

Rückwärtsgehen

Seite 172	Schicken Sie Ihr Pferd aus zwei Metern Entfernung rückwärts durch ein S-Hindernis.

Seitwärtsbewegungen

Seite 259	Lassen Sie Ihr Pferd im Schritt seitwärts entlang des Zaunes gehen, dann rückwärts parallel zum Zaun und dann wieder seitwärts entlang des Zaunes.
Seite 260	Fassen Sie das Halfter am Fiador-Knoten. Gehen Sie mit dem Pferd im Schritt vorwärts-seitwärts über die Diagonale (Traversale).

Freiarbeit

Seite 293	Lassen Sie Ihr Pferd im Galopp eine volle Drehung machen. Es geht anschließend in derselben Richtung weiter (Walzer).
Seite 293	Wir schicken das Pferd im Galopp auf einen Kreis und lassen es diesen verkleinern und vergrößern.
Seite 295	Wir sollten in der Lage sein, unser Pferd in der Mitte des Roundpens zwei volle Drehungen machen zu lassen (Spin), es entlang des Zaunes traben und anhalten zu lassen und seine Vorhand um 180° zu verschieben (Rollback).
Seite 297	Arbeiten Sie gleichzeitig mit zwei Pferden im Roundpen. Viel Spaß!

Doppellonge

Seite 314	Machen Sie Übergänge zwischen Schritt, Trab und Galopp in einem Rechteck.
Seite 317	Fordern Sie sich und Ihr Pferd heraus: Viel Spaß im Geschicklichkeitsparcours!

Arbeit am langen Zügel

Seite 324	Machen Sie Übergänge zwischen Schritt, Trab, Anhalten und Rückwärtsgehen auf dem ganzen Reitplatz. Bauen Sie Richtungswechsel ein, und stellen Sie Ihr Pferd auf einer geraden Linie nach links und rechts.

Danksagung

Die ursprüngliche Idee für dieses Buch entstand vor 19 Jahren mit einem kleinen Büchlein, dem „Aguilars Guidance Course", um meinen Kursteilnehmern einen Leitfaden an die Hand zu geben. Von da an war es mein Traum, eines Tages ein vollständiges Werk mit allen Übungen daraus entstehen zu lassen.

Das Buch, das hier vor Ihnen liegt, ist das Resultat von 23 Jahren Berufserfahrung und 49 Jahren, in denen ich, in der einen oder anderen Art, mit Pferden zu tun hatte.

Ein Projekt wie dieses allein zustande zu bringen, ist kaum möglich. Die Entstehung dieses Buches war eine Reise, bei der mir die Unterstützung und die freundliche Hilfe vieler Personen den Weg ebneten, um mein Ziel zu erreichen.

Ich möchte mich bei all den talentierten Mitwirkenden bedanken, die mir mit ihrer Zeit, ihren Bemühungen und ihrem Wissen zur Seite standen:

Bei Andrea Klasen für die schönen Fotos und ihre Unterstützung beim Schreiben dieses Buches.

Bei Heide Wülfert für ihr Talent, mit dem sie die Layouts gemacht hat, und für ihre Geduld und ihr Verständnis, das sie uns entgegengebracht hat.

Bei Karin Keller und Manuela Bratschi, die mir geholfen haben, meine Übungen zu Papier zu bringen, als ich in der Schweiz war.

Für Hunderte von Fotos, die erheblich dazu beitragen, die Übungen verständlicher zu machen, möchte ich folgenden Personen danken: Petra Roth-Leckebusch, Lea Baumann, Barbara Ellerkamp, George Brenninkmeijer, Ralph Keultjes, Waltraud Marsoner, Regina Wriggers, Carmen Bernreuther, Dominik Eggli, Kathrin Helsper und Petra Kleinwegen.

Die Skizzen waren eine echte Herausforderung, da sie so perfekt wie nur möglich gemacht wurden, um die Übungen bestens zu erklären. Dafür möchte ich Sabine Müller danken. Sie kennt meine Arbeit und stand mir mit Rat und Tat zur Seite und war eine große Unterstützung bei der Entstehung dieses Buches.

Bei meiner Tochter Adriana Valentina und meinem Sohn Arien Sebastian für ihre Unterstützung bei den Fotos, ihre Hilfe, ihr Verständnis und ihre Rücksichtnahme während des Schreibens.

Dieses Buch wäre niemals ohne meine Lebenspartnerin entstanden, die Schulter an Schulter zusammen mit mir bei dessen Erstellung geschwitzt hat. Für die unzähligen Stunden beim Schreiben und Erklären der Übungen, Auswählen der Fotos und Prüfen des Layouts und dafür, dass sie stets zur Stelle war, was auch immer es zu erledigen galt, möchte ich meiner Ehefrau Karin Aguilar danken.

Bildnachweis

Umschlag:

Andrea Klasen

Lea Baumann: Arien Aguilar, „Stop mit Cadete"

Buch:

Soweit nicht anders angegeben stammen die Fotos von **Andrea Klasen.**

Petra Roth-Leckebusch: S. 21, 30 oben, 37 unten, 64 unten, 124, 151, 161, 174, 191, 198, 200, 205, 207, 211, 214, 215, 216 oben, 220, 226, 229, 231, 232, 233, 234, 236 unten, 237 unten, 238, 239 links, 240, 242 oben, 243, 245, 246 unten, 248, 249 oben, 253 oben, 256, 257, 258, 260, 332 unten, 335 unten, 336 mitte links, 336 oben rechts, 336 mitte, 337 mitte links, 337 mitte, 339, 341, 349, 353

Lea Baumann: S. 192, 193, 195, 202, 203, 217, 263, 268, 269, 270, 272, 273, 274, 275, 278, 279 oben, 280, 282, 283 unten, 284, 285, 286, 288, 290 unten, 291, 292, 293, 294, 295, 296, 338, 347, 351

Barbara Ellerkamp: S. 327 mitte und unten, 331 mitte rechts, 331 mitte links, 332 unten, 334 unten, 336 mitte rechts, 337 mitte oben, 337 mitte rechts, 337 unten

George Brenninkmeijer: S. 24, 25, 44, 117 unten, 123 unten, 135, 139 unten, 328, 332 mitte, 337 rechts oben

Ralph Keultjes: S. 168, 336 unten, 336 links oben , 336 mitte oben, 337 oben links,

Waltraud Marsoner: S. 169, 221, 252, 255, 355

Regina Wriggers: S. 14 und 16

Carmen Bernreuther: S. 135

Dominik Eggli: S. 334 mitte

Kathrin Helsper: S. 332 oben

Petra Kleinwegen: S. 343

Impressum

Umschlaggestaltung von Grafik + Design, Heidi Wülfert, München.

Mit 709 Farbfotos, 186 Farbzeichnungen und 1 Schwarzweißzeichnung

Unser gesamtes lieferbares Programm finden Sie unter **kosmos.de.**
Über Neuigkeiten informieren Sie regelmäßig unsere
Newsletter, einfach anmelden unter **kosmos.de/newsletter**

Gedruckt auf chlorfrei gebleichtem Papier

„Professionelle Ausbildung am Boden"
erscheint im Kosmos Verlag in der Edition WuWei

1. Auflage: Wu Wei Verlag, Schondorf

Aktualisierte Ausgabe:

ISBN 978-3-440-14517-3
Projektleitung: Katja Pauls
Redaktion: Andrea Klasen / Karin Aguilar
Gestaltungskonzept: Grafik + Design, Heide Wülfert, München
Gestaltung und Satz: Grafik + Design, Heide Wülfert, München
Produktion: Nina Renz
Printed in The Czech Republic / Imprimé en République Tchèque

FSC
www.fsc.org
MIX
Papier aus verantwortungsvollen Quellen
FSC® C014138